创新型计算机精品教材

C#程序设计案例教程

主审　史振华

主编　蔡青青　王　健

内容提要

本书内容丰富、层次分明，采用项目任务式写法，通过通俗易懂的语言、翔实生动的案例，帮助学生快速掌握C#语言的基础知识和使用方法，培养学生利用C#语言开发控制台应用程序的能力，推动学生提升职业技能和职业素养。全书共分为11个项目，包括C#开发入门、C#语法基础、流程控制、方法、面向对象基础、面向对象高级、数组与集合、字符串、异常处理与程序调试、文件操作、综合案例——个人通讯录管理系统。

本书可作为各类院校及计算机教育培训机构的专用教材，也可作为C#程序设计爱好者及相关从业人员的自学参考用书。

图书在版编目（CIP）数据

C#程序设计案例教程 / 蔡青青，王健主编. -- 上海：上海交通大学出版社，2024.6

ISBN 978-7-313-30353-0

Ⅰ. ①C… Ⅱ. ①蔡… ②王… Ⅲ. ①C语言－程序设计－教材 Ⅳ. ①TP312.8

中国国家版本馆CIP数据核字(2024)第032004号

C#程序设计案例教程

C# CHENGXU SHEJI ANLI JIAOCHENG

主　　编：蔡青青　王　健

出版发行：上海交通大学出版社　　地　　址：上海市番禺路951号

邮政编码：200030　　电　　话：021-64071208

印　　制：北京鑫益晖印刷有限公司　　经　　销：全国新华书店

开　　本：787 mm×1092 mm　1/16　　印　　张：18.25

字　　数：433千字

版　　次：2024年6月第1版　　印　　次：2024年6月第1次印刷

书　　号：ISBN 978-7-313-30353-0　　电子书号：ISBN 978-7-89424-739-1

定　　价：59.80元

前言 FOREWORD

C#是一门功能强大、应用广泛的编程语言，目前已成为开发人员的首选编程语言之一。为了帮助学生熟练地使用 C#语言进行程序设计和应用开发，本书创作团队在充分调研各类院校关于该课程教学改革情况的基础上，吸纳两名企业软件开发工程师的项目经验，并结合自身的教学经验编写了本书。

一 本书特色

1．春风化雨，立德树人

党的二十大报告指出："育人的根本在于立德。"本书积极贯彻党的二十大精神，将职业理想、职业道德、工匠精神、创新精神等内容潜移默化地融入知识和技能教育，引导学生将个人价值实现与国家民族发展紧密相连，力求培养有担当、高素质、高水平的专业型人才。

2．校企合作，协同育人

本书邀请相关企业专家参与和指导编写，结合企业对人才的实际要求，通过任务实施和项目实训将教学重心落在职业需要和岗位的实际应用上，充分发挥学校和企业各自在人才培养方面的优势，帮助学生实现从校园到企业的平稳过渡。

3．全新形态，全新理念

本书遵循"理论够用，重在实践"的原则，采用项目任务式结构，循序渐进、深入浅出地介绍 C#程序设计的相关知识，并且在每个项目的重点、难点部分精心设计了相关案例，帮助学生更好地理解知识点。此外，本书还根据需要安排了"提示""知识库"模块，适时提醒学生留意难点、疑点或关键点，拓宽学生知识面。

4．资源升级，平台支撑

本书配有丰富的数字资源，学生可以借助手机或其他移动设备扫描二维码观看微课视频，也可以登录文旌综合教育平台"文旌课堂"查看和下载本书配套资源，如案例源代码、项目考核答案、优质课件、教案等。如果学生在学习过程中有什么疑问，也可登录该平台寻求帮助。

此外，本书还提供了在线题库，支持“教学作业，一键发布”，教师只需通过微信或“文旌课堂”App扫描扉页二维码，即可迅速选题、一键发布、智能批改，并查看学生的作业分析报告，提高教学效率，提升教学体验。学生可在线完成作业，巩固所学知识，提高学习效率。

 二 本书创作团队

本书由史振华担任主审，蔡青青、王健担任主编，顾春霞、叶奇江担任副主编。由于编者水平有限，书中可能存在疏漏或不妥之处，敬请各位读者批评指正。

 三 特别说明

（1）在本书编写过程中，编者参考了大量资料，这些资料大部分已获授权，但由于部分资料来自网络，我们暂时无法联系到原作者。对此，我们深表歉意，并欢迎原作者随时与我们联系。

（2）本书所有案例中用到的人名等信息均为化名。

本书配套资源下载网址和联系方式

网址：https://www.wenjingketang.com

电话：400-117-9835

邮箱：book@wenjingketang.com

片　头

目录 CONTENTS

项目四

方法

项目五

项目六

项目七

C#开发入门

项目目标

C#语言是目前最热门的编程语言之一，广泛应用于应用程序开发领域。本项目主要介绍C#的基础知识、开发环境、程序结构、控制台输入与输出，以及代码注释等。通过本项目的学习，读者应达到以下目标。

知识目标

- 了解C#的发展、特点及开发环境。
- 熟悉C#程序结构中的命名空间、类及Main()方法。
- 掌握C#的控制台输入与输出方法。
- 熟悉C#中常用的代码注释。

能力目标

- 能够搭建C#开发环境。
- 能够创建简单的C#控制台应用程序。

素质目标

- 关注技术发展与应用对社会的重大影响，增强社会责任感。
- 善于发现问题，积极思考问题的解决方案，并将其落地实践。
- 培养编程逻辑和创新思维，不断寻求优化程序性能的方法。

任务一 搭建 C#开发环境

任务描述

在学习如何使用 C#语言编写程序前，首先需要搭建 C#开发环境。在搭建 C#开发环境之前，先来了解一下 C#的基础知识及开发环境。

一、C#概述

C#读作 C Sharp，是微软（Microsoft）公司发布的一种现代的、通用的、安全的、面向对象的高级编程语言，可用于桌面应用开发、Web 应用开发、移动应用开发、数据库应用开发等。

C#是由 C 和 C++衍生出来的编程语言，继承了 C 和 C++强大功能的同时去掉了它们的一些复杂特性，并且可调用由 C 或 C++编写的函数。C#是一种面向组件的编程语言，拥有类似于 Visual Basic 的快速开发能力，并且在语法上与 Java 有很大的相似性，因此熟悉上述语言的开发人员可以很快地上手使用 C#。

1. C#的发展

C#最初称为 COOL，是微软公司在 1998 年 12 月开始的一个项目，由 Delphi 语言的开发者安德斯·海尔斯伯格（Anders Hejlsberg）带领的团队开发。2000 年 2 月，微软将 COOL 语言更名为 C#语言，并于 2000 年 6 月正式发布了 C#语言。

与其他编程语言一样，C#也在不断更新和完善，其发展历程如图 1-1 所示。由于 C#运行在.NET 平台（微软公司推出的软件开发框架，用于构建各种类型的应用程序）之上，所以图 1-1 中也列出了对应的.NET 版本。

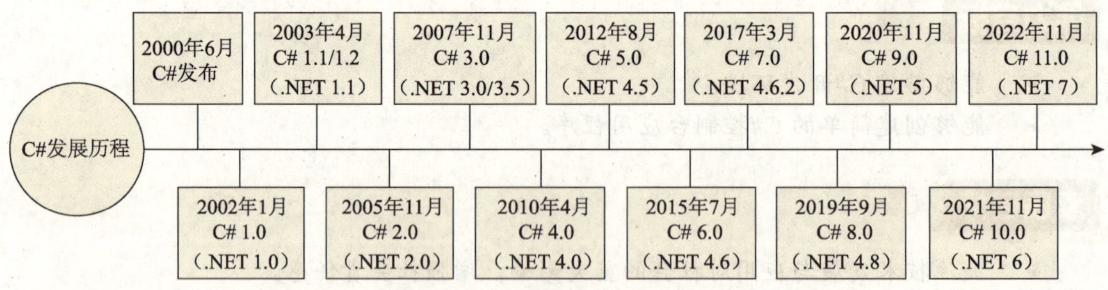

图 1-1 C#发展历程

C#自推出以来，受到了广大开发人员的青睐，长期占据 TIOBE 编程社区指数榜前列。2024 年 1 月，在 TIOBE 公布的编程语言排行榜（见表 1-1）上，C#排名第 5，与 2023 年 1 月相比，增加了 1.43%。

表 1-1　2024 年 1 月 TIOBE 公布的编程语言排行榜

2024 年 1 月排名	编程语言		流行度	与 2023 年 1 月相比
1		Python	13.97%	−2.39%
2		C	11.44%	−4.81%
3		C++	9.96%	−2.95%
4		Java	7.87%	−4.34%
5		C#	7.16%	+1.43%

拓展阅读

2024 年 1 月，TIOBE 官方公布“C#荣获 TIOBE 2023 年度编程语言”，这是 C#首次荣获年度编程语言奖。对此，TIOBE 软件公司首席执行官表示，“二十多年来，C#一直稳居前十名，如今，它正追赶 Python、C、C++、Java 四大语言的脚步，成为一年内涨幅最大的语言，赢得了当之无愧的奖项。”

2．C#的特点

（1）语法简洁。

C#不再提供对指针的支持，并且不再使用“::”和“->”操作符。此外，C#基于.NET 平台，具有自动内存管理和垃圾回收的特点，因此 C#的语法更加简洁。

（2）面向对象。

C#是由 C 和 C++衍生出来的面向对象的编程语言，因此具有面向对象的基本特征，即封装、继承和多态。

（3）类型安全。

C#在编译时会进行类型检查，以确保参数和其他数据对象的类型安全，并且正常情况下不能进行不安全的类型转换。

（4）支持跨平台。

C#支持跨平台的原因在于它可以在.NET Core 平台上运行，而.NET Core 是微软开发的适用于 Windows、Linux 和 macOS 等操作系统的免费、开源的应用程序开发框架。

（5）兼容性高。

C#遵循.NET 的公共语言规范（common language specification, CLS），所以其他遵循 CLS 的语言开发的组件可以在 C#中使用。

（6）支持 Web 标准。

C#支持大多数的 Web 标准，如 HTML、XML 等，具有强大的 Web 服务开发能力。

（7）错误和异常处理机制完善。

C#提供了完善的错误和异常处理机制，可以帮助开发人员更好地处理程序运行过程中出现的问题，从而保证程序的稳定性和可靠性。

二、C#开发环境介绍

C#常用的集成开发环境（integrated development environment, IDE）有 Visual Studio、Visual Studio Code、MonoDevelop、Rider 等，其中大部分都提供了免费版供开发人员使用。

Visual Studio（简称 VS）是微软公司的开发工具包系列产品，它是一个相对完整的开发工具集，包括了整个应用程序生命周期中所需要的大部分工具，如 UML 工具、代码管控工具等。VS 是目前较为流行的 Windows 平台 IDE。

Visual Studio Code（简称 VS Code）也是微软公司开发的项目，相较于 VS 而言，VS Code 是轻量级、跨平台的代码编辑器，可以在 Windows、Linux 和 macOS 平台上运行。

任务实施

本书使用 Visual Studio 2022 作为 C#的开发环境。下面对 Visual Studio 2022 的安装方法进行介绍。

步骤 1 启动浏览器，在地址栏中输入 Visual Studio 下载网址“https://visualstudio.microsoft.com/zh-hans/downloads”，在打开的下载页面中单击社区版的“免费下载”按钮，如图 1-2 所示。

图 1-2 下载 Visual Studio 2022 社区版

提 示

> 微软官方提供了 Visual Studio Community（社区版）、Visual Studio Professional（专业版）和 Visual Studio Enterprise（企业版）3 个版本，其中社区版可供个人免费使用，专业版和企业版均为收费版本，建议个人开发者下载社区版。此外，Visual Studio 版本可能会有更新，读者在实际操作时下载最新版本即可。

步骤 2 双击下载的“VisualStudioSetup.exe”文件，会弹出如图 1-3 所示的安装提示，单击“继续”按钮，进入 Visual Studio 下载窗口（见图 1-4），开始下载安装程序。

图 1-3　安装提示

图 1-4　Visual Studio 下载窗口

步骤 3 下载准备就绪后，会自动跳转到正在安装窗口，在“工作负荷”选项卡中勾选“通用 Windows 平台开发”复选框，在“位置”处可以看到安装路径默认是在系统盘（可自行修改安装路径，若系统盘空间足够，则不建议修改路径），如图 1-5 所示。设置完成后，单击“安装”按钮，进入安装进度窗口，如图 1-6 所示。

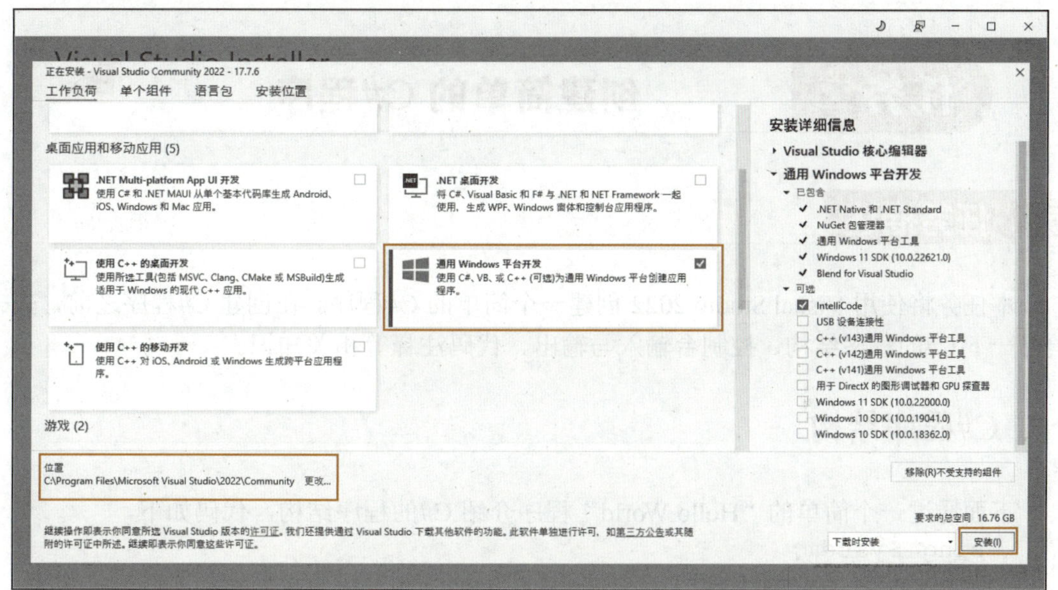

图 1-5　正在安装窗口

提　示

为满足本书案例需要，安装 Visual Studio 时主要勾选“通用 Windows 平台开发”复选框，读者也可根据需要自行选择其他选项。此外，还可以通过“单个组件”选项卡添加其他组件，通过“语言包”选项卡选择安装语言（默认为中文简体），通过“安装位置”选项卡修改安装路径。

安装成功后，读者仍可通过“工具”→“获取工具和功能”选项安装最初未安装的工作负荷或组件等。

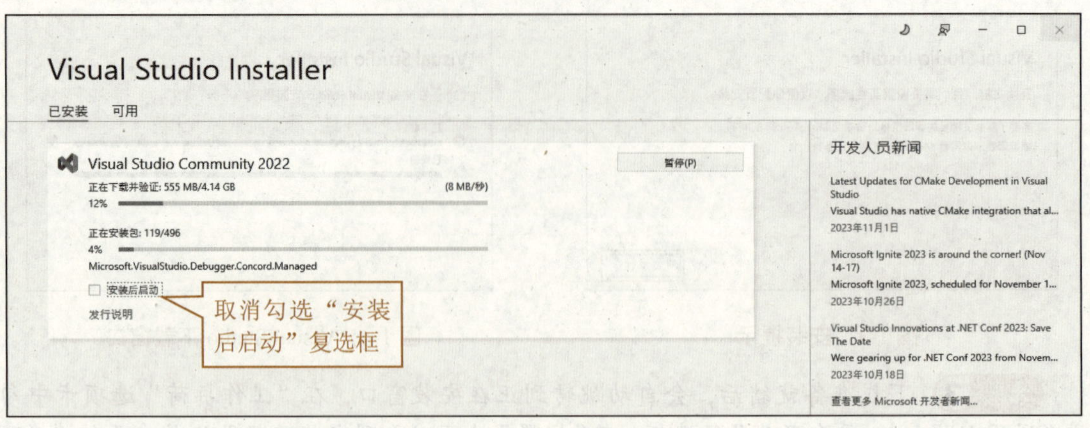

图 1-6　安装进度窗口

步骤 4　等待一段时间后，Visual Studio 即可安装完成。

任务二　创建简单的 C#程序

任务描述

本任务将使用 Visual Studio 2022 创建一个简单的 C#程序。在创建 C#程序之前，先来学习一下 C#的程序结构、控制台输入与输出、代码注释等相关知识。

一、C#程序结构

下面通过一个简单的“Hello World”程序介绍 C#的程序结构，代码如下。

```
using System;
namespace example1_1
{
    class Program
    {
        static void Main(string[] args)
        {
            Console.WriteLine("Hello World!");
        }
    }
}
```

上述代码的运行结果为“Hello World!”。其中各行代码的作用如下。

第 1 行：使用关键字 using 引入 System 命名空间。System 命名空间包含了许多基础的类和接口，用于支持 C#程序的常见操作。

第 2 行：使用关键字 namespace 定义一个新命名空间“example1_1”，其中包括 Program 类。

第 4～10 行：使用关键字 class 声明一个类，Program 为类名，在类的内部定义一个 Main()方法，方法中是输出信息“Hello World!”的语句。

1．命名空间

命名空间是一种组织和管理代码的机制，其中可以包含类、结构体、接口、其他命名空间等。利用命名空间，不同的代码模块可以使用相同的名称定义成员，而不会出现命名冲突，这样可以更好地进行模块化开发。就好比有两个名叫“张三”的人，直接喊名字就容易造成误解，如果加上住址等信息，就可以准确找到要找的人。命名空间的作用就类似于此处的住址信息。

在 C#中，使用关键字 namespace 定义一个命名空间，其语法格式如下。

```
namespace 命名空间名;
```

在实际开发中，开发人员可以根据需要定义命名空间，建议使用功能名、项目名、部门名等作为命名空间名，并确保命名空间的唯一性和可读性。

当需要使用某个命名空间中的类或方法时，就可以使用关键字 using 引入该命名空间，其语法格式如下。

```
using 命名空间名;
```

2．类

类是 C#程序的核心和基本构成模块，用于封装数据和方法等，开发人员可以通过编写各种类来描述开发中需要解决的问题。

在 C#中，使用关键字 class 声明类，其一般语法格式如下。

```
[修饰符] class 类名
{
    类成员
}
```

其中，修饰符用于指定类的特性和访问级别，常用的修饰符有 public、internal、abstract、sealed、static 等。

3．Main()方法

Main()方法是 C#程序的入口点。当运行一个 C#程序时，会从程序的 Main()方法开始执行。Main()方法的代码如下。

```
static void Main(string[] args)
{
    程序的主体代码
}
```

其中，关键字 static 表示静态，static 修饰的方法称为静态方法。C#程序中的 Main()方法必须定义为静态方法。

自 C# 9.0 之后，可以省略 Main()方法，直接使用顶级语句作为程序的入口点，这样可以减少编写的代码量。例如，“Hello World”程序可以简写为

```
Console.WriteLine("Hello, World!");
```

二、控制台输入与输出

控制台是一种简单的命令提示窗口。通过控制台，可以接收用户输入、输出文本内容等。

1. 控制台输入

在 C#中，通常使用 System 命名空间中 Console 类的 Read()和 ReadLine()方法从控制台窗口中读取键盘输入的数据。

（1）Read()方法。

Read()方法的作用是读取键盘输入的字符，但是它只接收一个字符，并且返回该字符的 ASCII 码，即返回值是一个整型数据。Read()方法的结束符为换行符，当用户按下“Enter”键时，则终止读取。

使用 Read()方法读取键盘输入数据的代码如下。

```
int x = Console.Read();
```

由于 Read()方法只接收一个字符，所以读取单个字符和读取多个字符的返回值是一样的。例如，输入 A 和输入 ABCDE 的返回值都是 A 的 ASCII 码值 65。

（2）ReadLine()方法。

ReadLine()方法与 Read()方法类似，只是接收的是键盘输入的一行字符，当用户按下“Enter”键时终止读取，其返回值是一个 string（字符串）型数据。

使用 ReadLine()方法读取键盘输入数据的代码如下。

```
string s = Console.ReadLine();
```

提 示

由于 ReadLine()方法的返回值是 string 类型，若用户输入数值数据（如 123），不可直接将该数据用于数学运算。如果要用于数学运算，则需要进行数据类型转换，这部分内容将在项目二中介绍。

2. 控制台输出

在 C#中，通常使用 System 命名空间中 Console 类的 Write()和 WriteLine()方法将文本

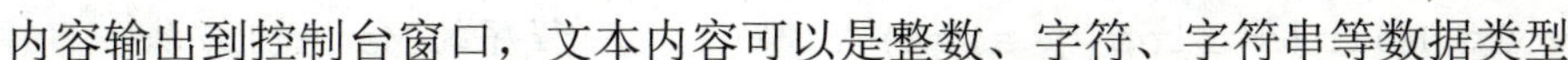

内容输出到控制台窗口，文本内容可以是整数、字符、字符串等数据类型。

（1）Write()方法。

Write()方法在每次输出内容后不换行，示例代码如下。

```
Console.Write('a');                  //输出字符
Console.Write(10);                   //输出整数
Console.Write("这是字符串");          //输出字符串
```

输出结果如图 1-7 所示。

```
a10这是字符串
```

图 1-7　Write()方法输出结果

（2）WriteLine()方法。

WriteLine()方法在每次输出内容后会自动换行，示例代码如下。

```
Console.WriteLine('a');              //输出字符
Console.WriteLine(10);               //输出整数
Console.WriteLine("这是字符串");      //输出字符串
```

输出结果如图 1-8 所示。

```
a
10
这是字符串
```

图 1-8　WriteLine()方法输出结果

提　示

在 C#中，通过控制台窗口进行输入和输出操作的程序称为控制台应用程序。控制台应用程序通常不具有图形用户界面（GUI），本书主要介绍这类应用程序。除此之外，还有 Windows 窗体应用程序和 WPF 应用程序，两者都具有图形用户界面，感兴趣的读者可以自行查阅相关资料。

三、C#代码注释

C#代码注释

注释是在编写程序时，对某段代码或某个功能进行解释或说明，以方便开发人员对代码的理解与维护，编译器在编译程序时不执行注释的代码或文字。开发人员在编写程序时，应养成添加注释的好习惯，以增强代码的可读性。常用的 C#代码注释主要有单行注释、多行注释和文档注释 3 种。

1．单行注释

顾名思义，单行注释就是对一行内容进行注释。单行注释使用双斜杠“//”开头，示例代码如下。

```
static void Main(string[] args)                    //程序的Main()方法
{
   //输出“Hello World!”到控制台窗口
   Console.WriteLine("Hello World!");
}
```

2. 多行注释

如果需要注释的内容是连续多行的，则使用多行注释。多行注释通常以“/*”开始，以“*/”结尾，注释的内容写在它们之间，示例代码如下。

```
/*程序的Main()方法，用于输出“Hello World!”到控制台窗口
static void Main(string[] args)
{
    Console.WriteLine("Hello World!");
}*/
```

多行注释中可以嵌套单行注释，但不能嵌套多行注释。

3. 文档注释

一些大型项目往往会包含多个命名空间、类、方法等，为了让代码便于阅读和调用，可以为这些命名空间、类、方法等添加详细的功能或参数说明，此时需要用到文档注释。文档注释使用“///”开头，示例代码如下。

```
class Plus
{
   /// <summary>
   /// 求两个整数之和
   /// </summary>
   /// <param name="a">加数 1</param>
   /// <param name="b">加数 2</param>
   public void Add(int a, int b)
   {
      int sum = a + b;
      Console.WriteLine("{0} + {1} = {2}", a, b, sum);
   }
}
```

上述代码中的注释是对 Plus 类中 Add()方法的功能和参数的说明。其中，<summary></summary>标签和<param></param>标签都是注释元素，<summary></summary>用于为方法添加简要说明，<param></param>用于为方法的参数添加简要说明。

从表面上看，上述文档注释与单行注释和多行注释并无区别，但当调用 Add()方法时，会自动显示注释内容，如图 1-9 所示。

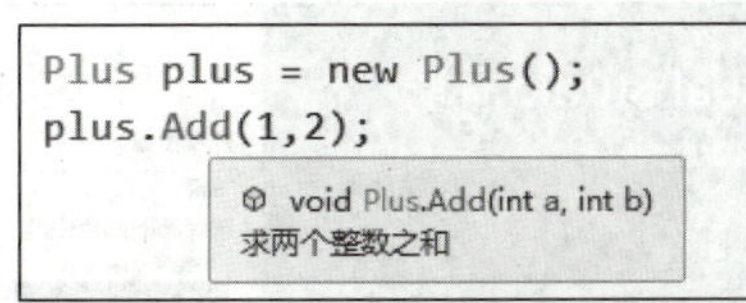

图 1-9　自动显示注释内容

需要注意的是，注释不能分隔代码中的关键字和标识符，以免破坏代码的语法结构。例如，下面的代码注释是错误的。

static void //错误的代码注释　Main(string[] args){}

任务实施

创建简单的C#程序

本任务实施首先使用 Visual Studio 2022 创建一个 C#项目，然后编写代码在控制台窗口输出“Hello World!”。

步骤 1　在“开始”菜单中选择“Visual Studio 2022”选项（见图 1-10），启动 Visual Studio 2022。

步骤 2　第一次启动 Visual Studio 2022 时，会出现如图 1-11 所示的登录窗口，读者可以利用微软账号进行登录。如果没有微软账号，可以单击“创建账户”按钮创建账户（读者可根据提示自行创建，此处不做介绍），也可以单击“暂时跳过此项。”文本链接。

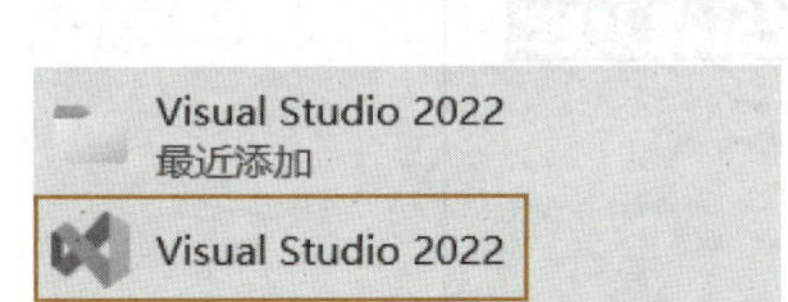

图 1-10　选择“Visual Studio 2022”选项

图 1-11　登录窗口

步骤 3　打开个性化设置窗口，在“选择您的颜色主题”下方选择一种颜色主题，此处选中“浅色”单选钮，然后单击“启动 Visual Studio”按钮，如图 1-12 所示。

步骤 4　打开 Visual Studio 2022 开始使用窗口，选择“创建新项目”选项，如图 1-13 所示。

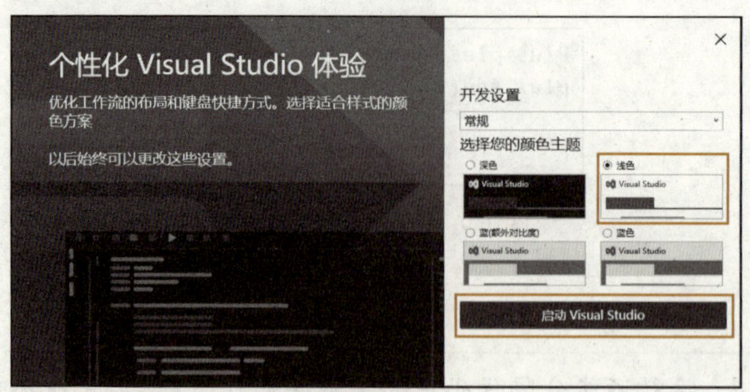

图 1-12　个性化设置

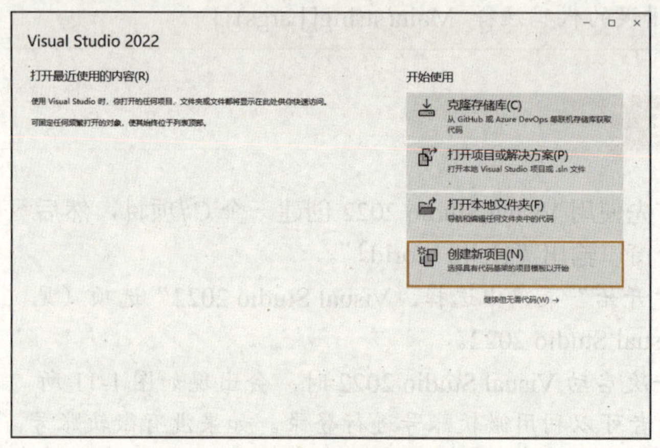

图 1-13　选择“创建新项目”选项

步骤 5 打开“创建新项目”窗口，首先在语言列表中选择“C#”选项，然后选择下方的“控制台应用”选项，最后单击“下一步”按钮，如图 1-14 所示。

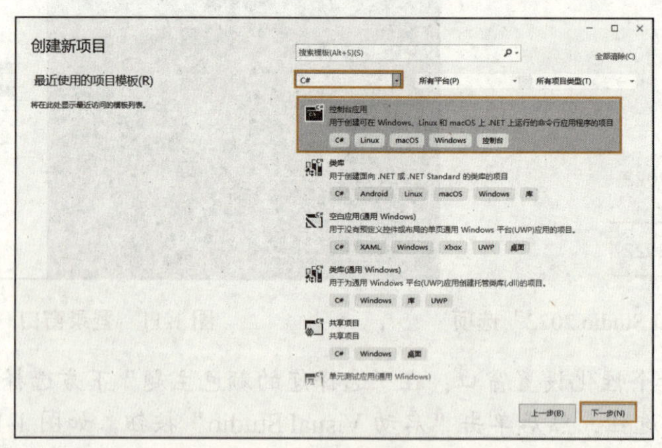

图 1-14　创建新项目

步骤 6 打开“配置新项目”窗口，在“项目名称”编辑框中输入“ch1_1”；在“位置”编辑框中选择项目的存储位置，也可以使用默认位置；保持“解决方案名称”与项目名称一致。然后单击“下一步”按钮，如图 1-15 所示。

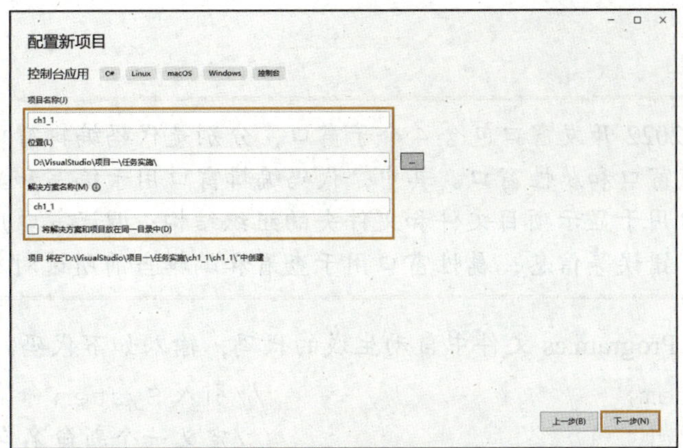

图 1-15　配置新项目

步骤 7　打开“其他信息”窗口，保持默认选项不变，单击“创建”按钮（见图 1-16），进入 Visual Studio 2022 开发窗口（见图 1-17），开发窗口中默认打开 Program.cs 文件。

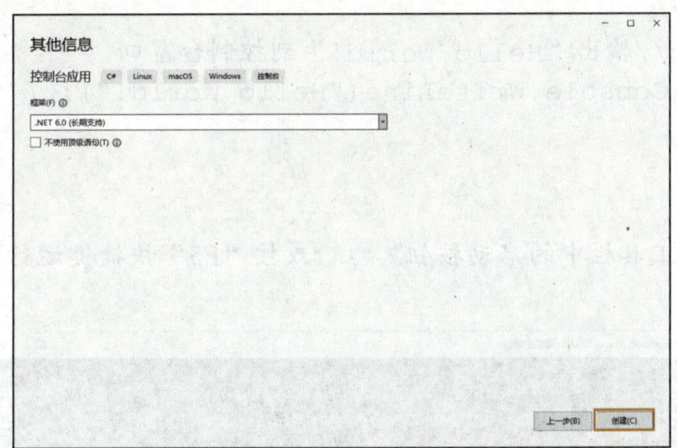

图 1-16　单击“创建”按钮

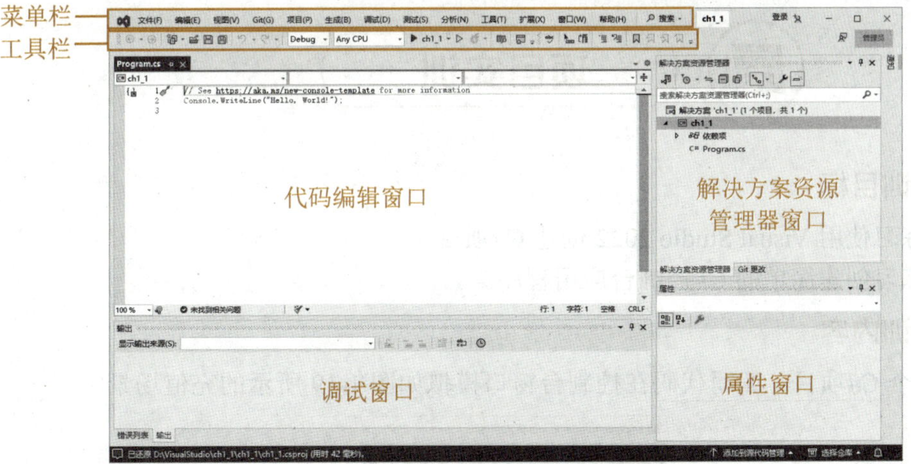

图 1-17　Visual Studio 2022 开发窗口

知识库

Visual Studio 2022 开发窗口包含 4 个子窗口，分别是代码编辑窗口、解决方案资源管理器窗口、调试窗口和属性窗口。其中，代码编辑窗口用于编写和显示代码；解决方案资源管理器窗口用于显示项目文件和文件夹的组织结构；调试窗口用于显示程序运行时的警告、异常、错误等信息；属性窗口用于查看和编辑当前所选对象的属性。

步骤 8 删除 Program.cs 文件中自动生成的代码，输入如下代码。

```
using System;                                //引入 System 命名空间
namespace ch1_1                              //定义一个新命名空间“ch1_1”
{
    class Program                            //声明 Program 类
    {
        static void Main(string[] args)      //程序的 Main()方法
        {
            //输出“Hello World!”到控制台窗口
            Console.WriteLine("Hello World!");
        }
    }
}
```

步骤 9 单击工具栏中的启动按钮 ▶ ch1_1 或按“F5”快捷键运行程序，程序运行结果如图 1-18 所示。

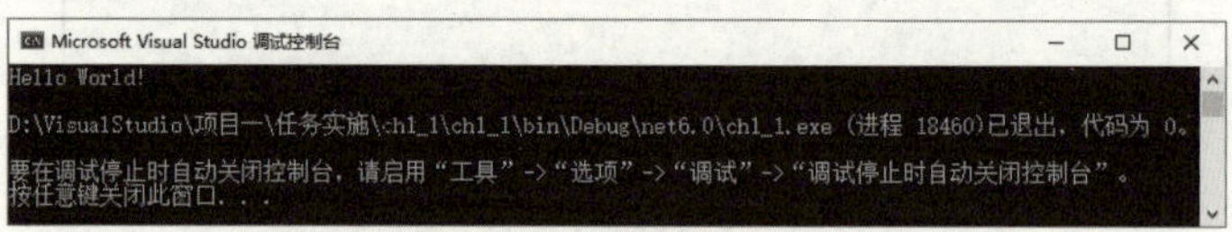

图 1-18　程序运行结果

项目实训

1．实训目标

（1）练习使用 Visual Studio 2022 创建 C#项目。

（2）练习创建简单的 C#控制台应用程序。

2．实训内容

创建一个 C#项目，编写代码在控制台窗口模拟如图 1-19 所示的充值场景。

图 1-19　充值场景

3. 操作提示

（1）在 Visual Studio 2022 中创建一个 C#项目，项目名称为“ch1_2”。

（2）修改 Program.cs 文件中的代码，具体代码如下。

```
using System;
namespace ch1_2
{
    class Program
    {
        static void Main(string[] args)  //程序的Main()方法
        {
            //在控制台窗口输出提示信息
            Console.WriteLine("请输入充值金额：");
            //将用户输入的数据保存在 input 变量中
            string input = Console.ReadLine();
            Console.WriteLine("充值成功，您本次充值" + input + "元");
        }
    }
}
```

（3）运行程序，在控制台窗口输入充值金额并按“Enter”键查看运行结果。

项目考核

1. 选择题

（1）C#是一种面向（　　）的编程语言。

A．过程　　B．对象　　C．类　　D．方法

（2）下列选项中，不属于 C#特点的是（　　）。

A．语法简洁　　B．支持 Web 标准

C．不支持跨平台　　D．类型安全

（3）在 C#中，使用关键字（　　）定义一个命名空间。

A．using　　B．class　　C．static　　D．namespace

（4）在 C#中，Console 类的（　　）方法用于接收键盘输入的一行字符。

A．Read()　　B．Write()

C．ReadLine()　　D．WriteLine()

2. 填空题

（1）__________方法是 C#程序的入口点。

（2）在 C#中，使用“______”实现单行注释，使用“______”实现多行注释。

（3）在 C#中，Console 类的__________和__________方法可以将文本内容输出到控制台窗口。

3. 判断题

（1）C#应用程序只能使用 Visual Studio 开发。（　）

（2）“C#是 C 语言的分支”这种说法是正确的。（　）

（3）在 C#中，使用命名空间可以更好地进行模块化开发。（　）

（4）在 C#中，使用“///”实现文档注释。（　）

4. 程序题

使用 Visual Studio 2022 创建一个 C#控制台应用程序，输出“这是我的第一个 C#程序！”。

项目评价

完成所有学习任务之后，请同学们按照以下要求完成学习成果评价。

全班同学每 4 人一组，各组成员结合课前、课中和课后的学习情况，以及项目实训和项目考核情况，按照表 1-2 的评价标准对本项目的学习成果进行自评和互评（组内成员互相打分），然后配合指导教师完成师评及总评。

表 1-2　学习成果评价表

评价项目	评价内容	分值	评价得分		
			自评	互评	师评
知识（40%）	C#的发展、特点及开发环境	10 分			
	C#程序结构中的命名空间、类及 Main()方法	15 分			
	C#的控制台输入与输出方法	10 分			
	C#中常用的代码注释	5 分			
能力（40%）	搭建 C#开发环境	20 分			
	创建简单的 C#控制台应用程序	20 分			
素养（20%）	具备良好的学习态度和学习习惯	10 分			
	善于发现问题，积极思考问题的解决方案	10 分			
合计		100 分			
总评	自评（20%）+互评（20%）+师评（60%）=	综合等级：	教师（签名）：		

注：综合等级可以“优”（总评得分≥90 分）、“良”（80 分≤总评得分<90 分）、“中”（60 分≤总评得分<80 分）、“差”（总评得分<60 分）为标准进行评价。

C#语法基础

项目目标

本项目主要介绍C#的语法基础，包括标识符与关键字、变量与常量、数据类型与数据类型转换、运算符与表达式，以及运算符的优先级等。通过本项目的学习，读者应达到以下目标。

知识目标

- 熟悉标识符的定义规则和常见关键字。
- 掌握变量与常量的使用方法。
- 熟悉常用数据类型，并掌握不同数据类型的转换方法。
- 熟悉运算符的分类和优先级。
- 掌握运算符与表达式的使用方法。

能力目标

- 能够编写用于接收并输出用户信息的C#程序。
- 能够编写计算球体体积的C#程序。

素质目标

- 加强基础知识学习，为个人的长远发展打下坚实的基础。
- 增强代码规范意识，提升职业道德素养。
- 增强团队协作和沟通意识，在实践中体会团队协作的重要性。

任务一 接收并输出用户信息

任务描述

本任务将编写一个用于接收并输出用户信息的 C#程序。在编写程序之前，先来学习一下标识符、关键字、变量、常量、数据类型、数据类型转换等 C#语法基础知识。

一、标识符与关键字

1. 标识符

在编写代码的过程中，经常会涉及各种对象，如变量、常量、类、方法、接口等，为了区分这些对象，需要为每个对象定义一个名称，这些名称就是标识符。

定义标识符必须遵循以下基本规则。

（1）标识符可以由字母、数字、下画线（_）组成。

（2）标识符的第一个字符不能是数字。

（3）标识符不能是 C#中的关键字，如果要使用 C#中的关键字作为标识符，可以在关键字前面加上@字符作为前缀。

需要注意的是，C#语言严格区分大小写，如 sxvtc 和 Sxvtc 是两个不同的标识符。

在实际开发中，建议读者使用具有实际含义的英文单词及规范的命名方式定义标识符，这样一方面可以使代码的可读性更强并易于维护，另一方面可以避免命名冲突或代码混乱的情况发生。常用的命名方法有驼峰（camel）命名法和帕斯卡（pascal）命名法。

驼峰命名法：因其形状如同驼峰一样而得名，其命名规则是将多个英文单词组合在一起，第一个单词的首字母小写，其余单词的首字母大写，如 myVariableName、playerName。驼峰命名法常用于变量的命名。

帕斯卡命名法：与驼峰命名法类似，也是将多个英文单词组合在一起，不同之处是所有单词的首字母都要大写，如 MyMethod、GetStudentName。帕斯卡命名法常用于项目、命名空间、类、方法、接口等的命名。

2. 关键字

关键字也称保留字，是指 C#中已经定义过并赋予了特殊含义的符号，开发人员在使用时应遵循其规定的使用场景。C#中的关键字（见表 2-1）在 Visual Studio 开发环境中的颜色默认是蓝色，所以关键字在使用时还是容易区别出来的。

表 2-1 C#中的关键字

abstract	as	base	bool	break	byte	case
catch	char	checked	class	const	continue	decimal

（续表）

default	delegate	do	double	else	enum	event
explicit	extern	false	finally	fixed	float	for
foreach	goto	if	implicit	in	int	interface
internal	is	lock	long	namespace	new	null
object	operator	out	override	params	private	protected
public	readonly	ref	return	sbyte	sealed	short
sizeof	stackalloc	static	string	struct	switch	this
throw	true	try	typeof	uint	ulong	unchecked
unsafe	ushort	using	virtual	void	volatile	while

在 C#中，一些符号（如 get、set）只在特定程序的上下文中有特殊含义，而在其他上下文中可用作标识符，这些符号称为上下文关键字。表 2-2 列举了 C#中常见的上下文关键字。

表 2-2 C#中常见的上下文关键字

add	alias	ascending	descending	dynamic	from	get
global	group	into	join	let	orderby	partial
remove	select	set	value	where	—	—

二、变量与常量

1. 变量

在程序运行期间，通常会产生一些临时数据，程序会将这些数据保存在内存单元中，而变量（variable）就是内存单元的名字。变量包括名称、类型和值 3 个要素，变量名称就是定义的标识符；变量类型决定了变量的内存大小和类型，如整数类型、浮点数类型、字符类型等；变量值就是内存单元中存储的数据。

（1）变量的声明。

使用变量前必须先声明变量，即指定变量的类型和名称，其语法格式如下。

```
数据类型 变量名;
```

例如，声明两个整型变量 i、j 和一个浮点型变量 f，代码如下。

```
int i, j;                              //声明整型变量 i、j
float f;                               //声明浮点型变量 f
```

C#语言允许使用汉字或其他语言文字为变量命名，但不建议读者这样使用。

（2）变量的赋值。

使用变量前还需要为变量赋值。使用等号（=）为变量赋值，可以将等号右边的值或有确定值的表达式赋给左边的变量。示例代码如下。

```
i = 1;                              //为变量 i 赋值
j = i + 1;                          //将表达式 i+1 的结果赋给变量 j
f = 3.0f;                           //为变量 f 赋值
```

变量的声明和赋值也可以同时进行，称为变量的定义。示例代码如下。

```
int i = 1, j = i + 1;               //定义整型变量 i、j
float f = 3.0f;                     //定义浮点型变量 f
```

在使用变量的过程中，如果要修改变量的值，则不再需要指定变量的类型。

2. 常量

常量是值固定的量，在程序运行期间其值不会改变。常量可分为直接常量和符号常量两种。

（1）直接常量。

直接常量是指在程序中直接使用的常量。直接常量可以是任意数据类型，如整型常量、字符常量、字符串常量等。例如，“5”是一个整型常量，“这是一个字符串”是一个字符串常量。

（2）符号常量。

在 C#中，符号常量使用关键字 const 定义，定义时需要指定数据类型、常量名和初始值，其语法格式如下。

```
const 数据类型 常量名 = 初始值;
```

例如，定义一个符号常量 PI，代码如下。

```
const double PI = 3.14159265;   //定义浮点型常量 PI
```

符号常量只能在定义时赋初始值，在程序运行过程中不允许再次赋值。

三、数据类型

在计算机中，不同类型数据的存储空间是不同的，所以在编写程序时需要指明数据的类型。C#中的数据类型分为值类型、引用类型和指针类型三大类，其中值类型和引用类型可进一步划分为多种数据类型，如图 2-1 所示。

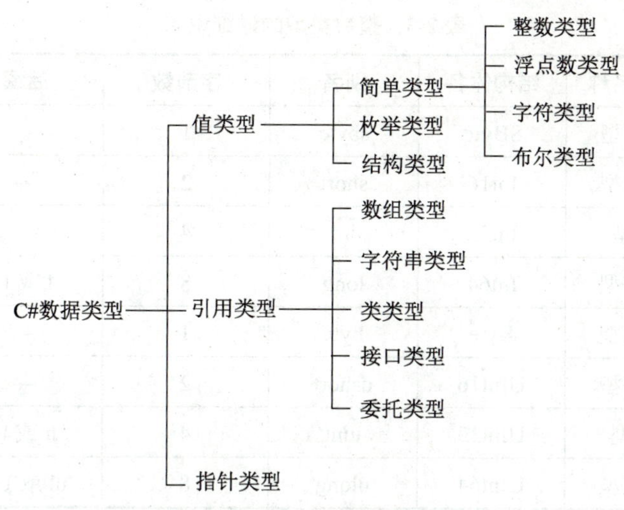

图 2-1 C#数据类型

知识库

值类型又称轻量级类型，在对值类型变量赋值时，会直接将数据存入对应的存储空间，其操作主要在栈上，如图 2-2（a）所示。在对引用类型变量赋值时，变量中存储的是数据的引用，即数据所在的内存地址，而数据则存储在堆中，如图 2-2（b）所示。指针类型在 C#中很少使用，所以本书不做介绍。

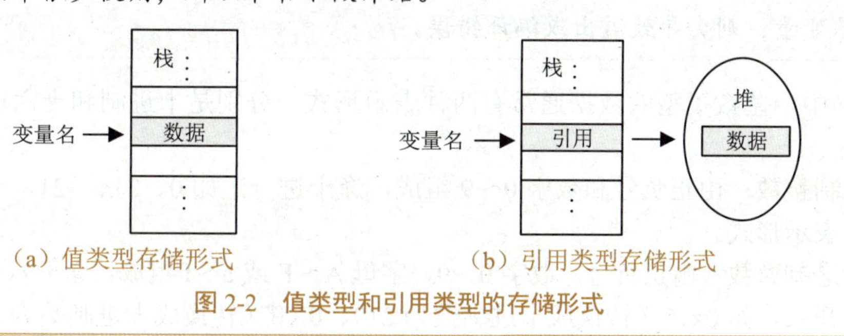

（a）值类型存储形式 （b）引用类型存储形式

图 2-2 值类型和引用类型的存储形式

下面重点介绍值类型中的数据类型，引用类型中的数据类型将在后续项目中陆续介绍。

1．整数类型

整数类型分为有符号整数和无符号整数两种，有符号整数可用于表示正数和负数，无符号整数只可用于表示正数。按数据类型在内存中所占的位数划分，有符号整数和无符号整数又可分为字节型、短整型、整型、长整型 4 种。整数类型的详细说明如表 2-3 所示。

表 2-3　整数类型的详细说明

	类型名称	结构体名	别名	字节数	后缀	取值范围
有符号整数	字节型	SByte	sbyte	1	—	-2^7～2^7-1
	短整型	Int16	short	2	—	-2^{15}～$2^{15}-1$
	整型	Int32	int	4	—	-2^{31}～$2^{31}-1$
	长整型	Int64	long	8	l 或 L	-2^{63}～$2^{63}-1$
无符号整数	字节型	Byte	byte	1	—	0～2^8-1
	短整型	UInt16	ushort	2	—	0～$2^{16}-1$
	整型	UInt32	uint	4	u 或 U	0～$2^{32}-1$
	长整型	UInt64	ulong	8	ul 或 UL	0～$2^{64}-1$

表 2-3 中，“结构体名”列中的名称是 C#标准库中定义的数据类型名称，读者在定义变量时使用“别名”列中的名称即可。

如果一个整数没有后缀，则其类型为 int、uint、long、ulong 中第一个能够表示其值的类型。例如，整数常量 3 000 000 没有后缀，由于它在 unit 能够表示的范围内，所以其类型为 unit。需要注意的是，每个整数类型都有自己的取值范围，如果将超出该范围的值赋给变量，则会导致溢出或编译错误。

在 C#中，整数类型的数据通常有两种表示形式，分别是十进制和十六进制，表示方法如下。

十进制整数：由正负号和数字 0～9 组成，逢十进一，如 0、21、−21。十进制是最常见的数据表示形式。

十六进制整数：由正负号、数字 0～9、字母 A～F 或 a～f 组成，逢十六进一，必须以 0X 或 0x 开头，如 0x15（转换成十进制数为 21）、0Xff（转换成十进制数为 255）。

2. 浮点数类型

浮点数类型主要用于处理有小数部分的数据，包括单精度浮点型（float）、双精度浮点型（double）和十进制型（decimal）3 种，它们的主要区别在于取值范围和精度不同。浮点数类型的详细说明如表 2-4 所示。

表 2-4　浮点数类型的详细说明

类型名称	结构体名	别名	字节数	精度	后缀	取值范围
单精度浮点型	Single	float	4	6～9 位	f 或 F	±1.5E−45～±3.4E+38
双精度浮点型	Double	double	8	15～17 位	—	±5.0E−324～±1.7E+308
十进制型	Decimal	decimal	16	28～29 位	m 或 M	±1.0E−28～±7.9E+28

在 C#中，浮点型数据默认为 double 型。在定义 float 型变量时，必须在数值后加上后缀"f"或"F"；在定义 double 型变量时，可以在数值后加上后缀"d"或"D"，也可以不加；在定义 decimal 型变量时，必须在数值后加上后缀"m"或"M"。示例代码如下。

```
float x = -12.75f;            //为 float 型变量赋值
double y = -12.75;            //为 double 型变量赋值
decimal z = 300.5m;           //为 decimal 型变量赋值
```

此外，还可以将整数赋给浮点型变量，在赋值过程中，整数类型会自动转换为浮点数类型。示例代码如下。

```
//为 double 型变量赋整数，整数类型会自动转换为浮点数类型
double f = 100;
```

十进制型是一种高精度的浮点数类型，常用于金融和货币等方面的数据表示。

3. 字符类型

在 C#中，字符类型用于表示单个字符，用关键字 char 定义。字符类型的表示采用的是 Unicode 标准字符集，它是目前计算机中通用的字符编码，针对不同语言中的字符设定了统一的二进制编码，可以满足跨语言、跨平台的文本转换和处理要求。字符类型的详细说明如表 2-5 所示。

表 2-5 字符类型的详细说明

类型名称	结构体名	别名	字节数	取值范围
字符类型	Char	char	2	U+0000～U+FFFF

在定义字符型变量时，必须使用英文单引号（''）将单个字符括起来。示例代码如下。

```
char a = 'a';                //为 char 型变量赋英文字符
char b = '0';                //为 char 型变量赋数字字符
char c = 'AB';               //错误，单引号中不是单个字符
char d = '';                 //错误，不能为 char 型变量赋空值
```

知识库

在 C#中，使用关键字 string 定义字符串类型，赋值时将字符串内容用英文双引号(" ")括起来，如 string name = "张三"。

此外，一些特殊字符，如单引号、反斜杠等，可以借助转义符"\"实现。示例代码如下。

```
char a = '\'';               //表示为 char 型变量赋单引号
char b = '\\';               //表示为 char 型变量赋反斜杠
```

在 C#中，常用的转义字符及含义如表 2-6 所示。

表 2-6 常用的转义字符及含义

转义字符	含义	转义字符	含义
\'	单引号	\f	换页符
\"	双引号	\n	换行符
\\	反斜杠	\r	回车符
\0	空字符	\t	水平制表符
\b	退格符	\v	垂直制表符

4. 布尔类型

布尔类型用关键字 bool 定义，其值只能是 true 或 false，分别代表逻辑“真”和逻辑“假”。布尔类型通常用在流程控制语句中，作为判断条件。布尔类型的详细说明如表 2-7 所示。

表 2-7 布尔类型的详细说明

类型名称	结构体名	别名	字节数	默认值	取值范围
布尔类型	Boolean	bool	1	false	true 或 false

布尔类型的示例代码如下。

```
bool x = true;                //声明 bool 型变量 x，初始值为 true
```

与其他语言不同，在 C#中不能用其他值代替 true 或 false，因此如下所示的代码是错误的。

```
bool y = 1;                   //错误
```

5. 枚举类型

在实际开发中，有时需要定义一些具有特定取值范围的变量，如彩虹的 7 种颜色、直角坐标系的 3 个方向，此时可以使用枚举类型实现。枚举类型是一种自定义的数据类型，可以在命名空间或类中定义。在 C#中，使用关键字 enum 定义枚举类型，并需将所有可能的取值一一列举出来，其语法格式如下。

```
enum 枚举名
{
    枚举成员 1 [ = value1],
    枚举成员 2 [ = value2],
    …
    枚举成员 n [ = valueN]
}
```

其中，枚举名可作为数据类型使用；枚举成员是用逗号分隔的标识符列表，其值为整数类型，默认是 int 型。在定义枚举类型时，如果不为枚举成员指定值，则默认第一个枚

举成员的值是 0，并且没有指定值的枚举成员的初始值都是上一个枚举成员的值加 1。

提 示

枚举成员不能相同，但枚举成员的值可以相同，不过通常会将它们设置为不同的值，以免影响枚举类型的使用。

使用枚举类型时，应使用枚举成员为变量赋值，枚举成员的访问通过运算符"."实现，其语法格式如下。

```
枚举名 变量名 = 枚举名.枚举成员 n;
```

【实例 2-1】 定义一个表示教师职称（包括助教、讲师、副教授、教授）的枚举类型，然后在 Main()方法中输出每个枚举成员及对应的值。

【参考代码】

```
using System;
namespace example2_1
{
    enum Title                      //定义枚举类型 Title
    {                               //枚举成员
        助教, 讲师, 副教授, 教授
    }
    class Program
    {
        static void Main(string[] args)
        {
            //"(int) Title.教师职称" 用于获取教师职称对应的值
            Console.WriteLine(Title.助教 +": "+(int)Title.助教);
            Console.WriteLine(Title.讲师 +": "+(int)Title.讲师);
            Console.WriteLine(Title.副教授 + ": " + (int)Title.
副教授);
            Console.WriteLine(Title.教授 +": "+(int)Title.教授);
        }
    }
}
```

【运行结果】 程序运行结果如图 2-3 所示。

图 2-3 实例 2-1 运行结果

6. 结构类型

结构类型是将一组相关数据和功能包装成一个整体来使用，它使得一个单一变量可以存储各种数据类型的相关数据。与枚举类型类似，结构类型也可以在命名空间或类中定义。在 C#中，使用关键字 struct 定义结构类型，其语法格式如下。

```
struct 结构名
{
    结构成员
}
```

使用结构类型定义变量的语法格式如下。

```
结构名 变量名;
```

结构类型中成员的访问也是通过运算符“.”实现的，其一般语法格式如下。

```
变量名.结构成员;
```

提 示

如果结构类型中的成员变量要被其他类中的成员访问，需要将其修饰符设为 public。

【实例 2-2】 定义一个名为 Student 的结构类型，然后在 Main()方法中使用该结构类型定义一个变量 stu，并为该变量的每个成员变量赋值，最后输出变量 stu 中各成员变量的内容。

【参考代码】

```
using System;
namespace example2_2
{
    struct Student                  //定义结构类型 Student
    {
        public string name;         //姓名为 string 型
        public char sex;            //性别为 char 型
        public int age;             //年龄为 int 型
        public float score;         //成绩为 float 型
    }
    class Program
    {
        static void Main(string[] args)
        {
            Student stu;            //定义一个 Student 结构类型的变量 stu
            stu.name = "张三";      //为变量 stu 的成员变量 name 赋值
            stu.sex = '男';         //为变量 stu 的成员变量 sex 赋值
            stu.age = 21;           //为变量 stu 的成员变量 age 赋值
            stu.score = 98f;        //为变量 stu 的成员变量 score 赋值
            //输出变量 stu 中各成员变量的内容
            Console.WriteLine("学生姓名: " + stu.name);
            Console.WriteLine("学生性别: " + stu.sex);
```

```
            Console.WriteLine("学生年龄: " + stu.age);
            Console.WriteLine("学生成绩: " + stu.score);
        }
    }
}
```

【运行结果】　程序运行结果如图 2-4 所示。

图 2-4　实例 2-2 运行结果

四、数据类型转换

数据类型转换

数据类型转换也称数据类型铸造，其实质是把数据从一种类型转换为另一种类型。在 C#中，数据类型转换有两种方法：隐式类型转换和显式类型转换。

1. 隐式类型转换

隐式类型转换也称自动类型转换，就是不需要声明就能进行的转换，它是 C#默认的以安全方式进行的转换，不会导致数据丢失或精度损失。在进行隐式类型转换时，需要遵循“由低级类型向高级类型转换”的原则，此处的“低级”和“高级”通常是数据类型的精度，也可以理解为表达内容的丰富程度。常用的数据类型按精度从低到高排序为 byte、short、int、long、float、double。

例如，将 int 型转换为 float 型，代码如下。

```
int i = 12;                //定义 int 型变量 i
float f = i;               //int 型变量 i 自动转换为 float 型
```

如果将 float 型数据赋给 int 型变量，则会出现如图 2-5 所示的编译错误提示。

错误列表

整个解决方案 | 错误 1 | 警告 0 | 展示 2 个消息中的 0 个 | 生成 + IntelliSense | 搜索错误列表

代码	说明	项目	文件	行	禁止显示状态
CS0266	无法将类型"float"隐式转换为"int"。存在一个显式转换(是否缺少强制转换?)	test	Program.cs	9	活动

图 2-5　编译错误提示

2. 显式类型转换

如果要将高精度数据转换为低精度数据，则必须使用显式类型转换。显式类型转换也称强制类型转换，转换过程中可能会导致数据丢失或精度损失。C#支持以下 3 种显式类型转换方式。

（1）通过圆括号“()”。

该转换方法是在要转换的变量或表达式前加上“(目标类型)”，其语法格式如下。

```
目标类型 变量名 = (目标类型)变量或表达式;
```

例如，将 float 型转换为 int 型，代码如下。

```
float f = 12.75f;              //定义 float 型变量 f
//将 float 型转换为 int 型，舍去小数部分，所以 i 的值为 12
int i = (int)f;
```

（2）通过 Convert 类。

Convert 类位于 System 命名空间，该类提供了一系列静态方法，用于将一种数据类型转换为另一种数据类型，其语法格式如下。

```
目标类型 变量名 = Convert.To 目标类型(变量或表达式);
```

Convert 类中常用的数据类型转换方法如表 2-8 所示。

表 2-8　Convert 类中常用的数据类型转换方法

方法	说明	方法	说明
Convert.ToBoolean()	转换为 bool 型	Convert.ToSingle()	转换为 float 型
Convert.ToInt32()	转换为 int 型	Convert.ToInt64()	转换为 long 型
Convert.ToDouble()	转换为 double 型	Convert.ToString()	转换为 string 型

例如，将 float 型转换为 int 型和 string 型，代码如下。

```
float f = 12.75f;                //定义 float 型变量 f
//将 float 型转换为 int 型，所以 i 的值为 13
int i = Convert.ToInt32(f);
//将 float 型转换为 string 型，所以 str 的值为“12.75”
string str = Convert.ToString(f);
```

提　示

在使用 Convert.ToInt32()方法将浮点型转换为整型时，如果小数点后一位数字是 1～4，则舍去；如果是 6～9，则进位；如果是 5，则取决于进位之后该数字是奇数还是偶数，如果是奇数则舍去，如果是偶数则进位。例如，8.5 进位后为 9，而 9 是奇数，所以舍去，最终值为 8；7.5 进位后为 8，而 8 是偶数，所以进位，最终值为 8。

（3）通过 Parse()方法。

在 System 命名空间中，每个内置的基本数据类型都有对应的 Parse()方法，用于将字符串内容转换为对应的数据类型，其语法格式如下。

```
目标类型 变量名 = 目标类型.Parse("字符串内容");
```

需要注意的是，字符串内容必须是有效的目标类型的表示形式，否则会抛出异常。

例如，将 string 型转换为 bool 型，代码如下。

```
string str = "true";             //定义 string 型变量 str
bool a = bool.Parse(str);        //将 string 型转换为 bool 型
```

任务实施

本任务实施创建一个C#控制台应用程序，用于接收并输出用户的姓名、年龄、性别、身高、体重等信息。其中，姓名为string型，年龄为int型，性别为int型（1表示男性，2表示女性），身高为double型，体重为double型。

参考代码

```
using System;
namespace ch2_1
{
    class Program
    {
        static void Main(string[] args)
        {
            Console.WriteLine("请输入姓名：");
            //定义一个string型变量，用于接收用户输入的姓名
            string pName = Console.ReadLine();
            Console.WriteLine("请输入年龄：");
            /*定义一个 int 型变量，用于接收用户输入的年龄，由于
ReadLine()方法的返回结果是string型，所以强制转换为int型*/
            int pAge = int.Parse(Console.ReadLine());
            Console.WriteLine("请输入性别(1表示男性,2表示女性):");
            //定义一个int型变量，用于接收用户输入的性别
            int pGender = int.Parse(Console.ReadLine());
            Console.WriteLine("请输入身高（单位为厘米）：");
            //定义一个double型变量，用于接收用户输入的身高
            double pHeight = double.Parse(Console.ReadLine());
            Console.WriteLine("请输入体重（单位为千克）：");
            //定义一个double型变量，用于接收用户输入的体重
            double pWeight = double.Parse(Console.ReadLine());
            Console.WriteLine("----------------------");
            //输出用户信息
            Console.WriteLine("用户姓名：" + pName);
            Console.WriteLine("用户年龄：" + pAge);
            /*使用条件运算符“?:”判断用户性别，如果pGender的值为1，
则性别为男，否则为女*/
            Console.WriteLine("用户性别：" + (pGender == 1 ? "男
" : "女"));
            Console.WriteLine("用户身高：{0}厘米", pHeight);
            Console.WriteLine("用户体重：{0}千克", pWeight);
        }
    }
}
```

提　示

上述代码中，“{0}”是一个占位符，表示后续参数列表中的第 1 个参数，实际输出时会使用参数替换占位符。依次类推，使用“{1}”表示后续参数列表中的第 2 个参数，使用“{2}”表示后续参数列表中的第 3 个参数。

运行结果

运行程序，根据提示输入信息（如姓名“张三”，年龄“21”，性别“1”，身高“178”，体重“62.5”），并在每次输入完毕后按“Enter”键，程序运行结果如图 2-6 所示。

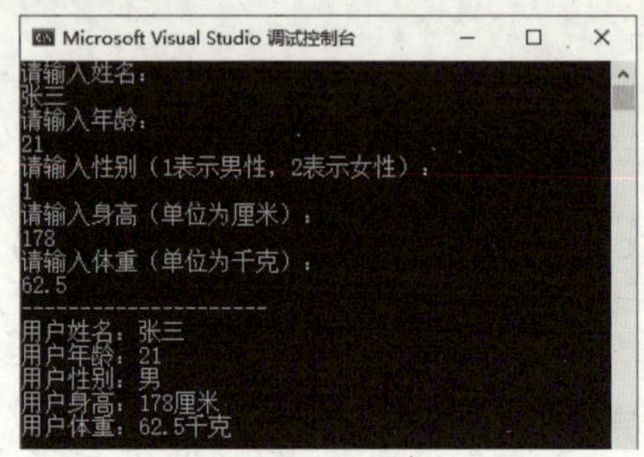

图 2-6　运行结果

任务二　计算球体的体积

任务描述

本任务将编写一个计算球体体积的 C#程序。在编写程序之前，先来学习一下运算符与表达式、运算符的优先级等相关知识。

一、运算符与表达式

运算符

运算符又称操作符，是数据间进行运算的符号。表达式是由运算符和操作数按照一定规则组成的有意义的式子，其中操作数是参与运算的数据，可以是常量、变量、方法，也可以是表达式。在构成表达式时，运算符具有不同的优先级，还有不同的组合方式。

根据操作数个数的不同，可以将运算符分为一元运算符（又称单目运算符）、二元运算符（又称双目运算符）和三元运算符（又称三目运算符）。其中，一元运算符是作用在一个操作数上的运算符，如+（正号）、-（负号）、++、--等；二元运算符是作用在两个操作数上的运算符，如+（加）、-（减）等；三元运算符是作用在 3 个操作数上的运算符，C#中唯一的三元运算符是条件运算符“? :”。

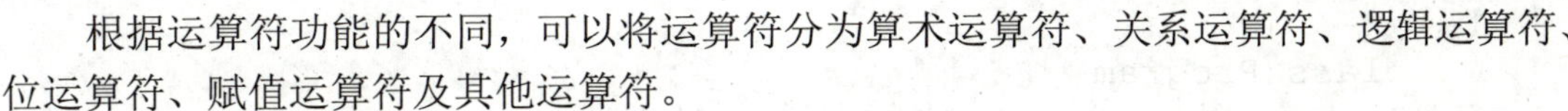

根据运算符功能的不同，可以将运算符分为算术运算符、关系运算符、逻辑运算符、位运算符、赋值运算符及其他运算符。

1. 算术运算符及其表达式

算术运算符是最简单、最常用的运算符。算术表达式则由算术运算符和操作数组成，用于完成基本的算术运算。C#中的算术运算符如表 2-9 所示。假设变量 A 的值为 10，变量 B 的值为 20。

表 2-9 算术运算符

运算符	描述	示例	运算结果
+	加法运算符。将运算符两侧的操作数相加	A + B	30
−	减法运算符。用运算符左侧的操作数减去右侧的操作数	A − B	−10
*	乘法运算符。将运算符两侧的操作数相乘	A * B	200
/	除法运算符。用运算符左侧的操作数除以右侧的操作数	B / A	2
%	取模运算符。取运算符左侧操作数除以右侧操作数的余数	B % A	0
++	自增运算符。将操作数加 1	++A	11
--	自减运算符。将操作数减 1	--A	9

关于算术运算符，在实际应用时应注意以下几点。

（1）在进行除法运算时，如果两个整数相除，则结果也是一个整数，小数部分将会舍去；如果操作数中有一个是浮点数，则结果也是一个浮点数。

（2）在进行自增或自减运算时，如果运算符放在操作数前，则先进行自增或自减运算，再进行其他运算；如果运算符放在操作数后，则先进行其他运算，再进行自增或自减运算。

提 示

自增和自减运算看似只有一步操作，实际在操作过程中分两个步骤。例如，“c = a++”先将 a 赋值给 c，再将 a 自身加 1，可拆分为“c = a”和“a = a + 1”；“c = ++a”先将 a 自身加 1，再将 a 赋值给 c，可拆分为“a = a + 1”和“c = a”。

思考一下，如果 x = 2，那么表达式“y = x++ + ++x − x-- + --x”的结果是多少？

【实例 2-3】 算术运算符示例。

【参考代码】

```
using System;
namespace example2_3
```

```
{
    class Program
    {
        static void Main(string[] args)
        {
            //声明 3 个 int 型变量，并为变量 a、b 赋初值
            int a = 23, b = 11, c;
            c = a + b;              //加法运算
            Console.WriteLine("{0} + {1} = {2}", a, b, c);
            c = a - b;              //减法运算
            Console.WriteLine("{0} - {1} = {2}", a, b, c);
            c = a * b;              //乘法运算
            Console.WriteLine("{0} * {1} = {2}", a, b, c);
            c = a / b;              //除法运算
            Console.WriteLine("{0} / {1} = {2}", a, b, c);
            c = a % b;              //取模运算
            Console.WriteLine("{0} % {1} = {2}", a, b, c);
            c = a++;                //先赋值再进行自增运算
            Console.WriteLine("c = a++ 运行后，a 的值：{0}", a);
            Console.WriteLine("c = a++ 运行后，c 的值：{0}", c);
            c = ++a;                //先进行自增运算再赋值
            Console.WriteLine("c = ++a 运行后，a 的值：{0}", a);
            Console.WriteLine("c = ++a 运行后，c 的值：{0}", c);
            c = a--;                //先赋值再进行自减运算
            Console.WriteLine("c = a-- 运行后，a 的值：{0}", a);
            Console.WriteLine("c = a-- 运行后，c 的值：{0}", c);
            c = --a;                //先进行自减运算再赋值
            Console.WriteLine("c = --a 运行后，a 的值：{0}", a);
            Console.WriteLine("c = --a 运行后，c 的值：{0}", c);
        }
    }
}
```

【运行结果】 程序运行结果如图 2-7 所示。

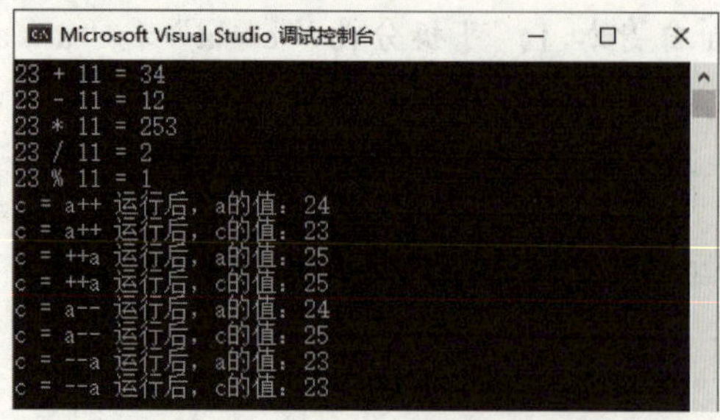

图 2-7　实例 2-3 运行结果

2. 关系运算符及其表达式

关系运算符用于比较两个数据。关系表达式由关系运算符和操作数组成，其结果是一个布尔值（true 或 false）。C#中的关系运算符如表 2-10 所示。假设变量 A 的值为 10，变量 B 的值为 20。

表 2-10　关系运算符

运算符	描述	示例	运算结果
==	等于运算符。如果运算符两侧的操作数相等，则结果为 true，否则为 false	A == B	false
!=	不等于运算符。如果运算符两侧的操作数不相等，则结果为 true，否则为 false	A != B	true
>	大于运算符。如果运算符左侧的操作数大于右侧的操作数，则结果为 true，否则为 false	A > B	false
<	小于运算符。如果运算符左侧的操作数小于右侧的操作数，则结果为 true，否则为 false	A < B	true
>=	大于等于运算符。如果运算符左侧的操作数大于或等于右侧的操作数，则结果为 true，否则为 false	A >= B	false
<=	小于等于运算符。如果运算符左侧的操作数小于或等于右侧的操作数，则结果为 true，否则为 false	A <= B	true

3. 逻辑运算符及其表达式

逻辑运算符用于对布尔值进行操作。逻辑表达式由逻辑运算符和操作数组成，其结果仍是一个布尔值。C#中的逻辑运算符如表 2-11 所示。假设变量 A 的值为 true，变量 B 的值为 false。

表 2-11　逻辑运算符

运算符	描述	示例	运算结果
&&	逻辑与运算符。只有当运算符两侧的操作数都为 true 时，结果才为 true，否则为 false	A && B	false
||	逻辑或运算符。如果运算符两侧的操作数中有一个为 true，结果就为 true，否则为 false	A || B	true
!	逻辑非运算符。如果操作数为 true，则结果为 false；如果操作数为 false，则结果为 true	!A	false

其中，“&&”和“||”运算符又分别称“短路与”和“短路或”。如果“短路与”左侧的操作数的值为 false，则整个逻辑表达式的值为 false，编译器不再运算右侧的表达式。同

样，如果“短路或”左侧的操作数的值为true，则整个逻辑表达式的值为true，右侧的表达式也不会再运算。

【实例 2-4】 关系运算符和逻辑运算符示例。

【参考代码】

```
using System;
namespace example2_4
{
    class Program
    {
        static void Main(string[] args)
        {
            int a = 1, b = 5;       //定义两个 int 型变量
            //计算关系表达式的值并输出
            Console.WriteLine("a > 1 = " + (a > 1));
            //计算关系表达式的值并输出
            Console.WriteLine("b > 1 = " + (b > 1));
            //计算逻辑与表达式的值并输出
            Console.WriteLine("(a > 1 && b > 1) = " + (a > 1 &&
b > 1));
            //计算逻辑或表达式的值并输出
            Console.WriteLine("(a > 1 || b > 1) = " + (a > 1 ||
b > 1));
            //计算逻辑非表达式的值并输出
            Console.WriteLine("!(a > 1 && b > 1) = " + !(a > 1 &&
b > 1));
        }
    }
}
```

【运行结果】 程序运行结果如图 2-8 所示。

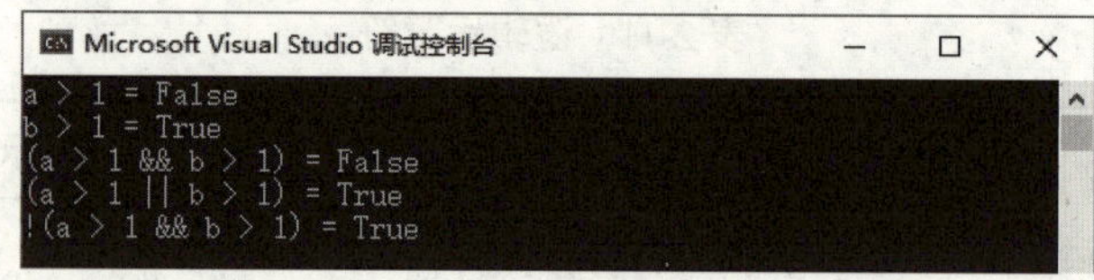

图 2-8　实例 2-4 运行结果

4. 位运算符及其表达式

位运算符是对二进制位进行操作的运算符。位表达式由位运算符和操作数组成，用于对二进制数进行计算。C#中的位运算符如表 2-12 所示。假设变量 A 的值为 60（对应的二进制数为 0011 1100），变量 B 的值为 13（对应的二进制数为 0000 1101）。

表 2-12　位运算符

运算符	描述	示例	运算结果
&	按位与运算符。只有当对应的两个二进制位均为 1 时，结果才为 1，否则为 0	A & B	0000 1100
|	按位或运算符。只要对应的两个二进制位有一个为 1，结果就为 1，否则为 0	A | B	0011 1101
^	按位异或运算符。如果对应的两个二进制位不同，则结果为 1，否则为 0	A ^ B	0011 0001
~	按位取反运算符。该运算符是一元运算符，具有“翻转”位效果，即 0 变成 1，1 变成 0（包括符号位）	~A	1100 0011
<<	左移运算符。运算符左侧操作数的二进制位全部向左移动右侧操作数指定的位数，移出的高位舍弃，低位补 0	A << 3	1110 0000
>>	右移运算符。运算符左侧操作数的二进制位全部向右移动右侧操作数指定的位数，移出的低位舍弃，正数高位补 0，负数高位补 1	A >> 3	0000 0111

表 2-13 为位运算符&、|、^和~的真值表。

表 2-13　&、|、^和~的真值表

p	q	p & q	p | q	p ^ q	~p
0	0	0	0	0	1
0	1	0	1	1	1
1	1	1	1	0	0
1	0	0	1	1	0

根据真值表，表 2-12 中位运算符&、|、^和~对应示例的具体演算过程如图 2-9 所示。

```
  A = 0011 1100      A = 0011 1100      A = 0011 1100      A = 0011 1100
  B = 0000 1101      B = 0000 1101      B = 0000 1101
---------------    ---------------    ---------------    ---------------
A&B = 0000 1100    A|B = 0011 1101    A^B = 0011 0001     ~A = 1100 0011
```

图 2-9　&、|、^和~对应示例的具体演算过程

【实例 2-5】　位运算符示例。

【参考代码】

```
using System;
namespace example2_5
```

```
    {
        class Program
        {
            static void Main(string[] args)
            {
                int a = 60, b = 13;             //定义两个 int 型变量
                //计算按位与表达式的值并输出
                Console.WriteLine("a & b = " + (a & b));
                //计算按位或表达式的值并输出
                Console.WriteLine("a | b = " + (a | b));
                //计算按位异或表达式的值并输出
                Console.WriteLine("a ^ b = " + (a ^ b));
                //计算按位取反表达式的值并输出
                Console.WriteLine("~a = " + (~a));
                //计算 a 左移 3 位后的结果并输出
                Console.WriteLine("a << 3 = " + (a << 3));
                //计算 a 右移 3 位后的结果并输出
                Console.WriteLine("a >> 3 = " + (a >> 3));
            }
        }
    }
```

【运行结果】 程序运行结果如图 2-10 所示。从中可以看出，计算结果以十进制的形式输出。

图 2-10 实例 2-5 运行结果

在计算机中，数字是以补码的形式存储的。其中，正数的补码与原码相同，符号位为 0；负数的补码的符号位为 1，其余位为该数字绝对值的原码按位取反再加 1。例如，对 60（对应的二进制数为 0011 1100）按位取反后，结果为 1100 0011，该二进制数的符号位为 1，所以是负数，对应的补码为 1011 1101，转换成十进制数为−61，与图 2-10 中"~a = −61"结果一致。

5. 赋值运算符及其表达式

赋值运算符用于将运算符右侧操作数的值赋给左侧操作数，其中左侧操作数必须是一个可以被赋值的表达式，如变量、数组元素、结构成员等，而右侧操作数可以是任意表达式。C#中的赋值运算符如表 2-14 所示。

表 2-14　赋值运算符

运算符	描述	示例	含义
=	简单的赋值运算符。将运算符右侧操作数的值赋给左侧操作数	C = A + B	将 A + B 的值赋给 C
+=	加赋值运算符。将运算符左侧操作数加上右侧操作数的结果赋给左侧操作数	C += A	等同于 C = C + A
-=	减赋值运算符。将运算符左侧操作数减去右侧操作数的结果赋给左侧操作数	C -= A	等同于 C = C - A
*=	乘赋值运算符。将运算符左侧操作数乘以右侧操作数的结果赋给左侧操作数	C *= A	等同于 C = C * A
/=	除赋值运算符。将运算符左侧操作数除以右侧操作数的结果赋给左侧操作数	C /= A	等同于 C = C / A
%=	模赋值运算符。将运算符左侧操作数除以右侧操作数的余数赋给左侧操作数	C %= A	等同于 C = C % A
&=	按位与赋值运算符	C &= A	等同于 C = C & A
|=	按位或赋值运算符	C |= A	等同于 C = C | A
^=	按位异或赋值运算符	C ^= A	等同于 C = C ^ A
<<=	左移赋值运算符	C <<= 2	等同于 C = C << 2
>>=	右移赋值运算符	C >>= 2	等同于 C = C >> 2

【实例 2-6】　赋值运算符示例。

【参考代码】

```
using System;
namespace example2_6
{
    class Program
    {
        static void Main(string[] args)
        {
            //定义 6 个 int 型变量
            int a= 21, b = 30, c = 19, d = 8, e = 10, f = 28;
            a += 6;                        //用加赋值运算符计算 a 的值
            Console.WriteLine("a = " + a);
            b *= 5;                        //用乘赋值运算符计算 b 的值
            Console.WriteLine("b = " + b);
            c %= 8;                        //用模赋值运算符计算 c 的值
            Console.WriteLine("c = " + c);
            d &= 7;                        //用按位与赋值运算符计算 d 的值
```

```
            Console.WriteLine("d = " + d);
            e ^= 2;                    //用按位异或赋值运算符计算 e 的值
            Console.WriteLine("e = " + e);
            f >>= 2;                   //用右移赋值运算符计算 f 的值
            Console.WriteLine("f = " + f);
        }
    }
}
```

【参考代码】 程序运行结果如图 2-11 所示。

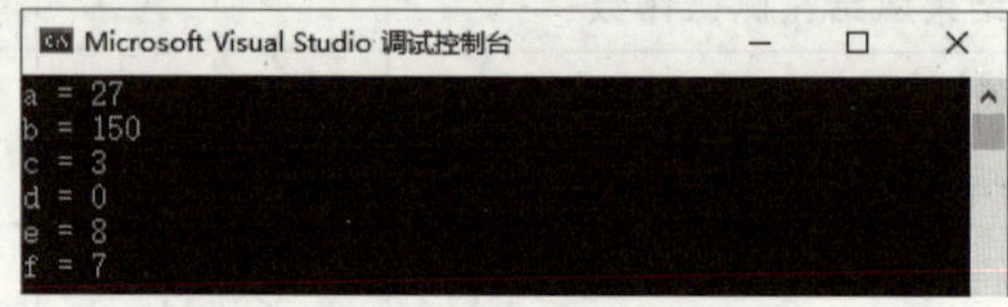

图 2-11　实例 2-6 运行结果

6. 其他运算符

除了上述运算符外，C#还支持其他一些重要的运算符，具体如表 2-15 所示。

表 2-15　其他运算符

运算符	描述	示例	运算结果
.	点运算符。该运算符用于访问对象的成员，如字段、属性、方法等	stu.name	—
( )	转换运算符。该运算符除了用于指定表达式中的运算顺序外，还用于显示类型转换	(int)12.3	12
[ ]	索引运算符。该运算符用于访问数组、集合等中特定位置的元素	myArray[2]	—
? :	条件运算符。该运算符是三元运算符，作用是根据条件表达式的值返回其后两个结果中的一个。如果条件表达式的值为 true，则执行冒号前的表达式；如果为 false，则执行冒号后的表达式	A >= B ? A : B	如果 A 大于等于 B，则结果为 A，否则为 B
typeof	用于获取数据类型的原始类型信息	typeof(int)	Int32
sizeof	用于获取数据类型的大小（以字节为单位）	sizeof(int)	4
is	用于检查对象是否为指定类型或指定类型的实例	A is int	如果 A 为整型数据，则结果为 true，否则为 false

【实例 2-7】　对用户输入的数据按从小到大的顺序排列。

【参考代码】

```
using System;
namespace example2_7
{
    class Program
    {
        static void Main(string[] args)
        {
            Console.WriteLine("请输入 3 个数字，每个数字按“Enter”键确认：");
            //定义 3 个 int 型变量，用于接收用户输入的数据
            int x = int.Parse(Console.ReadLine());
            int y = int.Parse(Console.ReadLine());
            int z = int.Parse(Console.ReadLine());
            int min, mid, max;          //声明 3 个 int 型变量
            //找到 3 个数字中的最小值，并赋给 min
            min = ((x < y) ? x : y) < z ? ((x < y) ? x : y) : z;
            //找到 3 个数字中的最大值，并赋给 max
            max = ((x > y) ? x : y) > z ? ((x > y) ? x : y) : z;
            //计算 3 个数字中处于中间位置的数字，并赋给 mid
            mid = x + y + z - min - max;
            Console.WriteLine("将 3 个数字按从小到大的顺序排列:{0},{1},{2}", min, mid, max);
        }
    }
}
```

【运行结果】　运行程序，根据提示输入数据（如 51、22、10），并在每次输入完毕后按“Enter”键，程序运行结果如图 2-12 所示。

图 2-12　实例 2-7 运行结果

二、运算符的优先级

运算符的优先级决定了表达式中各运算符执行的先后顺序。在表达式中，具有较高优先级的运算符会优先计算。如果两个运算符具有相同的优先级，则根据它们的结合性决定运算的先后顺序。C#中运算符的优先级按照从高到低的顺序排列如表 2-16 所示。

表 2-16 运算符的优先级

优先级	类别	运算符	结合性
	基本运算符	.、()、[]	从左到右
高	一元运算符	+（正）、-（负）、!、~、++、--、typeof、sizeof	从右到左
↓	乘除和取模运算符	*、/、%	从左到右
	加减运算符	+（加）、-（减）	从左到右
	位移运算符	<<、>>	从左到右
	关系和类类型检测运算符	<、<=、>、>=、is	从左到右
	相等运算符	==、!=	从左到右
	按位与运算符	&	从左到右
	按位异或运算符	^	从左到右
	按位或运算符	|	从左到右
	逻辑与运算符	&&	从左到右
	逻辑或运算符	||	从左到右
低	条件运算符	?:	从右到左
	赋值运算符	=、+=、-=、*=、/=、%=、&=、|=、^=、<<=、>>=	从右到左

【实例 2-8】 运算符优先级示例。

【参考代码】

```
using System;
namespace example2_8
{
    class Program
    {
        static void Main(string[] args)
        {
            //声明5个int型变量，并为变量a、b、c、d赋初值
            int a= 30, b = 7, c = 36, d = 18, e;
            //计算并输出变量e的值
            e = (-a + b) * c + d;
            Console.WriteLine("e = (-a + b) * c + d = " + e);
            e = (-a + b) * (c + d);
            Console.WriteLine("e = (-a + b) * (c + d) = " + e);
            e = --a + b * (c % d++);
            Console.WriteLine("e = --a + b * (c % d++) = " + e);
            e = a + (a > b ? c : d) * b % d >> 2;
```

```
            Console.WriteLine("e = a + (a > b ? c : d) * b % d >>
2 = " + e);
        }
    }
}
```

【参考代码】 程序运行结果如图 2-13 所示。

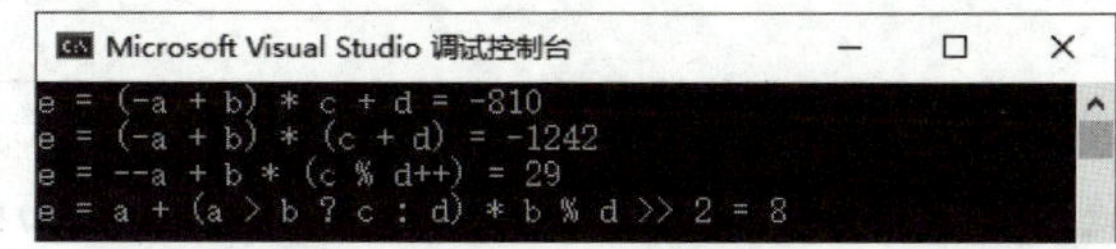

图 2-13 实例 2-8 运行结果

任务实施

本任务实施创建一个 C#控制台应用程序，根据用户输入的球体半径，计算并输出球体的体积。球体体积的计算公式为 $v = 4/3\pi r^3$，其中 r 为球体半径。

参考代码

```
using System;
namespace ch2_2
{
    class Program
    {
        static void Main(string[] args)
        {
            //输出提示信息
            Console.WriteLine("请输入球体半径（单位为厘米）:");
            //定义一个 float 型变量，用于接收用户输入的数据
            float r = float.Parse(Console.ReadLine());
            const float PI = 3.14f;        //定义 float 型常量 PI
            //计算球体体积
            float v = 4.0f / 3.0f * PI * r * r * r;
            //输出球体体积
            Console.WriteLine("球体体积:" + v + "立方厘米");
        }
    }
}
```

运行结果

运行程序，根据提示输入球体半径（如 3.5），然后按“Enter”键，程序运行结果如图 2-14 所示。

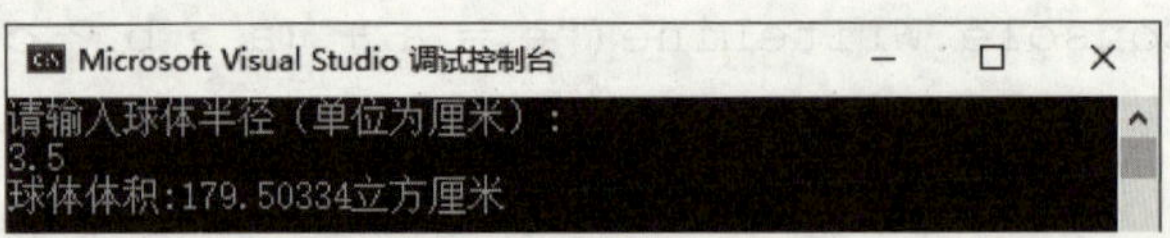

图 2-14　运行结果

拓展阅读

不管将来从事什么职业，我们都应当重视基础知识的学习。扎实的基础可以帮助我们更好地理解复杂问题，提高解决问题的能力，同时建立更加全面的知识结构。树高千尺也离不开根，打好基础，才能触类旁通，才能更好地应对挑战，才能在未来的道路上走得更远。

项目实训

1. 实训目标

（1）练习变量的使用。

（2）练习数据类型的转换。

（3）练习运算符和表达式的使用。

2. 实训内容

编写 C#程序，输入某学生语文、数学、英语 3 门课程的成绩，求该学生的平均成绩（结果保留两位小数）。

3. 操作提示

（1）定义 3 个 double 型变量，分别用于接收用户输入的 3 门课程的成绩。

（2）定义一个 double 型变量，用于存储计算的平均成绩。

（3）使用内置的 Math.Round()方法保留指定的小数位数，如 Math.Round(x, 2)可以将 x 保留两位小数。

项目考核

1. 选择题

（1）下列选项中，属于 C#中的合法变量名的是（　　）。

A. if　　B. 3ab　　C. a_3b　　D. a-bc

（2）下列关于变量的说法，错误的是（　　）。

A. 变量类型决定了变量的内存大小和类型

B. 变量必须先声明，再使用

C. 变量值就是内存单元中存储的数值

D. 变量的声明和赋值不可以同时进行

（3）int 型数据占（　　）个字节。

A. 1　　B. 2　　C. 4　　D. 8

（4）下列选项中，数据类型使用正确的是（　　）。

A. double y = 32.45;　　B. float y = 24.67;

C. bool y = 0;　　D. char y = "A";

（5）在定义具有特定取值范围的变量时，可以使用（　　）类型实现。

A. 引用　　B. 枚举　　C. 字符　　D. 结构

（6）在 C#中，结构类型属于（　　）数据类型。

A. 值类型　　B. 简单类型

C. 引用类型　　D. 指针类型

（7）下列表达式的结果是（　　）。

```
10 * 10 * 10 < 10 || 2 > 1 + 3
```

A. true　　B. 1　　C. false　　D. 0

2. 填空题

（1）C#中的数据类型分为__________、__________和__________三大类。

（2）C#默认的以安全方式进行的转换是________类型转换，这种转换不会导致数据丢失或精度损失。

（3）在 C#中，将高精度数据转换为低精度数据时，必须使用________类型转换。

（4）如果变量 x 的值为 10，则表达式 x -= x + x++的值为________。

（5）表达式(9 / 2 − 9 % 2) << 2 的值为________。

3. 判断题

（1）C#语言是不区分大小写的。（　　）

（2）C#中的关键字可以直接作为变量名。（　　）

（3）C#语言允许使用汉字或其他语言文字为变量命名，但不建议这样使用。（　　）

（4）C#中的符号常量使用关键字 const 定义。（　　）

（5）C#中包含小数点的数值默认为 float 型。（　　）

（6）C#中赋值运算符的优先级最低。（　）

4．程序题

已知薯片单价是 3.50 元，饮料单价是 2.60 元，编写 C#程序，分别输入薯片和饮料的购买数量，计算应支付多少钱。如果使用会员卡（可以打 9.2 折），又应支付多少钱。

要求：结果保留两位小数。

项目评价

完成所有学习任务之后，请同学们按照以下要求完成学习成果评价。

全班同学每 4 人一组，各组成员结合课前、课中和课后的学习情况，以及项目实训和项目考核情况，按照表 2-17 的评价标准对本项目的学习成果进行自评和互评（组内成员互相打分），然后配合指导教师完成师评及总评。

表 2-17　学习成果评价表

评价项目	评价内容	分值	评价得分		
			自评	互评	师评
知识（50%）	标识符的定义规则和常见关键字	5 分			
	变量与常量的使用方法	10 分			
	常用数据类型及不同数据类型的转换方法	15 分			
	运算符的分类和优先级	10 分			
	运算符与表达式的使用方法	10 分			
能力（30%）	编写用于接收并输出用户信息的 C#程序	15 分			
	编写计算球体体积的 C#程序	15 分			
素养（20%）	增强代码规范意识，提升职业道德素养	10 分			
	增强团队协作和沟通意识	10 分			
合计		100 分			
总评	自评（20%）+互评（20%）+师评（60%）=		综合等级：	教师（签名）：	

注：综合等级可以“优”（总评得分≥90 分）、“良”（80 分≤总评得分<90 分）、“中”（60 分≤总评得分<80 分）、“差”（总评得分<60 分）为标准进行评价。

项目三 流程控制

项目目标

流程控制对于任何一门编程语言来说都十分重要，它决定了程序执行的逻辑及顺序。本项目主要介绍结构化程序设计的基本结构，以及程序执行中使用的流程控制语句，包括分支语句、循环语句和跳转语句。通过本项目的学习，读者应达到以下目标。

知识目标

- 熟悉结构化程序设计的 3 种基本结构。
- 掌握分支语句中 if 语句和 switch 语句的作用和使用方法。
- 掌握循环语句中 while 语句、do…while 语句和 for 语句的作用和使用方法。
- 掌握循环嵌套的使用方法。
- 掌握跳转语句中 break 语句和 continue 语句的作用和使用方法。

能力目标

- 能够选择合适的分支语句编写计算停车费的 C#程序。
- 能够选择合适的循环语句编写猜数字游戏的 C#程序。

素质目标

- 在团队合作中，学会明确自己的职责，强化自身责任意识。
- 培养勤奋、认真、专注的学习态度，不断提高自己的专业素养。
- 培养创新精神，不断寻求更好的问题解决方法。

任务一　计算停车费

任务描述

本任务将使用分支语句编写一个计算停车费的 C#程序。在编写程序之前，先来学习一下结构化程序设计的 3 种基本结构，以及分支语句中 if 语句和 switch 语句的相关知识。

一、程序设计的 3 种基本结构

结构化程序设计的 3 种基本结构分别是顺序结构、分支结构和循环结构。

1．顺序结构

顺序结构是指程序按语句先后顺序逐条执行，没有复杂的逻辑关系或跳转等。顺序结构是结构化程序设计中最基本的结构，其流程图如图 3-1 所示。

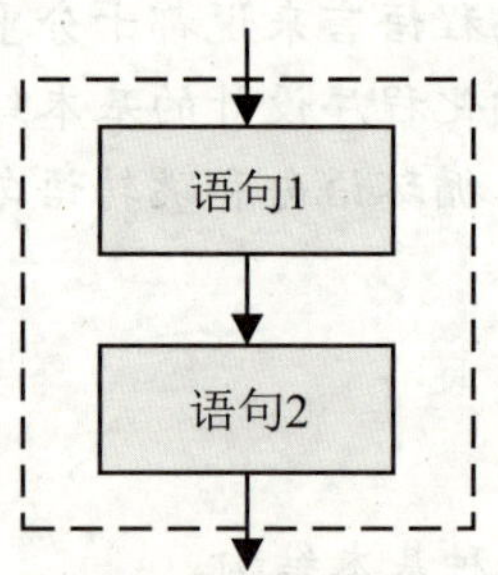

图 3-1　顺序结构流程图

2．分支结构

分支结构也称选择结构，就是在程序执行到某一条件时，需要借助决策从若干语句中选择一条或一组语句来执行。生活中也有许多类似的情况。例如，当走到红绿灯路口时，如果是绿灯，则可以通行；如果不是绿灯，则不能通行。这种情况在分支结构中称为两路分支，其流程图如图 3-2 所示。根据分支数量，分支结构中还可包含单分支、多路分支等。

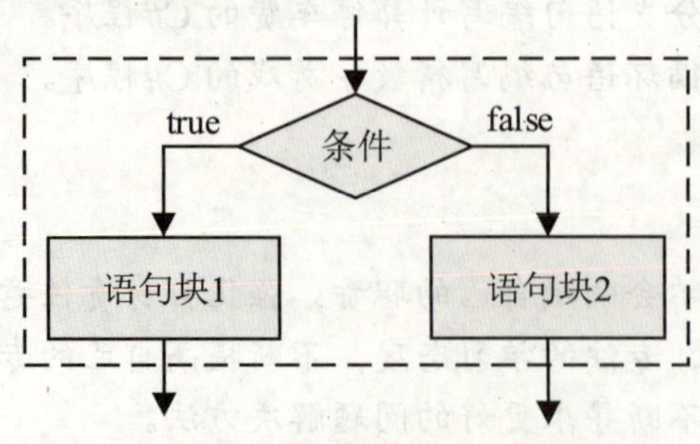

图 3-2　分支结构流程图

3. 循环结构

循环结构是指程序重复执行某一个代码片段。例如，要在控制台窗口输出 100 行“欢迎来到 C#的世界！”，如果不使用循环结构，则需要写 100 行输出语句，这会使代码变得冗长且难以维护。

从形式上看，循环结构分为当型循环结构和直到型循环结构两种。

（1）当型循环结构。

当型循环结构是先进行条件判断，当给定的条件成立时，则执行语句块，一旦条件不成立，则退出循环，其流程图如图 3-3（a）所示。

（2）直到型循环结构。

直到型循环结构是先执行语句块，再进行条件判断，直到条件不成立时退出循环，其流程图如图 3-3（b）所示。

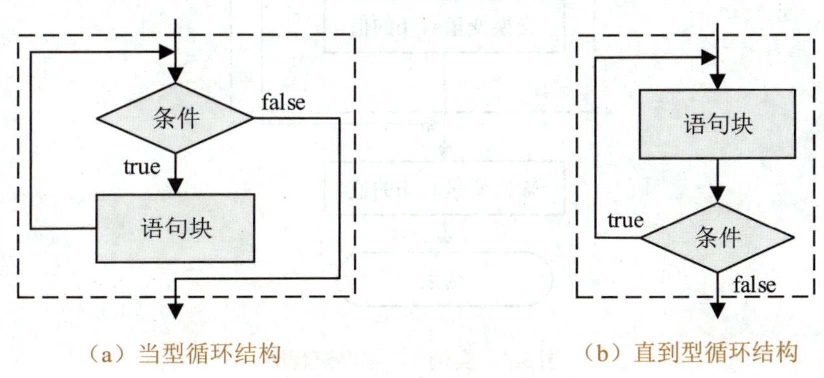

（a）当型循环结构　　（b）直到型循环结构

图 3-3　循环结构流程图

要实现分支结构和循环结构，需要借助流程控制语句来控制程序的执行顺序。C#中的流程控制语句包括分支语句、循环语句和跳转语句。

二、分支语句

常用的分支语句有 if 语句和 switch 语句两种。

1. if 语句

if 语句是最常见的分支语句，通常与关键字 else 一起使用，表示当满足一定条件时，执行相应操作，否则执行其他操作。根据实际使用场景，if 语句可以分为简单 if 语句、if…else 语句、if…else if…else 语句，以及嵌套的 if 语句。

（1）简单 if 语句。

简单 if 语句的语法格式如下。

```
if (条件表达式)
{
    语句块                //当条件表达式的值为 true 时执行
}
```

【实例 3-1】　比较 a、b 两个整数的大小，如果 a 大于 b，则将 a、b 的值交换。

【思路分析】　使用简单 if 语句进行条件判断，如果 a 大于 b，则交换 a、b 的值，否则直接输出 a、b 的值，程序流程图如图 3-4 所示。

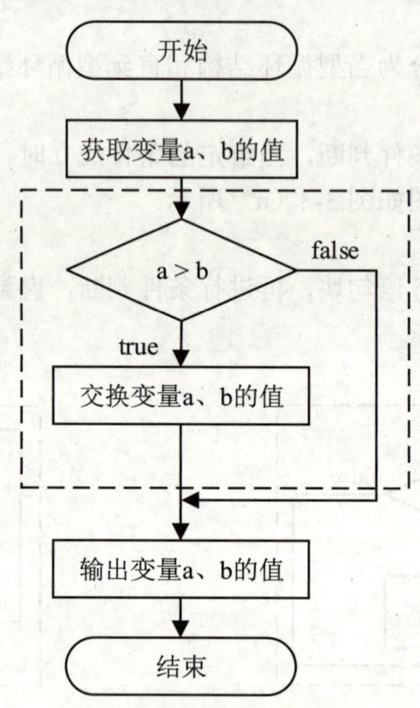

图 3-4　实例 3-1 程序流程图

【参考代码】

```
using System;
namespace example3_1
{
    class Program
    {
        static void Main(string[] args)
        {
            Console.WriteLine("请输入整数 a 的值: ");//输出提示信息
            //定义一个 int 型变量 a, 用于接收用户输入的数据
            int a = int.Parse(Console.ReadLine());
            Console.WriteLine("请输入整数 b 的值: ");//输出提示信息
            //定义一个 int 型变量 b, 用于接收用户输入的数据
            int b = int.Parse(Console.ReadLine());
            if (a > b)              //如果 a 大于 b, 则交换 a、b 的值
            {
                int temp = a;       //定义变量 temp, 并将 a 的值赋给 temp
                a = b;              //将 b 的值赋给 a
                b = temp;           //将 temp 的值赋给 b
```

```
            }
            //输出变量 a 和 b 的值
            Console.WriteLine("a = {0}, b = {1}", a, b);
        }
    }
}
```

【运行结果】 运行程序，根据提示依次输入 a 和 b 的值（如 11 和 5），程序运行结果如图 3-5 所示。

图 3-5 实例 3-1 运行结果

使用 if 语句时，可能出现的错误有以下两种。

（1）省略 if 语句的大括号。如果省略了 if 语句的大括号，此时实例 3-1 中 if 语句的代码如下。

```
if (a > b)
    int temp = a;
    a = b;
    b = temp;
```

上述代码的执行顺序是，当 a 大于 b 时，将 a 的值赋给 temp，而“a = b;”和“b = temp;”这两行代码不论什么情况都会执行。这样不仅会导致程序逻辑上的错误，还会导致程序功能上的错误。

（2）分号位置错误。在 if 语句的圆括号后加上分号，此时实例 3-1 中 if 语句的代码如下。

```
if (a > b);
{
    int temp = a;
    a = b;
    b = temp;
}
```

此时程序不会报错，if 语句在条件判断后并不执行任何操作，整段代码会变成顺序结构。

（2）if…else 语句。

简单 if 语句只能指定当条件表达式的值为 true 时要执行的语句，而 if…else 语句还可指定当条件表达式的值为 false 时要执行的语句。if…else 语句的语法格式如下。

```
if (条件表达式)
{
    语句块1          //当条件表达式的值为true时执行
}
else
{
    语句块2          //当条件表达式的值为false时执行
}
```

if...else 语句的执行过程是，当条件表达式的值为 true 时，执行语句块 1，否则执行语句块 2。

在使用 if...else 语句时，只需要在 if 关键字后的圆括号中提供一个条件表达式，而 else 关键字后不需要加任何条件，且没有圆括号。

【实例 3-2】 根据输入的年龄判断用户是否成年，如果年龄小于 18 岁，输出“您还未成年!”，否则输出“您已成年!”。

【思路分析】 使用 if...else 语句进行条件判断，程序流程图如图 3-6 所示。

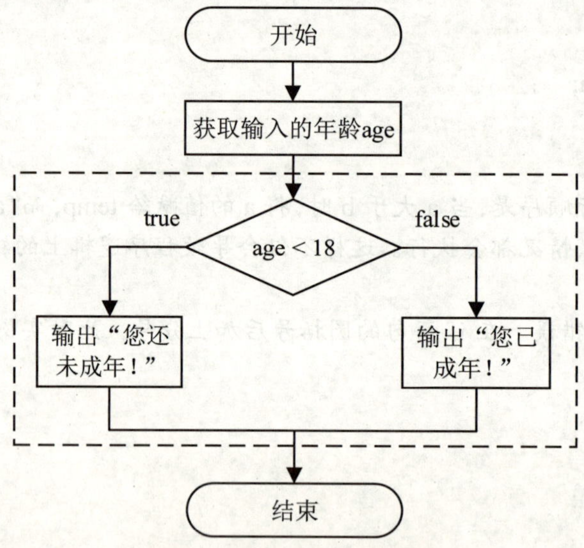

图 3-6 实例 3-2 程序流程图

【参考代码】

```
using System;
namespace example3_2
{
    class Program
    {
        static void Main(string[] args)
        {
```

```
            Console.WriteLine("请输入您的年龄: "); //输出提示信息
            //定义一个 int 型变量 age，用于接收用户输入的年龄
            int age = int.Parse(Console.ReadLine());
            if(age < 18)                    //判断年龄是否小于 18 岁
            {
                //当年龄小于 18 岁时，输出“您还未成年！”
                Console.WriteLine("您还未成年！");
            }
            else
            {
                //当年龄大于等于 18 岁时，输出“您已成年！”
                Console.WriteLine("您已成年！");
            }
        }
    }
}
```

【运行结果】 运行程序，输入年龄（如 10 和 20），程序运行结果如图 3-7 所示。

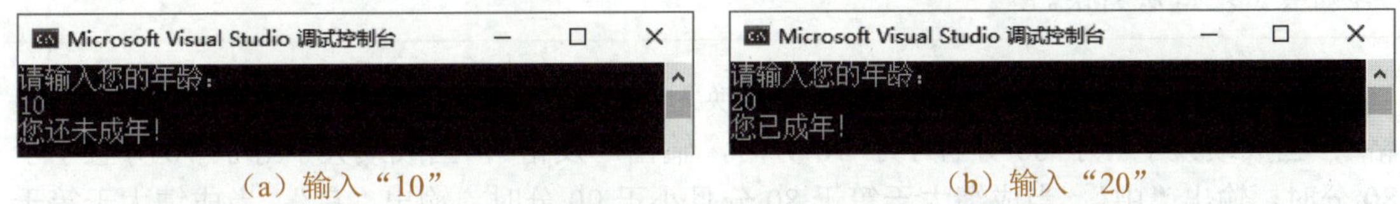

（a）输入“10”　　（b）输入“20”

图 3-7　实例 3-2 运行结果

提　示

当 if…else 语句实现的功能比较简单时，可以使用条件运算符对代码进行简化。例如，使用条件运算符实现上述 if…else 语句，代码如下。

```
string result = (age >= 18) ? "您已成年！" : "您还未成年！";
Console.WriteLine(result);
```

（3）if…else if…else 语句。

在实际开发中，有时需要对多个条件进行判断，从而进行不同的操作，此时可以使用 if…else if…else 语句来满足需求。if…else if…else 语句的语法格式如下。

```
if (条件表达式 1)
{
    语句块 1        //当条件表达式 1 的值为 true 时执行
}
else if (条件表达式 2)
{
    语句块 2        //当条件表达式 2 的值为 true 时执行
}
```

```
…
else if (条件表达式n)
{
    语句块n        //当条件表达式n的值为true时执行
}
else
{
    语句块n+1      //当条件表达式1～n的值都为false时执行
}
```

if…else if…else 语句的执行过程是，首先判断条件表达式 1，如果值为 true，则执行语句块 1，然后结束 if 语句；如果值为 false，则判断条件表达式 2，依次类推，直到其中一个条件表达式的值为 true 时，执行相应的语句块并结束 if 语句。如果列出的 n 个条件表达式的值均为 false，则执行语句块 n+1。

提　示

需要注意的是，在 if…else if…else 语句中，else 关键字和 if 关键字之间必须有空格，否则会出现语法错误。

【实例 3-3】 将学生成绩从百分制转换为五级制。当成绩小于 60 分时，输出“不及格”；当成绩大于等于 60 分且小于 70 分时，输出“及格”；当成绩大于等于 70 分且小于 80 分时，输出“中”；当成绩大于等于 80 分且小于 90 分时，输出“良”；当成绩大于等于 90 分时，输出“优”。

【思路分析】 使用 if…else if…else 语句进行条件判断，将输入的百分制成绩转换成相应的五级制成绩后输出，程序流程图如图 3-8 所示。

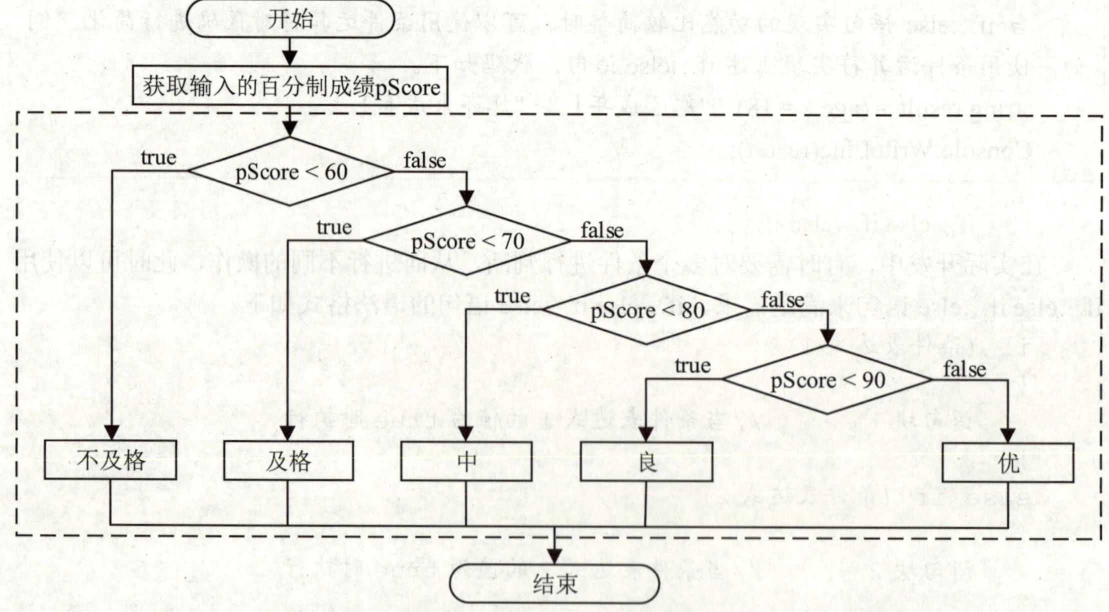

图 3-8　实例 3-3 程序流程图

【参考代码】

```
using System;
namespace example3_3
{
    class Program
    {
        static void Main(string[] args)
        {
            Console.WriteLine("请输入您的成绩："); //输出提示信息
            //定义一个 float 型变量 pScore，用于接收用户输入的成绩
            float pScore = float.Parse(Console.ReadLine());
            string ret = "";              //定义一个 string 型变量 ret
            if (pScore < 60)              //当成绩小于 60 分时
            {
                ret = "不及格";           //为变量 ret 赋"不及格"
            }
            else if (pScore < 70)         //当成绩大于等于 60 分且小于 70 分时
            {
                ret = "及格";             //为变量 ret 赋"及格"
            }
            else if (pScore < 80)         //当成绩大于等于 70 分且小于 80 分时
            {
                ret = "中";               //为变量 ret 赋"中"
            }
            else if (pScore < 90)         //当成绩大于等于 80 分且小于 90 分时
            {
                ret = "良";               //为变量 ret 赋"良"
            }
            else                          //当以上条件都不符合时
            {
                ret = "优";               //为变量 ret 赋"优"
            }
            //输出最终结果
            Console.WriteLine("您最终的成绩为" + ret + "！");
        }
    }
}
```

【运行结果】　运行程序，输入成绩（如 69 和 90），程序运行结果如图 3-9 所示。

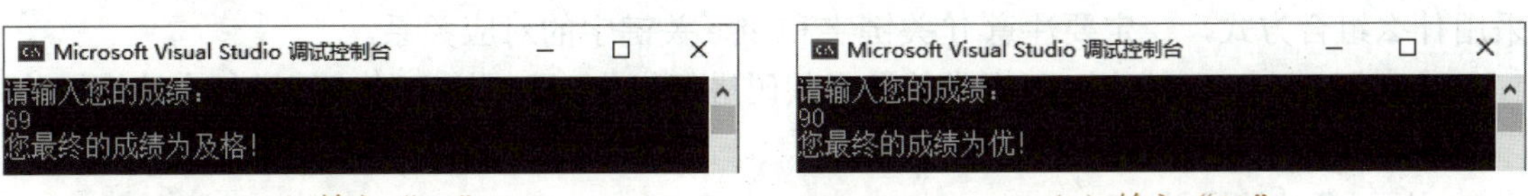

（a）输入“69”　　（b）输入“90”

图 3-9　实例 3-3 运行结果

（4）嵌套的 if 语句。

上文所讲的简单 if 语句、if…else 语句及 if…else if…else 语句是最基础的 if 语句，在某些场景下这些 if 语句并不能满足需求。例如，实例 3-3 中，在对学生成绩进行转换时，如果输入负数，结果会判定为不及格，如图 3-10 所示。但实际中成绩不可能为负数，应该判定负数为无效成绩，所以在进行转换前应先对输入的成绩进行合法性校验。此时需要使用嵌套的 if 语句。

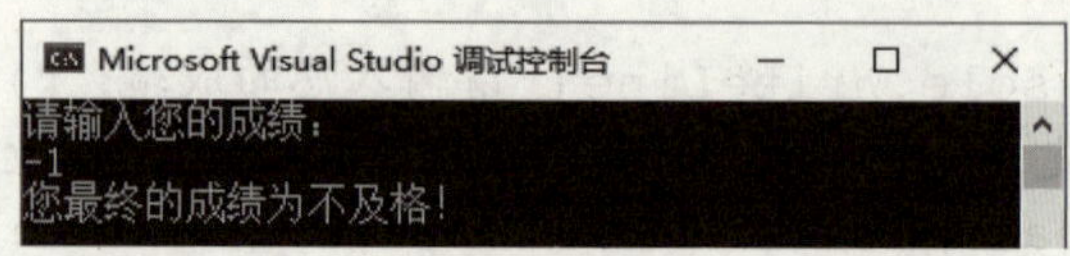

图 3-10　输入负数时实例 3-3 的运行结果

嵌套的 if 语句的一般语法格式如下。

```
if （条件表达式 1）
{
    if （条件表达式 1-1）
    {
        语句块 1-1-1         //当条件表达式 1-1 的值为 true 时执行
    }
    else
    {
        语句块 1-1-2         //当条件表达式 1-1 的值为 false 时执行
    }
}
else
{
    if （条件表达式 2-1）
    {
        语句块 2-1-1         //当条件表达式 2-1 的值为 true 时执行
    }
    else
    {
        语句块 2-1-2         //当条件表达式 2-1 的值为 false 时执行
    }
}
```

嵌套的 if 语句实际上是 3 种基础 if 语句的组合，此处给出的语法格式可理解为 if…else 语句中嵌套 if…else 语句。读者在使用嵌套 if 语句时可根据实际需求灵活组合，但是不论采用什么组合方式，一定要注意 if 关键字和 else 关键字的对应关系。

【实例 3-4】 对实例 3-3 提供的参考代码进行优化，即对输入的成绩进行合法性校验。

【参考代码】

```
using System;
namespace example3_4
```

```
{
    class Program
    {
        static void Main(string[] args)
        {
            Console.WriteLine("请输入您的成绩: "); //输出提示信息
            //定义一个 float 型变量 pScore，用于接收用户输入的成绩
            float pScore = float.Parse(Console.ReadLine());
            string ret = "";         //定义一个 string 型变量 ret
            if (pScore < 0 || pScore > 100)//当输入的成绩不合理时
            {
                Console.WriteLine("无效成绩!");  //输出“无效成绩!”
            }
            else
            {
                if (pScore < 60)      //当成绩小于 60 分时
                {
                    ret = "不及格";   //为变量 ret 赋“不及格”
                }
                else if (pScore < 70)//当成绩大于等于 60 分且小于 70 分时
                {
                    ret = "及格";     //为变量 ret 赋“及格”
                }
                else if (pScore < 80)//当成绩大于等于 70 分且小于 80 分时
                {
                    ret = "中";       //为变量 ret 赋“中”
                }
                else if (pScore < 90)//当成绩大于等于 80 分且小于 90 分时
                {
                    ret = "良";       //为变量 ret 赋“良”
                }
                else                  //当以上条件都不符合时
                {
                    ret = "优";       //为变量 ret 赋“优”
                }
                //输出最终结果
                Console.WriteLine("您最终的成绩为" + ret + "!");
            }
        }
    }
}
```

【运行结果】 运行程序，当输入无效成绩（如-9 和 520）时，程序运行结果如图 3-11 所示。

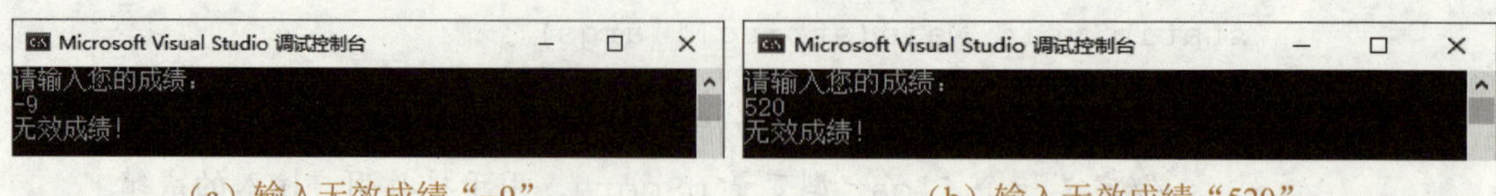

（a）输入无效成绩“-9”　　（b）输入无效成绩“520”

图 3-11　实例 3-4 运行结果

提　示

使用 if 语句时，需要注意以下几点。

（1）if 关键字后的圆括号不可以省略。

（2）条件表达式的值必须是一个布尔值。在实际应用中，条件表达式通常是使用关系运算符的表达式。

（3）语句块需要使用大括号括起来。如果语句块中只有一条语句，则可以省略大括号，但不建议读者这样使用。

2. switch 语句

switch 语句是另一种常用的分支语句，它能根据表达式的值从多个分支中选择一个分支来执行。switch 语句的一般语法格式如下。

```
switch (表达式)
{
    case 常量 1:
        语句块 1; [break;]
    case 常量 2:
        语句块 2; [break;]
    …
    case 常量 n:
        语句块 n; [break;]
    [default:
        语句块 n+1; break;]
}
```

switch 语句

switch 语句的执行过程是，首先计算表达式的值，如果表达式的值与某个 case 后的常量匹配，则执行该 case 后的语句块；如果没有匹配的值，则执行 default 后的语句块，直到遇到 break 语句或 switch 语句的右大括号为止。

提　示

break 语句将在任务二介绍，此处只需知道 break 语句的作用是终止当前 switch 语句即可。

使用 switch 语句时，需要注意以下几点。

（1）switch 关键字后的表达式的值必须是整数类型、字符类型、枚举类型及字符串类型中的一种。

（2）一个 switch 语句中可以有任意数量的 case 语句，且无顺序要求，每个 case 后必须跟一个常量和一个冒号。

（3）switch 语句中常量的类型必须与表达式的值的类型相同，且常量不能相同，否则会出现语法错误。

（4）如果 switch 语句中没有 break 语句，则在执行完某个 case 语句后，将继续执行下一个 case 语句，直到遇到 switch 语句的右大括号为止。

（5）如果多个 case 语句执行的操作相同，则可以只在最后一个 case 语句中写一次语句块。

（6）一个 switch 语句中可以有不超过一个 default 语句，且 default 语句通常写在 switch 语句的末尾。

【实例 3-5】　根据输入的月份，输出该月份对应的天数。

【思路分析】　定义一个 int 型变量 month，然后使用 switch 语句判断 month 的值，并使用 case 语句输出不同 month 值对应的情况。如果 month 的值不包含在 case 语句所列出的情况中，则使用 default 语句输出“输入错误！”。

【参考代码】

```
using System;
namespace example3_5
{
    class Program
    {
        static void Main(string[] args)
        {
            Console.WriteLine("请输入月份：");      //输出提示信息
            //定义一个 int 型变量 month，用于接收用户输入的月份
            int month = int.Parse(Console.ReadLine());
            switch (month)
            {
                //当 month 的值为 1 时执行此分支，并终止 switch 语句
                case 1:
                    Console.WriteLine("该月有 31 天！"); break;
                //当 month 的值为 2 时执行此分支，并终止 switch 语句
                case 2:
                    Console.WriteLine("该月有 28 或 29 天!"); break;
                //当 month 的值为 3 时执行此分支，并终止 switch 语句
                case 3:
                    Console.WriteLine("该月有 31 天！"); break;
                //当 month 的值为 4 时执行此分支，并终止 switch 语句
```

```
                case 4:
                    Console.WriteLine("该月有30天！"); break;
                //当month的值为5时执行此分支，并终止switch语句
                case 5:
                    Console.WriteLine("该月有31天！"); break;
                //当month的值为6时执行此分支，并终止switch语句
                case 6:
                    Console.WriteLine("该月有30天！"); break;
                //当month的值为7时执行此分支，并终止switch语句
                case 7:
                    Console.WriteLine("该月有31天！"); break;
                //当month的值为8时执行此分支，并终止switch语句
                case 8:
                    Console.WriteLine("该月有31天！"); break;
                //当month的值为9时执行此分支，并终止switch语句
                case 9:
                    Console.WriteLine("该月有30天！"); break;
                //当month的值为10时执行此分支，并终止switch语句
                case 10:
                    Console.WriteLine("该月有31天！"); break;
                //当month的值为11时执行此分支，并终止switch语句
                case 11:
                    Console.WriteLine("该月有30天！"); break;
                //当month的值为12时执行此分支，并终止switch语句
                case 12:
                    Console.WriteLine("该月有31天！"); break;
                //如果上述情况都不符合，则提示错误，并终止switch语句
                default:
                    Console.WriteLine("输入错误！"); break;
            }
        }
    }
}
```

【运行结果】 运行程序，输入月份（如正确月份“1”和错误月份“13”），程序运行结果如图3-12所示。

（a）输入正确月份“1”

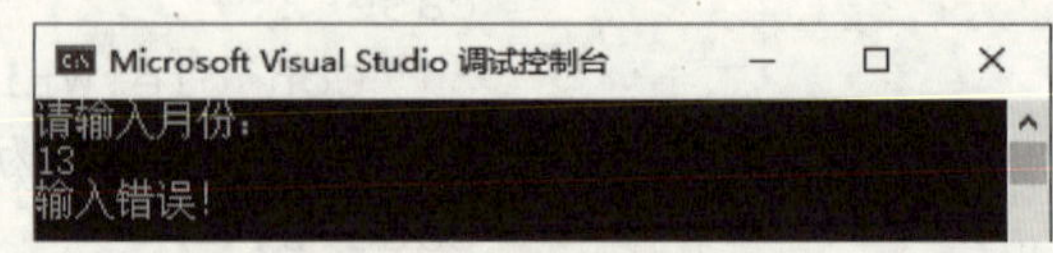

（b）输入错误月份“13”

图3-12 实例3-5运行结果

不难看出，上述程序中有些代码是重复的，可以根据 switch 语句注意事项的第（5）条简化代码，且不会影响程序的运行结果。简化后的 Main()方法代码如下。

```
static void Main(string[] args)
{
    Console.WriteLine("请输入月份: ");     //输出提示信息
    //定义一个 int 型变量 month，用于接收用户输入的月份
    int month = int.Parse(Console.ReadLine());
    switch (month)
    {
        /*当 month 的值为 1、3、5、7、8、10、12 中的任意一个时，输出“该月有 31 天!”，并终止 switch 语句*/
        case 1:
        case 3:
        case 5:
        case 7:
        case 8:
        case 10:
        case 12:
            Console.WriteLine("该月有 31 天! "); break;
        /*当 month 的值为 4、6、9、11 中的任意一个时，输出“该月有 30 天!”，并终止 switch 语句*/
        case 4:
        case 6:
        case 9:
        case 11:
            Console.WriteLine("该月有 30 天! "); break;
        /*当 month 的值为 2 时，输出“该月有 28 或 29 天!”，并终止 switch 语句*/
        case 2:
            Console.WriteLine("该月有 28 或 29 天! "); break;
        //如果上述情况都不符合，则提示错误，并终止 switch 语句
        default:
            Console.WriteLine("输入错误! "); break;
    }
}
```

【实例 3-6】　使用 switch 语句实现实例 3-4 中嵌套的 if 语句。

【思路分析】　利用不同区间成绩的特点进行条件判断，如“及格”区间的成绩大于等于 60 分且小于 70 分，都是以“6”开头的；“中”区间的成绩大于等于 70 分且小于 80 分，都是以“7”开头的，以此类推。所以，可以计算所输入成绩十位上的数字，并以此判断成绩所属的区间。

【参考代码】

```
using System;
namespace example3_6
{
    class Program
    {
        static void Main(string[] args)
        {
            Console.WriteLine("请输入您的成绩："); //输出提示信息
            //定义一个float型变量pScore，用于接收用户输入的成绩
            float pScore = float.Parse(Console.ReadLine());
            string ret = "";          //定义一个string型变量ret
            if (pScore < 0 || pScore > 100)//当输入的成绩不合理时
            {
                Console.WriteLine("无效成绩！"); //输出“无效成绩!”
            }
            else
            {
                //将float型转换为int型，并计算所输入成绩十位上的数字
                switch ((int)pScore / 10)
                {
                    //当数字为6时，为变量ret赋“及格”，并终止switch语句
                    case 6:
                        ret = "及格"; break;
                    //当数字为7时，为变量ret赋“中”，并终止switch语句
                    case 7:
                        ret = "中"; break;
                    //当数字为8时，为变量ret赋“良”，并终止switch语句
                    case 8:
                        ret = "良"; break;
                    //当数字为9或10时，为变量ret赋“优”，并终止switch语句
                    case 9:
                    case 10:
                        ret = "优"; break;
                    /*如果上述情况都不符合，则为变量ret赋“不及格”，并
终止switch语句*/
                    default:
                        ret = "不及格"; break;
                }
                //输出最终结果
```

```
                Console.WriteLine("您最终的成绩为" + ret + "! ");
            }
        }
    }
}
```

【运行结果】 运行程序，输入成绩（如有效成绩“89”和无效成绩“-9”），程序运行结果如图 3-13 所示。

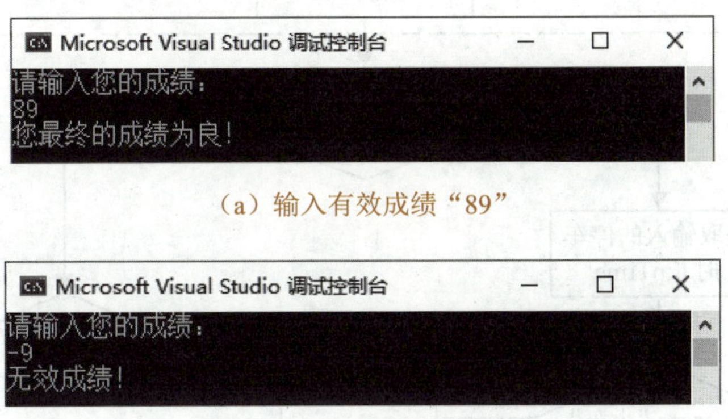

（a）输入有效成绩“89”

（b）输入无效成绩“-9”

图 3-13 实例 3-6 运行结果

switch 语句与 if 语句的区别在于，switch 语句用于判断值是否相等，而 if 语句可以判断值是否属于某一区间。通常情况下，可以使用 switch 语句代替 if 语句中的 if...else if...else 语句。但需要注意的是，当表达式的值是布尔类型或浮点类型时，只能使用 if 语句。

任务实施

本任务实施创建一个计算停车费的 C#控制台应用程序，根据输入的停车场编号、车辆型号和停车时长（如果是 P1 停车场，则需要输入停车时长），计算并输出停车费。该停车场收费标准如表 3-1 所示。

表 3-1 某停车场收费标准

停车场编号	小车	其他
P1	10 元/小时	15 元/小时
其他	100 元/次	150 元/次

程序流程图如图 3-14 所示。

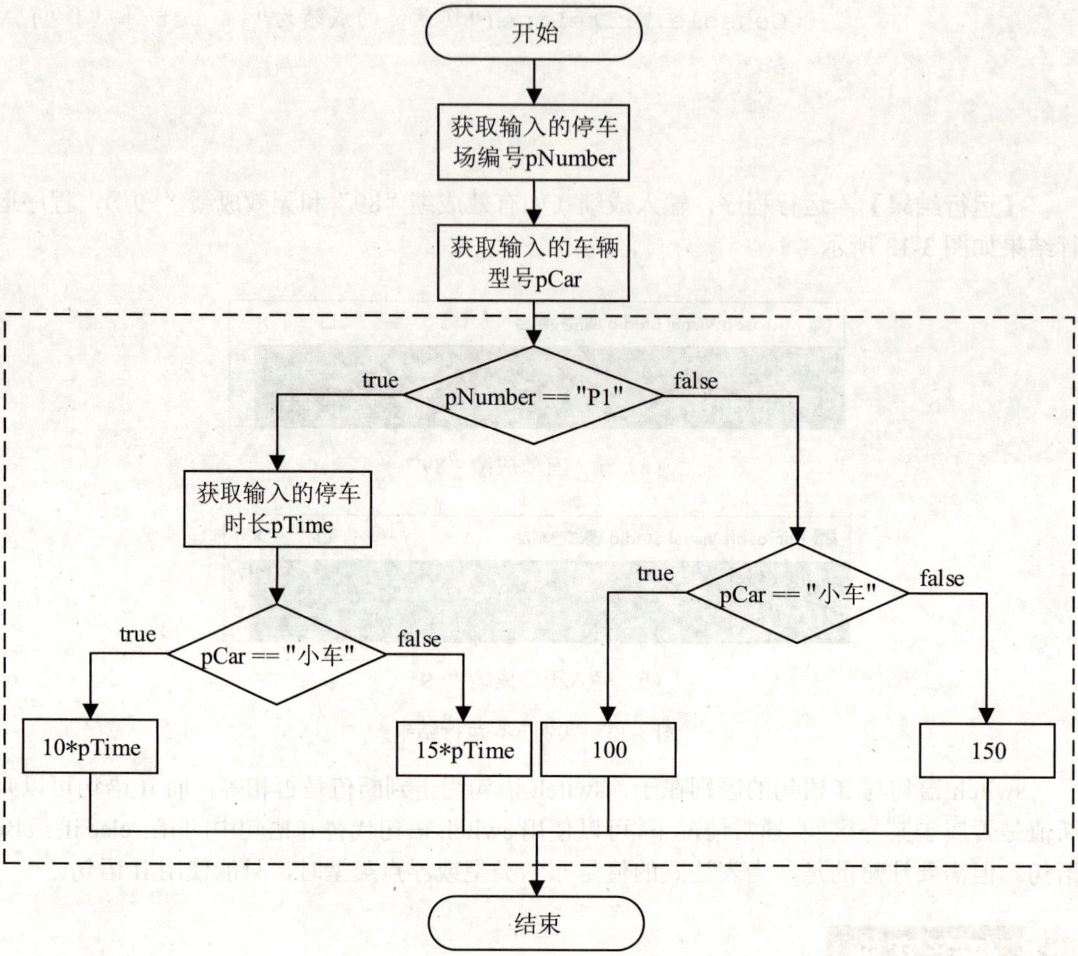

图 3-14　程序流程图

参考代码

```
using System;
namespace ch3_1
{
    class Program
    {
        static void Main(string[] args)
        {
            Console.WriteLine("请输入停车场编号："); //输出提示信息
            /*定义一个 string 型变量 pNumber，用于接收用户输入的停车场
编号*/
            string pNumber = Console.ReadLine();
            Console.WriteLine("请输入车辆型号："); //输出提示信息
            //定义一个 string 型变量 pCar，用于接收用户输入的车辆型号
```

```
            string pCar = Console.ReadLine();
            if (pNumber == "P1")        //判断停车场编号是否为 P1
            {
                //如果停车场编号是 P1，则执行此分支
                Console.WriteLine("请输入停车时长（以小时为单位，不
满 1 小时按 1 小时计算）：");          //输出提示信息
                //定义一个 int 型变量 pTime，用于接收用户输入的停车时长
                int pTime = int.Parse(Console.ReadLine());
                if (pCar == "小车")        //判断车辆型号是否为小车
                {
                    //如果车辆型号是小车，计算并输出相应的停车费
                    Console.WriteLine("收费标准是 10 元/小时，您的停
车费为{0}元。", 10 * pTime);
                }
                else
                {
                    //如果车辆型号不是小车，计算并输出相应的停车费
                    Console.WriteLine("收费标准是 15 元/小时，您的停
车费为{0}元。", 15 * pTime);
                }
            }
            else
            {
                //如果停车场编号不是 P1，则执行此分支
                if (pCar == "小车")        //判断车辆型号是否为小车
                {
                    //如果车辆型号是小车，输出相应的停车费
                    Console.WriteLine("收费标准是 100 元/次，您的停车
费为 100 元。");
                }
                else
                {
                    //如果车辆型号不是小车，输出相应的停车费
                    Console.WriteLine("收费标准是 150 元/次，您的停车
费为 150 元。");
                }
            }
        }
    }
}
```

运行结果

运行程序，根据提示依次输入数据（如“P1”“大车”“5”；“P1”“小车”“6”；“P2”

"小车";"P2""大车"),程序运行结果如图 3-15 所示。

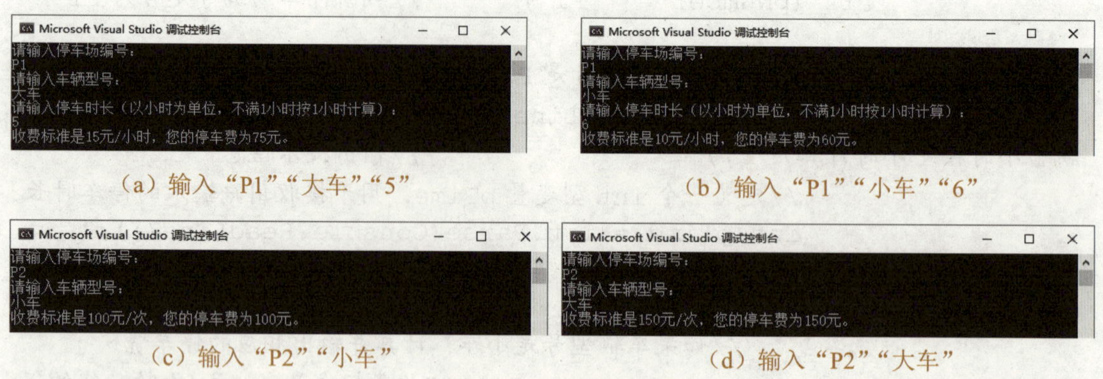

(a)输入"P1""大车""5"　　(b)输入"P1""小车""6"

(c)输入"P2""小车"　　(d)输入"P2""大车"

图 3-15　运行结果

任务二　猜数字游戏

任务描述

本任务将使用循环语句编写一个猜数字游戏的 C#程序。在编写程序之前,先来学习一下循环语句中的 while 语句、do…while 语句、for 语句和循环嵌套,以及跳转语句中的 break 语句和 continue 语句等相关知识。

一、循环语句

常用的循环语句有 while 语句、do…while 语句和 for 语句 3 种。

1. while 语句

while 语句实现的是当型循环结构,其语法格式如下。

```
while (条件表达式)
{
    循环体          //当条件表达式的值为 true 时执行
}
```

while 语句的执行过程是,首先判断条件表达式(循环条件)的值,如果值为 true,则执行循环体(其中应包含改变条件表达式值的语句,否则程序将成为死循环),执行完毕后会再次判断条件表达式的值,如此反复,直到条件表达式的值为 false 时退出循环。while 语句的特点是"先判断,再执行"。

【实例 3-7】　使用 while 语句求 1~50 所有整数的和。

【思路分析】　这是一个累加问题,需要进行 50 次加法运算,因此可以使用 while 语句实现,程序流程图如图 3-16 所示。

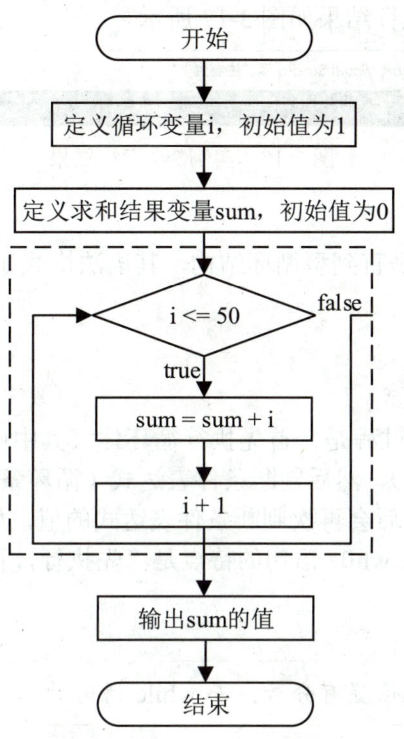

图 3-16　实例 3-7 程序流程图

【参考代码】

```
using System;
namespace example3_7
{
    class Program
    {
        static void Main(string[] args)
        {
            int i = 1;          //定义一个 int 型变量 i，将其作为循环变量
            int sum = 0;        //定义一个 int 型变量 sum，用于保存求和结果
            while (i <= 50)     //当 i 小于等于 50 时执行循环
            {
                sum += i;       //求和，将结果赋给 sum
                i += 1;         //循环变量 i 加 1
            }
            //输出结果
            Console.WriteLine("1～50 所有整数的和为" + sum);
        }
    }
}
```

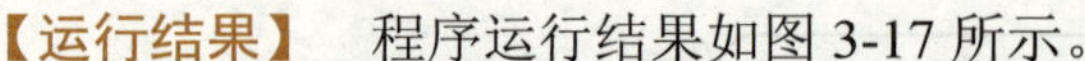

【运行结果】　程序运行结果如图 3-17 所示。

图 3-17　实例 3-7 运行结果

2．do…while 语句

do…while 语句实现的是直到型循环结构，其语法格式如下。

```
do
{
    循环体
} while (条件表达式);
```

do…while 语句的执行过程是，首先执行循环体（其中应包含改变条件表达式值的语句，否则程序将成为死循环），然后判断条件表达式（循环条件）的值，如果值为 true，则再次执行循环体，执行完毕后会再次判断条件表达式的值，如此反复，直到条件表达式的值为 false 时退出循环。do…while 语句的特点是“先执行，再判断”。

do…while 语句的结束位置有分号，而 while 语句的结束位置没有分号。

【实例 3-8】　使用 do…while 语句求 1～50 所有整数的和。

【思路分析】　do…while 语句会先执行循环体，再判断循环条件，程序流程图如图 3-18 所示。

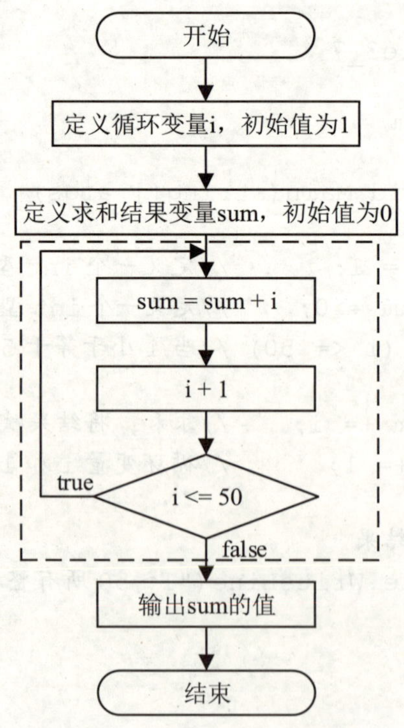

图 3-18　实例 3-8 程序流程图

【参考代码】

```
using System;
namespace example3_8
{
    class Program
    {
        static void Main(string[] args)
        {
            int i = 1;          //定义一个 int 型变量 i，将其作为循环变量
            int sum = 0;        //定义一个 int 型变量 sum，用于保存求和结果
            do
            {
                sum += i;       //求和，将结果赋给 sum
                i += 1;         //循环变量 i 加 1
            } while (i <= 50);        //当 i 小于等于 50 时执行循环
            //输出结果
            Console.WriteLine("1～50 所有整数的和为" + sum);
        }
    }
}
```

【运行结果】　程序运行结果如图 3-19 所示。

图 3-19　实例 3-8 运行结果

3．for 语句

for 语句

for 语句是最常用的循环语句，多用于次数固定的循环，其语法格式如下。

```
for (表达式 1; 表达式 2; 表达式 3)
{
    循环体
}
```

其中，表达式 1 通常是赋值表达式，用于为循环变量赋初值；表达式 2 通常是布尔表达式，用于设置循环条件；表达式 3 用于修改循环变量的值。

for 语句的执行过程是，首先执行表达式 1，然后判断表达式 2，如果表达式 2 的值为 true，则执行循环体，接着执行表达式 3，这样第一轮循环就结束了；第二轮循环重新判断表达式 2，如果表达式 2 的值为 true，则重复第二轮循环，直到表达式 2 的值为 false 时，结束循环。

提　示

在 for 语句中，表达式 1、表达式 2、表达式 3 及循环体都可以省略，但表达式 1、表达式 2 和表达式 3 之间的分号不能省略。

【实例 3-9】 使用 for 语句求 1～50 所有整数的和。

【思路分析】 思路与使用 while 语句类似，需要先判断循环条件，再执行循环体。

【参考代码】

```
using System;
namespace example3_9
{
    class Program
    {
        static void Main(string[] args)
        {
            int sum = 0; //定义一个 int 型变量 sum，用于保存求和结果
            for (int i = 1; i <= 50; i++)//当 i 小于等于 50 时执行循环
            {
                sum += i;                    //求和，将结果赋给 sum
            }
            //输出结果
            Console.WriteLine("1～50 所有整数的和为" + sum);
        }
    }
}
```

【运行结果】 程序运行结果如图 3-20 所示。

图 3-20 实例 3-9 运行结果

4. 循环嵌套

在实际开发中，经常会遇到单层循环无法解决的问题，此时可以使用循环嵌套来解决。循环嵌套就是在一个循环体内部嵌入另一个循环，嵌套在循环体内部的循环称为内循环，嵌套有内循环的循环称为外循环。前面所讲的 3 种循环语句都可用于循环嵌套，如 while 语句中可以嵌套 for 语句，for 语句中也可以嵌套 while 语句。

在使用循环嵌套时，需要注意以下几点。

（1）外循环和内循环是包含关系，即内循环必须完全包含在外循环中。

（2）当程序中出现循环嵌套时，每执行一次外循环，需待其内循环执行完毕后，才能进入外循环的下一次循环。

【实例 3-10】 鸡兔同笼问题。已知笼子里鸡和兔共有 35 个头、94 只脚，求鸡和兔分别有多少只？

【思路分析】 假设有 x 只鸡、y 只兔，根据题目给出的条件可以列出如下二元一次方程组。

$$\begin{cases} x + y = 35 \\ 2x + 4y = 94 \end{cases}$$

求解该二元一次方程组可使用 for 语句的循环嵌套实现，外循环控制鸡的数量，内循环控制兔的数量，然后在内循环中再嵌套使用 if 语句进行条件判断，如果满足条件，则输出结果，否则进入下一次循环。

【参考代码】

```
using System;
namespace example3_10
{
    class Program
    {
        static void Main(string[] args)
        {
            //外循环控制鸡的数量，循环变量 x 从 0 到 35
            for (int x = 0; x <= 35; x++)
            {
                //内循环控兔的数量，循环变量 y 从 0 到 35
                for (int y = 0; y <= 35; y++)
                {
                    //当变量 x 和 y 同时满足以下两个表达式时，输出结果
                    if (x + y == 35 && 2 * x + 4 * y == 94)
                    {
                        Console.WriteLine("笼中有{0}只鸡、{1}只兔。
", x, y);
                    }
                }
            }
        }
    }
}
```

【运行结果】　程序运行结果如图 3-21 所示。

图 3-21　实例 3-10 运行结果

二、跳转语句

常用的跳转语句有 break 语句和 continue 语句两种。

1．break 语句

在 switch 语句中已经使用过 break 语句，其作用是终止当前 switch 语句。实际上，break 语句也可用在循环语句中，其作用是跳出循环。如果在循环嵌套的内循环中使用 break 语句，则跳出的是内循环。

【实例 3-11】 计算满足条件的最大整数 n，使得 1+2+3+…+n≤1 000。

【思路分析】 该问题可使用循环结构来处理，由于循环次数不确定，所以要在循环体中使用 if 语句检查累加结果是否超过 1 000，如果超过 1 000，就终止累加，此时 n−1 即为所求整数。

【参考代码】

```
using System;
namespace example3_11
{
    class Program
    {
        static void Main(string[] args)
        {
            int n = 1;                  //定义一个 int 型变量 n
            int sum = 0;     //定义一个 int 型变量 sum,用于保存求和结果
            while (true)                //循环
            {
                sum += n;               //求和，将结果赋给 sum
                if (sum > 1000)         //当 sum 大于 1000 时
                {
                    break;              //跳出循环
                }
                n += 1;                 //变量 n 加 1
            }
            //输出结果
            Console.WriteLine("使得1+2+3+…+n≤1000的最大整数n为"
+ (n - 1));
        }
    }
}
```

【运行结果】 程序运行结果如图 3-22 所示。

图 3-22 实例 3-11 运行结果

提 示

实例 3-11 的代码中，循环条件恒为 true，所以如果没有 break 语句，程序将会无限循环下去。

2. continue 语句

与 break 语句不同，continue 语句用于跳过本次循环中尚未执行的代码，强制执行下

一次循环。对于 while 语句和 do…while 语句来说，执行完 continue 语句，程序会转去判断条件表达式的值；而对于 for 语句来说，执行完 continue 语句，程序会转去执行 for 语句的表达式 3。

【实例 3-12】 输出 100 以内所有能被 3 整除的数。

【思路分析】 该问题可使用循环结构来处理。如果遇到不能被 3 整除的数，则使用 continue 语句跳过本次循环。

【参考代码】

```
using System;
namespace example3_12
{
    class Program
    {
        static void Main(string[] args)
        {
            //当 i 小于等于 100 时执行循环
            for (int i = 1; i <= 100; i++)
            {
                if (i % 3 != 0)                 //当 i 不能被 3 整除时
                {
                    continue;                   //跳过本次循环
                }
                Console.Write(i + "\t");        //输出 i 的值
            }
        }
    }
}
```

【运行结果】 程序运行结果如图 3-23 所示。

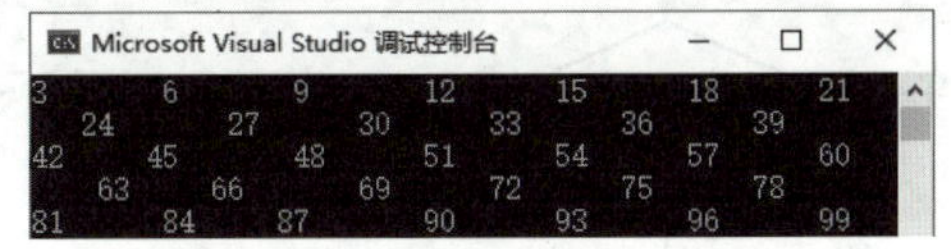

图 3-23 实例 3-12 运行结果

任务实施

本任务实施创建一个猜数字游戏的 C#控制台应用程序。首先生成一个 100 以内的随机整数，然后用户根据提示输入数字，如果输入的数字比生成的数字大，则提示输入的数字太大了；如果输入的数字比生成的数字小，则提示输入的数字太小了。用户共有 3 次机会，用户猜对或 3 次机会用完后，输出相应提示信息并询问用户是否继续，如果继续，则进入下一轮游戏，否则退出游戏。

根据游戏规则，可使用循环嵌套解决上述问题。其中，外循环使用 while 语句实现，用于控制是否继续下一轮游戏，并使用 continue 语句继续下一轮游戏，使用 break 语句退出游戏；内循环使用 for 语句实现，用于控制用户猜数字的次数，并使用 if…else if…else

语句判断用户是否猜对，当用户猜对时，使用 break 语句退出内循环。程序流程图如图 3-24 所示。

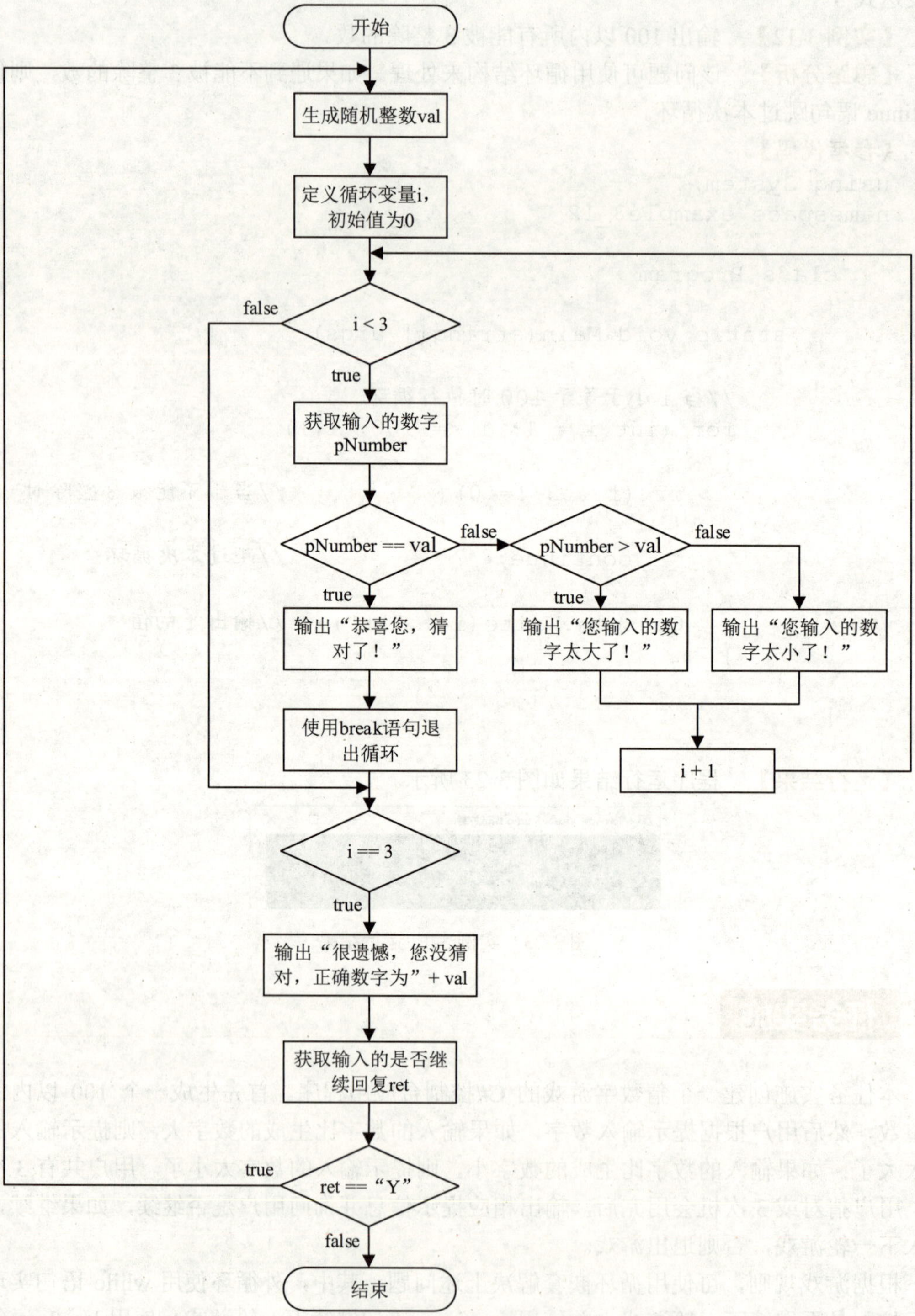

开始

生成随机整数val

定义循环变量i，初始值为0

i < 3（false / true）

获取输入的数字pNumber

pNumber == val（true / false）

输出“恭喜您，猜对了！”

使用break语句退出循环

pNumber > val（true / false）

输出“您输入的数字太大了！”

输出“您输入的数字太小了！”

i + 1

i == 3（true）

输出“很遗憾，您没猜对，正确数字为” + val

获取输入的是否继续回复ret

ret == “Y”（true / false）

结束

图 3-24　程序流程图

参考代码

```
using System;
namespace ch3_2
{
    class Program
    {
        static void Main(string[] args)
        {
            while (true)                              //循环
            {
                //创建 Random 类的实例 random
                Random random = new Random();
                /*使用 random.Next()方法生成一个 100 以内的随机整数，
并将结果赋给变量 val*/
                int val = random.Next(101);
                //输出提示信息
                Console.WriteLine("请输入一个 100 以内的整数：");
                int i;                                //声明循环变量 i
                for (i = 0; i < 3; i++)               //当 i 小于 3 时执行循环
                {
                    //定义一个 int 型变量 pNumber，用于接收用户输入的数字
                    int pNumber = int.Parse(Console.ReadLine());
                    if (pNumber == val)               //如果 pNumber 等于 val
                    {
                        Console.WriteLine("恭喜您，猜对了！");
                        break;                        //跳出循环
                    }
                    else if (pNumber > val)           //如果 pNumber 大于 val
                    {
                        Console.WriteLine("您输入的数字太大了！");
                    }
                    else                              //当以上条件都不符合时
                    {
                        Console.WriteLine("您输入的数字太小了！");
                    }
                }
                if (i == 3)                           //当循环变量 i 等于 3 时
                {
                    Console.WriteLine("很遗憾，您没猜对，正确数字为"
+ val);
                }
```

```
                Console.Write("是否继续 (Y/N): "); //输出提示信息
                //定义一个 string 型变量 ret，用于接收用户输入的内容
                string ret = Console.ReadLine();
                if (ret == "Y")                  //当 ret 为“Y”时
                {
                    continue;                    //继续下一轮游戏
                }
                else                             //当 ret 不为“Y”时
                {
                    break;                       //退出游戏
                }
            }
        }
    }
}
```

提　示

Random 类中的 Next()方法可以生成一个指定取值范围的随机整数，其使用方法如下。

Random random = new Random();　　　　//创建 Random 类的实例 random
//生成一个指定范围内的随机整数，并将结果赋给变量 val
int val = random.Next(数值 1，数值 2);

具体来说，random.Next(数值 1，数值 2)会返回一个大于等于数值 1 且小于数值 2 的随机整数。其中，数值 1 可以省略。如果省略数值 1，那么生成的随机整数在 0（包含）到数值 2（不包含）之间。

运行结果

运行程序，根据提示输入数字，程序运行结果如图 3-25 所示。

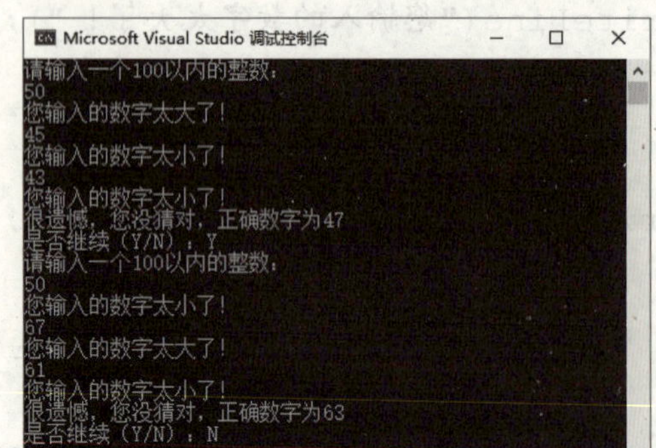

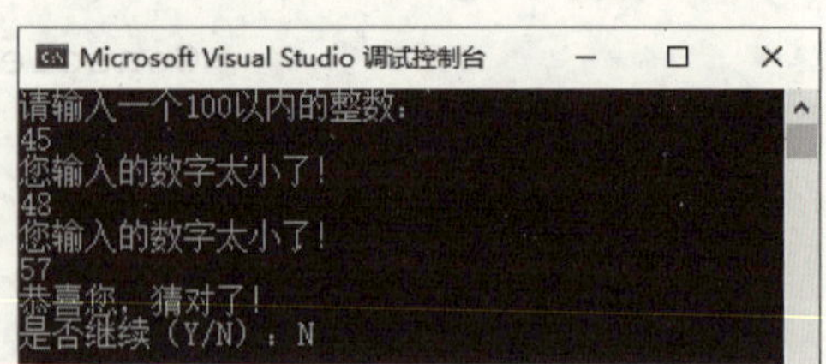

图 3-25　运行结果

项目实训

1. 实训目标

（1）练习分支语句的使用。

（2）练习循环语句的使用。

2. 实训内容

一个 3 位整数，若其各位数字的立方和等于它本身，则称其为“水仙花数”。例如，153 就是一个水仙花数，因为其各位数字的立方和 1^3+5^3+3^3=153。编写 C#程序，寻找 100～999 的所有水仙花数。

3. 操作提示

（1）使用 for 语句实现循环，然后在循环中使用 if 语句判断当前数字是否为水仙花数。

（2）使用内置的 Math.Pow()方法计算一个数的指定次幂，该方法有两个参数，第一个参数是底数，第二个参数是指数。例如，Math.Pow(5, 3)表示 5 的 3 次幂。需要注意的是，Math.Pow()方法的返回结果是 double 型数据，而水仙花数是一个 int 型数据，所以需要将 double 型转换为 int 型。

（3）计算变量 i 的各位数字及各位数字立方和的代码如下。

```
int bai, shi, ge, baiyushu;   //声明 4 个 int 型变量
bai = i / 100;               //计算百位上的数字，并将其赋给变量 bai
//计算 i 除以 100 后的余数，并将其赋给变量 baiyushu
baiyushu = i % 100;
shi = baiyushu / 10;         //计算十位上的数字，并将其赋给变量 shi
ge = baiyushu % 10;          //计算个位上的数字，并将其赋给变量 ge
//计算各位数字的立方和，并将其转换为 int 型数据
sum =(int) Math.Pow(bai, 3) + Math.Pow(shi, 3) + Math.Pow(ge, 3));
```

项目考核

1. 选择题

（1）下列选项中，不属于结构化程序设计基本结构的是（　　）。

A. 顺序结构　　B. 选择结构

C. 循环结构　　D. 数据结构

（2）下列代码的运行结果是（　　）。

```
if (true)
Console.WriteLine("张三");
Console.WriteLine("男");
```

A.
```
张三
```

B.
```
张三
男
```

C.
```
张三男
```

D.
```
男
```

（3）switch 语句中，表达式的值不能是（　　）类型。

A. 整数　　B. 枚举

C. 浮点数　　D. 字符串

（4）下列代码中，do...while 语句（　　）。

```
int i = 10;
int j = 0;
do
{
    j = i++;
} while (j <= 5);
```

A. 一次都不执行　　B. 执行一次

C. 执行两次　　D. 执行无限次

（5）下列代码的运行结果是（　　）。

```
for (int i = 0; i < 4; i += 2)
    for (int j = 1; j < i; j++)
        Console.Write("*");
```

A. *　　B. ****

C. **　　D. ******

2. 填空题

（1）下列代码的运行结果是＿＿＿＿＿＿。

```
int x = 40, y = 90;
if (x < -10 || x > 30)
{
```

```
    if (y >= 100)
    {
        Console.WriteLine("危险");
    }
    else
    {
        Console.WriteLine("报警");
    }
}
else
{
    Console.WriteLine("安全");
}
```

（2）执行下列 switch 语句后，y 的值为________。

```
int x = 3;
int y = 3;
switch (x + 3)
{
    case 6:
        y = 1; break;
    default:
        y += 1; break;
}
```

（3）执行下列 for 语句后，x 的值为________。

```
for (int x = 2; x <= 8; x += 2);
```

（4）下列代码的运行结果是________。

```
int x = 2, sum = 0;
while (x <= 6)
{
    sum += x;
    x += 2;
}
Console.WriteLine(sum);
```

3．判断题

（1）通常情况下，可以使用 switch 语句代替 if…else if…else 语句。（　　）

（2）while 语句会先判断循环条件，然后再执行循环体。（　　）

（3）do…while 语句会先执行一次循环体，然后再判断循环条件。（　　）

（4）在循环嵌套的内循环中使用 break 语句，可跳出外循环，强制执行下一次循环。（　　）

4．程序题

（1）我国《民法典》规定，男性结婚年龄不得早于 22 周岁，女性结婚年龄不得早于 20 周岁。编写 C#程序，根据用户输入的性别和年龄，判断其是否达到法定结婚年龄。

（2）体质指数（BMI）是目前国际上常用的衡量人体胖瘦程度及是否健康的一个标准，如表 3-2 所示。

BMI 的计算公式：BMI=体重/身高^2。其中，体重的单位为千克，身高的单位为米。

表 3-2 BMI 标准

BMI 范围	身体状态
BMI <= 18.4	偏瘦
18.4 < BMI <= 23.9	正常
23.9 < BMI <= 27.9	超重
BMI > 27.9	肥胖

编写 C#程序，根据用户输入的体重和身高，计算用户的体质指数并判断其身体状态。

（3）若一个数字的所有约数（不含数字本身）的和等于它本身，则称其为“完美数”。例如，6 就是一个完美数，因为 6 除其本身外的约数有 1、2、3，而 1+2+3=6。编写 C#程序，寻找 10 000 以内的所有完美数。

（4）编写 C#程序，输出九九乘法表，如图 3-26 所示。

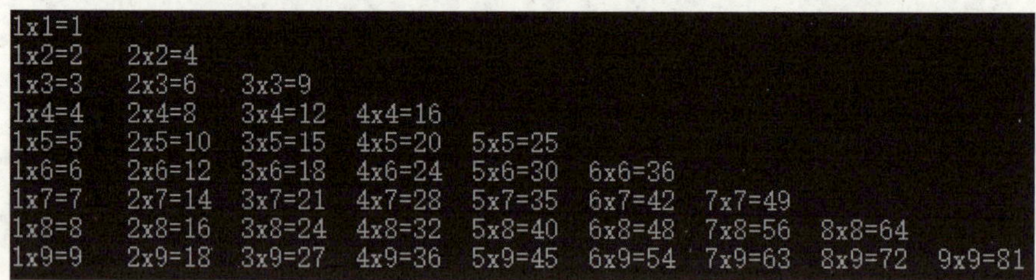

图 3-26 九九乘法表

（5）小明有 10 张纸币，面额分别为 1 元、5 元和 10 元，现需要支付 36 元，编写 C#程序计算有多少种支付方式。

项目评价

完成所有学习任务之后，请同学们按照以下要求完成学习成果评价。

全班同学每 4 人一组，各组成员结合课前、课中和课后的学习情况，以及项目实训和项目考核情况，按照表 3-3 的评价标准对本项目的学习成果进行自评和互评（组内成员互相打分），然后配合指导教师完成师评及总评。

表 3-3　学习成果评价表

<table>
<tr><th rowspan="2">评价项目</th><th rowspan="2">评价内容</th><th rowspan="2">分值</th><th colspan="3">评价得分</th></tr>
<tr><th>自评</th><th>互评</th><th>师评</th></tr>
<tr><td rowspan="5">知识（50%）</td><td>结构化程序设计的 3 种基本结构</td><td>5 分</td><td></td><td></td><td></td></tr>
<tr><td>分支语句中 if 语句和 switch 语句的作用和使用方法</td><td>10 分</td><td></td><td></td><td></td></tr>
<tr><td>循环语句中 while 语句、do…while 语句和 for 语句的作用和使用方法</td><td>15 分</td><td></td><td></td><td></td></tr>
<tr><td>循环嵌套的使用方法</td><td>10 分</td><td></td><td></td><td></td></tr>
<tr><td>跳转语句中 break 语句和 continue 语句的作用和使用方法</td><td>10 分</td><td></td><td></td><td></td></tr>
<tr><td rowspan="2">能力（30%）</td><td>选择合适的分支语句编写计算停车费的 C#程序</td><td>15 分</td><td></td><td></td><td></td></tr>
<tr><td>选择合适的循环语句编写猜数字游戏的 C#程序</td><td>15 分</td><td></td><td></td><td></td></tr>
<tr><td rowspan="2">素养（20%）</td><td>强化责任意识，提高专业素养</td><td>10 分</td><td></td><td></td><td></td></tr>
<tr><td>培养勤奋、认真、专注的学习态度</td><td>10 分</td><td></td><td></td><td></td></tr>
<tr><td colspan="2">合计</td><td>100 分</td><td></td><td></td><td></td></tr>
<tr><td>总评</td><td>自评（20%）+互评（20%）+师评（60%）=</td><td>综合等级：</td><td colspan="3">教师（签名）：</td></tr>
</table>

注：综合等级可以“优”（总评得分≥90 分）、“良”（80 分≤总评得分<90 分）、“中”（60 分≤总评得分<80 分）、“差”（总评得分<60 分）为标准进行评价。

项目四

方法

项目目标

方法是程序设计中实现功能模块的基本单位，它是帮助开发人员完成模块化开发的好帮手。本项目主要介绍C#中的方法，包括方法的定义、调用、返回值、参数传递、递归调用和重载。通过本项目的学习，读者应达到以下目标。

知识目标

- 理解方法的基本概念。
- 掌握方法的定义与调用，以及返回值的使用。
- 掌握方法的参数传递，包括值传递、引用传递、输出传递及params参数传递。
- 掌握方法的递归调用。
- 掌握方法的重载。

能力目标

- 能够利用方法编写实现四则运算的C#程序。
- 能够利用方法设计比赛计分器。

素质目标

- 培养创新思维和实践能力，在实际应用中提升自己。
- 积极与他人分享知识和经验，促进个人和团队共同发展、共同进步。
- 培养严谨、负责的学习态度，树立正确的人生观和价值观。

任务一 实现四则运算

任务描述

本任务将利用方法编写一个实现四则运算的 C#程序。在编写程序之前，先来学习一下方法的定义、调用和返回值的相关知识。

一、方法的定义

方法的基础

C#中的方法相当于 C 语言中的函数，两者没有本质区别。方法应先定义再使用，定义方法其实就是声明方法的结构。在 C#中，方法必须放在类中定义，其语法格式如下。

```
[修饰符] 返回值类型 方法名([参数列表])
{
    方法体
}
```

下面对方法的组成部分进行具体说明。

（1）修饰符：访问修饰符是最常用的方法修饰符，用于指定方法的可访问性。修饰符是可选的，默认为 private，即只能在定义方法的类内部访问方法。

（2）返回值类型：用于指定方法返回值的类型，可以是任意数据类型。方法的返回值一般通过关键字 return 给出，如果方法没有返回值，则必须使用 void 作为返回值类型。

（3）方法名：不可省略，且必须符合 C#中有关标识符的命名规范。在开发过程中，通常使用帕斯卡命名法，并且使用方法所实现功能的英文单词来命名方法。

（4）参数列表：用于接收数据，又称形式参数，简称“形参”。形参是可选的，也就是说，一个方法可以不包含形参，也可以包含一个形参，还可以包含多个用逗号隔开的形参。形参只在当前定义的方法中有效，其声明语法与变量类似。

（5）方法体：用于实现方法功能的代码片段。

【实例 4-1】 定义一个用于收集用户信息（包括用户名和积分）的 InputInfo()方法和一个用于根据消耗的积分求用户剩余积分的 SetScore()方法。

【问题分析】 InputInfo()方法用于收集用户信息，参数列表为空；SetScore()方法用于根据消耗的积分求用户剩余积分，参数为消耗的积分。

【参考代码】

```
using System;
namespace example4_1
{
    class Program
    {
```

```
    int score;                    //声明变量 score，用于保存积分
    void InputInfo()              //收集用户信息
    {
        Console.WriteLine("请输入用户名：");
        string name = Console.ReadLine();//获取输入的用户名
        Console.WriteLine("请输入积分：");
        //获取输入的积分
        score = int.Parse(Console.ReadLine());
    }
    /// <summary>
    /// 根据消耗的积分求用户剩余的积分
    /// </summary>
    /// <param name="reduce">消耗的积分</param>
    void SetScore(int reduce)
    {
        Console.WriteLine("您本次消耗{0}积分。", reduce);
        score -= reduce;
        Console.WriteLine("您剩余{0}积分。", score);
    }
    static void Main(string[] args)
    {
    }
  }
}
```

上述代码中，变量 score 是在两个方法的外部（类中）声明的，如果在 InputInfo()方法的内部声明，则只能在该方法中使用该变量，若在 SetScore()方法中使用该变量会出现语法错误，这是因为在方法内部和外部声明的变量的作用域不同。

变量在程序中的作用范围就是变量的作用域。例如，在方法内部声明的变量，其作用域从变量声明处开始到方法结束为止。若在变量的作用范围外使用该变量，会出现语法错误。

二、方法的调用

实例 4-1 中定义了 InputInfo()和 SetScore()两个方法，但是程序在运行时，并未让用户输入信息，也没有相应的结果输出，这是因为没有调用方法，所以无法执行方法中的方法体。在实际开发中，方法需要调用才能生效。

在定义方法的类中，可以直接通过方法名调用方法，其语法格式如下。

```
方法名([参数列表]);
```

其中，参数列表中的参数称为实际参数，简称“实参”。实参可以是数值，也可以是对象。在调用方法时，实参与形参不是按参数名称传递的，而是按参数列表的顺序从左至右一一传递的，所有对应的实参和形参的数据类型必须一致。

通过定义和调用方法，可以达到“一次编写，多次使用”的代码重用效果，并且如果要修改方法实现的功能，只需修改方法体中的代码即可。这样不仅可以减少程序开发的工作量，而且有利于后期代码的维护。

【实例 4-2】　在实例 4-1 的基础上，实现 InputInfo()和 SetScore()方法的调用。

【参考代码】

```
using System;
namespace example4_2
{
    class Program
    {
        static int score;                //声明变量 score，用于保存积分
        static void InputInfo()          //收集用户信息
        {
            Console.WriteLine("请输入用户名：");
            string name = Console.ReadLine();//获取输入的用户名
            Console.WriteLine("请输入积分：");
            //获取输入的积分
            score = int.Parse(Console.ReadLine());
        }
        /// <summary>
        /// 根据消耗的积分求用户剩余的积分
        /// </summary>
        /// <param name="reduce">消耗的积分</param>
        static void SetScore(int reduce)
        {
            Console.WriteLine("您本次消耗{0}积分。", reduce);
            score -= reduce;
            Console.WriteLine("您剩余{0}积分。", score);
        }
        static void Main(string[] args)
        {
            InputInfo();        //调用 InputInfo()方法
            Console.WriteLine("请输入消耗的积分：");
            //获取输入的消耗积分
            int reduce = int.Parse(Console.ReadLine());
            //调用 SetScore()方法，并传入参数 reduce
            SetScore(reduce);
        }
    }
}
```

【运行结果】 运行程序，根据提示依次输入用户名、积分和消耗积分（如“张三”“100”“50”），程序运行结果如图 4-1 所示。

图 4-1　实例 4-2 运行结果

提　示

由于 C#程序的入口点是 Main()方法，所以定义的方法要在 Main()方法中调用才会生效。在实例 4-1 的基础上，如果直接在 Main()方法中调用 InputInfo()和 SetScore()方法，会出现如图 4-2 所示的编译错误提示。

错误列表

整个解决方案　错误 2　警告 2　展示 2 个消息中的 0 个　生成 + IntelliSense　搜索错误列表

代码	说明	项目	文件	行	禁止显示状态
CS0120	对象引用对于非静态的字段、方法或属性“Program.InputInfo()”是必需的	example4_1	Program.cs	26	活动
CS0120	对象引用对于非静态的字段、方法或属性“Program.SetScore(int)”是必需的	example4_1	Program.cs	27	活动

图 4-2　编译错误提示

出现上述编译错误的原因是，Main()方法使用的是 static 修饰符，使用该修饰符修饰的方法称为静态方法，在静态方法中调用的变量和方法也必须是静态的。所以，在定义方法时要加上 static 修饰符，这样方法才能在当前类的 Main()方法中正常调用。

三、方法的返回值

通常情况下，方法在调用后需要告诉主调方法处理的结果，即方法的返回值。如果定义的方法有返回值，则必须使用 return 语句返回一个指定类型的数据。return 语句的语法格式如下。

```
return [表达式];
```

在使用方法的返回值时，需要注意以下几点。

（1）当一个方法有返回值时，在该方法的定义中要明确返回值的类型，并且在方法体中通过 return 语句来返回数据。

（2）在调用方法时，方法的返回值就是 return 语句中表达式的值。通常情况下，表达式的值的类型应与方法定义中的返回值类型一致，或者可以隐式地转换为方法定义中的返回值类型。

（3）在方法的执行过程中，一旦执行了 return 语句，会立即结束方法的执行。

（4）方法在调用时，只能给主调方法返回一次数据。

（5）在返回值类型为 void 的方法中，可以使用“return;”语句结束方法的执行。

（6）带返回值的方法在调用后可作为参数直接进行其他操作。

【实例 4-3】 在实例 4-2 的基础上修改 SetScore()方法，使其返回用户剩余的积分。

【参考代码】

```
using System;
namespace example4_3
{
    class Program
    {
        static int score;               //声明变量 score，用于保存积分
        static void InputInfo()         //收集用户信息
        {
            Console.WriteLine("请输入用户名：");
            string name = Console.ReadLine();
            Console.WriteLine("请输入积分：");
            score = int.Parse(Console.ReadLine());
        }
        /// <summary>
        /// 根据消耗的积分求用户剩余的积分
        /// </summary>
        /// <param name="reduce">消耗的积分</param>
        /// <returns>返回剩余的积分 score</returns>
        static int SetScore(int reduce)
        {
            Console.WriteLine("您本次消耗{0}积分。", reduce);
            score -= reduce;
            return score;
        }
        static void Main(string[] args)
        {
            InputInfo();                //调用 InputInfo()方法
            Console.WriteLine("请输入消耗的积分：");
            int reduce = int.Parse(Console.ReadLine());
            //调用 SetScore()方法，并直接将返回值输出
            Console.WriteLine("您剩余{0}积分。", SetScore(reduce));
        }
    }
}
```

【运行结果】 运行程序，根据提示依次输入用户名、积分和消耗积分（如“张三”“100”“50”），程序运行结果与实例 4-2 一致。

任务实施

本任务实施利用方法创建一个实现四则运算的C#控制台应用程序。首先定义加、减、乘、除4个运算方法，并在方法中返回运算结果，然后在Main()方法中定义两个变量用于接收用户输入的数据，并分别调用4个运算方法输出四则运算结果。

参考代码

```
using System;
namespace ch4_1
{
    class Program
    {
        //定义加、减、乘、除 4 个运算方法，并返回运算结果
        static int Add(int a, int b)              //加运算方法
        {
            return a + b;
        }
        static int Minus(int a, int b)            //减运算方法
        {
            return a - b;
        }
        static int Multiply(int a, int b)         //乘运算方法
        {
            return a * b;
        }
        static float Divide(int a, int b)         //除运算方法
        {
            return (float)a / (float)b;
        }
        static void Main(string[] args)
        {
            Console.WriteLine("请输入第 1 个数字:");
            int x = int.Parse(Console.ReadLine());
            Console.WriteLine("请输入第 2 个数字:");
            int y = int.Parse(Console.ReadLine());
            //分别调用 4 个运算方法，并直接将返回值输出
            Console.WriteLine("{0} + {1} = {2}", x, y, Add(x, y));
            Console.WriteLine("{0} - {1} = {2}", x, y, Minus(x, y));
            Console.WriteLine("{0} * {1} = {2}", x, y, Multiply(x, y));
            Console.WriteLine("{0} / {1} = {2}", x, y, Divide(x, y));
        }
    }
}
```

运行结果

运行程序，根据提示输入两个数字（如 5、7），程序运行结果如图 4-3 所示。

```
Microsoft Visual Studio 调试控制台
请输入第1个数字:
5
请输入第2个数字:
7
5 + 7 = 12
5 - 7 = -2
5 * 7 = 35
5 / 7 = 0.71428573
```

图 4-3 运行结果

任务二 设计比赛计分器

任务描述

本任务将利用方法设计一个比赛计分器。在编写程序之前，先来学习一下方法的参数传递、递归调用和重载的相关知识。

一、方法的参数传递

方法的参数传递

方法的参数传递是指在调用带有参数的方法时向方法传递数据。在 C#中，方法的参数传递方式有 4 种，分别是值传递、引用传递、输出传递和 params 参数传递。

1. 值传递

值传递是一种最简单的参数传递方式，若在调用方法时采用值传递方式，则传递的是实参的值。方法内部对传进来的参数的任何操作对变量中存储的原始数据无任何影响，可以理解为传进来的是实参的“替身”。例如，在任务一的任务实施中，调用各运算方法时采用的就是值传递方式。

【实例 4-4】 值传递示例。

【参考代码】

```
using System;
namespace example4_4
{
    class Program
    {
        static void Add(int a)      //定义 Add()方法
        {
            a = a + 3;
```

```
            Console.WriteLine("Add()方法内部, a = " + a);
        }
        static void Main(string[] args)
        {
            int x = 5;                  //定义变量x
            Console.WriteLine("调用Add()方法前, x = " + x);
            Add(x);                     //调用Add()方法
            Console.WriteLine("调用Add()方法后, x = " + x);
        }
    }
}
```

【运行结果】 程序运行结果如图 4-4 所示。

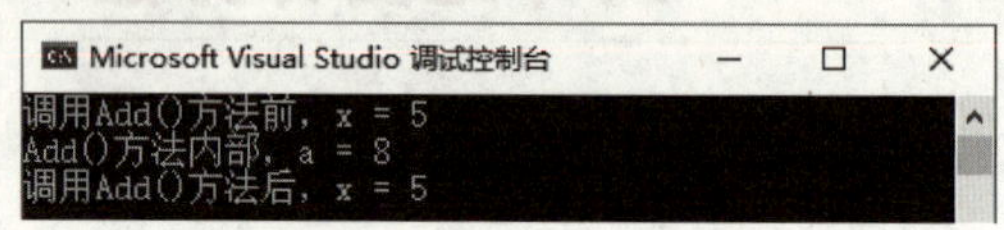

图 4-4 实例 4-4 运行结果

从上述实例可以看出，在 Add()方法内部修改参数的值时，对应的实参不会受到影响。需要注意的是，上述代码中的实参 x 是一个变量，要遵循变量的使用步骤，在使用该变量前必须要对其进行声明和赋值。

2. 引用传递

若在调用方法时采用引用传递方式，则传递的是实参的地址。这意味着，如果方法内部形参的值发生改变，那么对应的实参也会相应发生改变。引用传递又分为两种，一种是引用类型参数传递，另一种是 ref 参数传递。

（1）引用类型参数传递。

引用类型参数传递是指参数本身就是引用类型，如数组、类的对象等。

【实例 4-5】 定义一个 Change()方法，用于修改数组中的元素。

【参考代码】

```
using System;
namespace example4_5
{
    class Program
    {
        /// <summary>
        /// 修改数组中的元素
        /// </summary>
        /// <param name="array">采用引用类型参数传递</param>
        static void Change(int[] array)
        {
            array[0] = 2;                   //为数组中的第 1 个元素赋 2
```

```
            array[1] = 4;              //为数组中的第 2 个元素赋 4
            array[2] = 6;              //为数组中的第 3 个元素赋 6
            //输出数组中的元素
            Console.WriteLine("Change()方法内部，array[0] ={0},
array[1] ={1}, array[2] ={2}", array[0], array[1], array[2]);
        }
        static void Main(string[] args)
        {
            int[] pArray = {1, 3, 5}; //定义 int 型数组 pArray
            Console.WriteLine("调用 Change()方法前，pArray[0] ={0},
pArray[1] ={1}, pArray[2] ={2} ", pArray[0], pArray[1], pArray[2]);
            Change(pArray);            //调用 Change()方法
            Console.WriteLine("调用 Change()方法后，pArray[0]
={0}, pArray[1] ={1}, pArray[2] ={2} ", pArray[0], pArray[1],
pArray[2]);
        }
    }
}
```

【运行结果】　程序运行结果如图 4-5 所示。

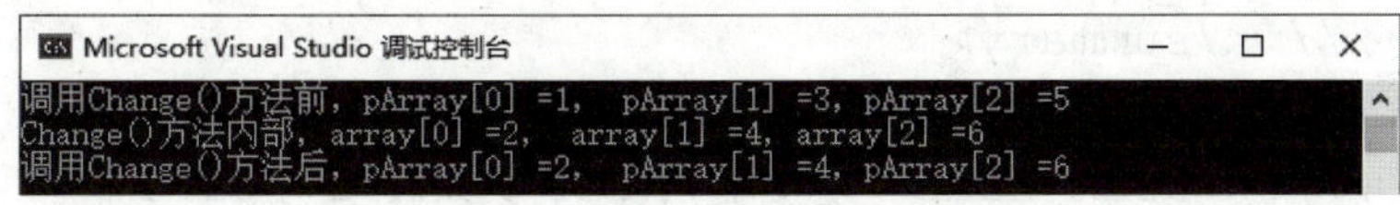

```
调用Change()方法前，pArray[0] =1,  pArray[1] =3, pArray[2] =5
Change()方法内部，array[0] =2,  array[1] =4, array[2] =6
调用Change()方法后，pArray[0] =2,  pArray[1] =4, pArray[2] =6
```

图 4-5　实例 4-5 运行结果

从上述实例可以看出，当参数本身为数组时，在 Change()方法内部修改参数的值时，对应的实参也会相应发生改变。

提　示

数组是具有相同数据类型的数据的有序集合，分为一维数组、二维数组等。与数组有关的知识将在项目七详细介绍，本项目只需了解如下两个知识点。

（1）一维数组的声明和初始化语法格式如下。

```
元素数据类型[] 数组名 = {value0, value1, value2, …, valueN};      //格式 1
元素数据类型[] 数组名 = new 元素数据类型[Length];                //格式 2
```

（2）在一维数组中，可以通过数组名加下标的方式来访问数组元素，为数组元素赋值的语法格式如下。

```
数组名[下标] = value;
```

（2）ref 参数传递。

在 C#中，当方法的参数不是引用类型但仍想采用引用传递时，需要在定义方法时在形参名前加上关键字 ref，其一般语法格式如下。

```
[修饰符] 返回值类型 方法名(ref 数据类型 形参名)
{
    方法体
}
```

同样地，在调用方法时，对应的实参名前也要加上关键字 ref，其语法格式如下。

```
方法名(ref 实参名);
```

提　示

采用 ref 参数传递时，实参必须是已初始化的变量，不能是常量或表达式。

【实例 4-6】　定义一个采用引用传递的 Change()方法，用于交换两个变量的值。

【参考代码】

```
using System;
namespace example4_6
{
    class Program
    {
        /// <summary>
        /// 交换两个变量的值
        /// </summary>
        /// <param name="x">采用 ref 参数传递</param>
        /// <param name="y">采用 ref 参数传递</param>
        static void Change(ref int x, ref int y)
        {
            int temp = x;
            x = y;
            y = temp;
            Console.WriteLine("Change()方法内部，x = {0}，y = {1}",
x, y);
        }
        static void Main(string[] args)
        {
            int a = 3, b = 9;                          //定义变量 a 和 b
            Console.WriteLine("调用 Change()方法前，a = {0}, b =
{1}", a, b);
            Change(ref a, ref b);                      //调用 Change()方法
            Console.WriteLine("调用 Change()方法后，a = {0}, b =
{1}", a, b);
        }
    }
}
```

【运行结果】 程序运行结果如图 4-6 所示。

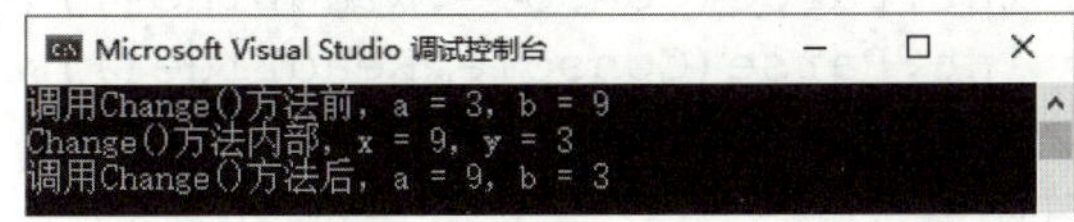

图 4-6 实例 4-6 运行结果

从上述实例可以看出，采用 ref 参数传递时，在 Change()方法内部修改参数的值时，对应的实参也会相应发生改变。

3．输出传递

在实际开发中，常常需要从方法中返回多个数据，而使用 return 语句通常只能返回一个数据，此时采用输出传递方式就可以有效解决这个问题。

与 ref 参数传递类似，输出传递也是按引用传递方式传递参数。不同之处在于，ref 参数传递要求变量在传递之前必须初始化，而输出传递不用初始化变量。要采用输出传递，需要在定义方法时在形参名前加上关键字 out，其一般语法格式如下。

```
[修饰符] 返回值类型 方法名(out 数据类型 形参名)
{
    方法体
}
```

同样地，在调用方法时，对应的实参名前也要加上关键字 out，其语法格式如下。

```
方法名(out 实参名);
```

【实例 4-7】 随机输入 3 个整数，求这 3 个整数中的最大值和最小值。

【思路分析】 定义 Input()、Process()和 Output() 3 个方法。其中，Input()方法用于获取输入的 3 个整数；Process()方法用于求 3 个整数中的最大值和最小值；Output()方法用于输出最大值和最小值。

【参考代码】

```
using System;
namespace example4_7
{
    class Program
    {
        /// <summary>
        /// 获取用户输入的数据
        /// </summary>
        /// <param name="x">采用 ref 参数传递</param>
        /// <param name="y">采用 ref 参数传递</param>
        /// <param name="z">采用 ref 参数传递</param>
        static void Input(ref int x, ref int y, ref int z)
        {
            Console.WriteLine("请输入 3 个整数，每个整数输入完毕后按
“Enter”键确认: ");
```

```
            x = int.Parse(Console.ReadLine());
            y = int.Parse(Console.ReadLine());
            z = int.Parse(Console.ReadLine());
        }
        /// <summary>
        /// 求3个整数中的最大值和最小值
        /// </summary>
        /// <param name="x">采用值传递</param>
        /// <param name="y">采用值传递</param>
        /// <param name="z">采用值传递</param>
        /// <param name="max">最大值，采用输出传递</param>
        /// <param name="min">最小值，采用输出传递</param>
        static void Process(int x, int y, int z, out int max, out
int min)
        {
            max = (x > y ? x : y) > z ? (x > y ? x : y) : z;
            min = (x < y ? x : y) < z ? (x < y ? x : y) : z;
        }
        /// <summary>
        /// 输出最大值和最小值
        /// </summary>
        /// <param name="max">最大值，采用值传递</param>
        /// <param name="min">最小值，采用值传递</param>
        static void Output(int max, int min)
        {
            Console.WriteLine("最大值是" + max);
            Console.WriteLine("最小值是" + min);
        }
        static void Main(string[] args)
        {
            //定义3个变量用于保存输入的数据
            int a = 0, b = 0, c = 0;
            int i, j;    //声明变量i和j，分别用于保存最大值和最小值
            Input(ref a, ref b, ref c);          //调用Input()方法
            Process(a, b, c, out i, out j);      //调用Process()方法
            Output(i, j);                        //调用Output()方法
        }
    }
}
```

【运行结果】 运行程序，根据提示输入3个整数（如22、57、45），程序运行结果如图4-7所示。

图 4-7 实例 4-7 运行结果

上述代码中，Input()方法用于获取输入的数据，由于要修改方法外部变量 a、b、c 的值，所以采用的是 ref 参数传递；而 Process()方法需要返回 3 个整数中的最大值和最小值，所以变量 max 和 min 采用的是输出传递。

4. params 参数传递

在 C#中，当方法的参数个数不确定时可以使用 params 参数传递，即可变参数传递。要采用 params 参数传递，需要在定义方法时在形参名前加上关键字 params，其一般语法格式如下。

```
[修饰符] 返回值类型 方法名(params 数据类型[] 变量名)
{
    方法体
}
```

在使用 params 参数传递时，需要注意以下几点。

（1）形参必须是一维数组。

（2）不允许将 params 关键字与 ref 或 out 关键字组合起来使用。

（3）在调用方法时，实参可以是与形参同类型的数组，也可以是多个与数组元素同类型的变量。

（4）使用 params 关键字修饰的形参只能有一个，并且必须位于参数列表的最后。

【实例 4-8】 定义 UserParams()方法，用于接收一个 int 型参数和一个 string[]型参数，然后将它们输出。

【参考代码】

```
using System;
namespace example4_8
{
    class Program
    {
        /// <summary>
        /// 输出 int 型参数和数组中的元素
        /// </summary>
        /// <param name="id">采用值传递</param>
        /// <param name="string[] list">采用 params 参数传递
</param>
        static void UserParams(int id, params string[] list)
        {
            Console.WriteLine("id: " + id);
```

```
            //当 i 小于 list.Length（数组 list 的长度）时执行循环
            for (int i = 0; i < list.Length; i++)
            {
                //输出数组 list 中的元素
                Console.Write(list[i] + "\t");
            }
        }
        static void Main(string[] args)
        {
            UserParams(1, "我", "是", "中", "国", "人");
        }
    }
}
```

【运行结果】 程序运行结果如图 4-8 所示。

图 4-8 实例 4-8 运行结果

二、方法的递归调用

方法的递归调用是指一个方法在其内部调用它本身。递归调用本质上是一种隐式的循环，它会重复执行某个代码片段，这种重复执行无须使用循环控制。需要注意的是，递归调用一定要朝着一个已知的终止条件进行递归，否则就变成了无穷递归，导致类似于死循环的结果。

【实例 4-9】 采用递归的方式计算 1+2+⋯+10 的值。

【思路分析】 定义 Add()方法，在方法中采用递归的方式实现累加，并使用 if 语句设置递归终止的条件。

【参考代码】

```
using System;
namespace example4_9
{
    class Program
    {
        static int Add(int n)  //定义 Add() 方法，用于实现累加
        {
            if (n == 1)        //当 n 的值为 1 时
            {
                return 1;      //返回 1
            }
            //调用 Add() 方法，并传入参数 n-1，然后将结果与 n 相加并返回
            return Add(n - 1) + n;
```

```
        }
        static void Main(string[] args)
        {
            //调用 Add() 方法，并传入参数 10，然后将返回值赋给变量 s
            int s = Add(10);
            Console.WriteLine("1+2+3+…+10={0}", s);
        }
    }
}
```

【运行结果】　程序运行结果如图 4-9 所示。

图 4-9　实例 4-9 运行结果

上述代码中，递归调用是由“Add(n − 1) + n”实现的，即在 Add()方法中再次调用 Add()方法，其调用过程如图 4-10 所示。

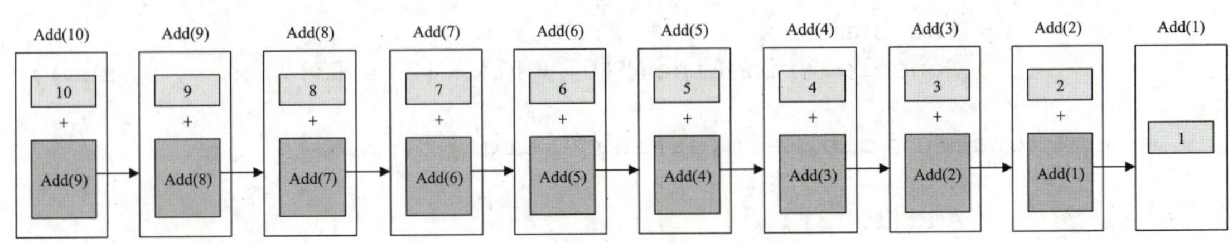

图 4-10　实例 4-9 递归调用过程示意图

提　示

与递归调用相比，循环的效率比较高，耗费的内存也比较少，所以在实际开发中，能使用循环实现的功能尽量使用循环实现。

三、方法的重载

方法的重载是指在一个类中定义多个名字相同但参数不同的方法。其中，“参数不同”可以是参数的数据类型不同，也可以是参数的个数不同，还可以是参数的顺序不同。如果仅方法的返回值类型不同，则不属于方法的重载。在调用重载的方法时，编译器会自动根据不同的参数选择相应的方法。

【实例 4-10】　定义 Add()方法，利用方法的重载分别计算两个整数的和、两个小数的和，以及 3 个整数的和。

【参考代码】

```
using System;
namespace example4_10
```

```
{
    class Program
    {
        //定义两个 int 型数据求和的 Add()方法
        static void Add(int x, int y)
        {
            int sum = x + y;
            Console.WriteLine("{0} + {1} = {2}", x, y, sum);
        }
        //定义两个 double 型数据求和的 Add()方法
        static void Add(double a, double b)
        {
            double sum = a + b;
            Console.WriteLine("{0} + {1} = {2}", a, b, sum);
        }
        //定义 3 个 int 型数据求和的 Add()方法
        static void Add(int x, int y, int z)
        {
            int sum = x + y + z;
            Console.WriteLine("{0}+{1}+{2}={3}", x, y, z, sum);
        }
        static void Main(string[] args)
        {
            Add(1, 2);
            Add(1.2, 3.4);
            Add(1, 2, 3);
        }
    }
}
```

【运行结果】 程序运行结果如图 4-11 所示。

图 4-11　实例 4-10 运行结果

从上述实例可以看出，Add(1, 2)调用的是两个 int 型数据求和的 Add()方法，Add(1.2, 3.4)调用的是两个 double 型数据求和的 Add()方法，Add(1, 2, 3)调用的是 3 个 int 型数据求和的 Add()方法。

任务实施

本任务实施利用方法创建一个计算比赛得分的 C#控制台应用程序。计分规则为，6 位裁判分别为参赛选手评分（分数为 0～10 分），每位参赛选手的最终得分为去掉一个最高分和一个最低分后的平均分。

根据计分规则，定义 Input()、Process()和 Average()方法，以及两个重载的 OutPut()方法。其中，Input()方法用于为参赛选手评分；Process()方法用于去掉最高分和最低分；Average()方法用于求去掉最高分和最低分后的平均分；两个重载的 OutPut()方法分别用于输出去掉最高分和最低分后剩余的 4 个分数及选手的最终得分。

参考代码

```
    using System;
    namespace ch4_2
    {
        class Program
        {
            /// <summary>
            /// 为参赛选手评分
            /// </summary>
            /// <param name="scores">采用引用类型参数传递</param>
            static void Input(float[] scores)
            {
                Console.WriteLine("请 6 位裁判评分：");
                /*为数组 scores 赋值，当 index 小于数组 scores 的长度时执行
循环*/
                for (int index = 0; index < scores.Length; index++)
                {
                    scores[index] = float.Parse(Console.ReadLine());
                }
            }
            /// <summary>
            /// 去掉最高分和最低分
            /// </summary>
            /// <param name="scores">采用引用类型参数传递</param>
            /// <returns>返回数组 newScores,类型为 float[]型</returns>
            static float[] Process(float[] scores)
            {
                //Array.Sort()方法用于对数组进行升序排列
                Array.Sort(scores);
                /*声明一个名为 newScores 的数组，数组 newScores 比数组
scores 少两个元素*/
                float[] newScores = new float[scores.Length - 2];
                /*为数组 newScores 赋值，当 index 小于数组 newScores 的长
度时执行循环*/
                for (int index = 0; index < newScores.Length; index++)
                {
                    /*去掉数组 scores 头尾两个数据（最小值和最大值），将剩余
数据赋给数组 newScores*/
```

```
            newScores[index] = scores[index + 1];
        }
        return newScores;
    }
    /// <summary>
    /// 求去掉最高分和最低分后的平均分
    /// </summary>
    /// <param name="array">采用引用类型参数传递</param>
    /// <returns>返回平均分 avg, 类型为 float 型</returns>
    static float Average(float[] array)
    {
        float avg = 0;              //定义变量 avg, 用于保存平均分
        //当 index 小于数组 array 的长度时执行循环
        for (int index = 0; index < array.Length; index++)
        {
            avg += array[index];//将所有分数相加并赋给变量 avg
        }
        avg /= array.Length;    //求平均分
        return avg;
    }
    /// <summary>
    /// 输出去掉最高分和最低分后剩余的 4 个分数
    /// </summary>
    /// <param name="array">采用引用类型参数传递</param>
    static void Output(float[] array)
    {
        Console.WriteLine("去掉最高分和最低分后,选手的得分情况:");
        for (int index = 0; index < array.Length; index++)
        {
            Console.Write(array[index]); //输出分数
            Console.WriteLine();         //换行
        }
    }
    /// <summary>
    /// 输出最终得分
    /// </summary>
    /// <param name="score">采用值传递</param>
    static void Output(float score)
    {
        Console.WriteLine("选手的最终得分: " + score);
    }
    static void Main(string[] args)
    {
```

```
            //声明并初始化数组pScores，初始化长度为6
            float[] pScores = new float[6];
            Input(pScores);    //调用Input()方法，用于获取裁判评分
            /*调用Process()方法并传入参数pScores，将返回值保存在数组
pNewScores中*/
            float[] pNewScores = Process(pScores);
            /*调用Average()方法并传入参数pNewScores，将返回值保存在
变量pAvg中*/
            float pAvg = Average(pNewScores);
            /*调用重载的OutPut()方法输出去掉最高分和最低分后剩余的4
个分数及选手的最终得分*/
            Output(pNewScores);
            Output(pAvg);
        }
    }
}
```

运行结果

运行程序，根据提示为参赛选手评分（如9.1、7.8、8.5、6.9、9.0、8.3），每次评分完毕后按“Enter”键确认，程序运行结果如图4-12所示。

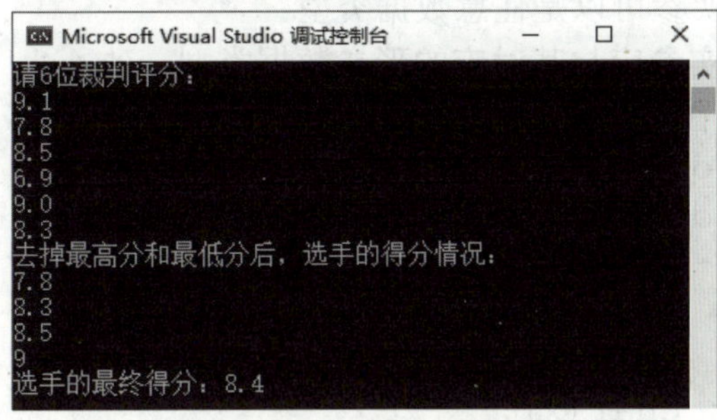

图4-12 运行结果

项目实训

1. 实训目标

（1）练习方法的定义与调用。

（2）练习方法的参数传递。

（3）练习方法的递归调用。

2. 实训内容

斐波那契数列（fibonacci sequence）又称黄金分割数列，指的是如下数列：1、1、2、3、5、8、13、21、34、55……

在数学上，斐波那契数列以如下递推的方法定义。

$$F(0)=1,\ F(1)=1,\ \cdots,\ F(n)=F(n-1)+F(n-2)\ (n\geqslant 2,\ n\in N^*)$$

编写 C#程序，使用方法的递归调用求斐波那契数列的第 10 项。

3. 操作提示

（1）定义 Fibonacci()方法，该方法接收一个参数 n，在方法中采用递归的方式求斐波那契数列，并使用 if 语句设置递归终止的条件为 n 等于 1 或 2。

（2）在 Main()方法中调用 Fibonacci()方法，并传入参数 10。

项目考核

1. 选择题

（1）在 C#中，如果方法没有返回值，则必须使用（　　）作为返回值类型。

A. void　　B. int　　C. string　　D. float

（2）下列说法中，不正确的是（　　）。

A. 方法中的实参可以是常量、变量或表达式

B. 方法中的形参可以是常量、变量或表达式

C. 方法中的实参可以是任意数据类型

D. 方法中的实参应与其对应的形参数据类型一致

（3）下列代码中存在语法错误，具体是指（　　）。

```
static void prt_char(){};
static void Main(string[] args)
{
    int x = 5, k;
    …
    k = prt_char(x);
    …
}
```

A. prt_char()方法不能使用 void 关键字修饰

B. prt_char()方法不能使用 static 关键字修饰

C. 方法的定义和调用语句之间有矛盾

D. 方法名中不能包含下画线

（4）下列代码中，能正确定义 fun()方法的是（　　）。

A.

```
double fun(int x, int y)
{
    z = x + y;
    return z;
}
```

B.

```
double fun(int x, int y)
{
    int z;
    return z;
}
```

C.

```
double fun(x, y)
{
    int x, y;
    double z;
    z = x + y;
    return z;
}
```

D.

```
double fun(int x, int y)
{
    double z;
    z = x + y;
    return z;
}
```

（5）下列代码的运行结果是（　　）。

```
static int fun(int x)
{
    Console.Write(++x);
}
static void Main(string[] args)
{
    fun(12 + 5);
}
```

A. 13　　　　B. 6　　　　C. 17　　　　D. 18

（6）下列代码的运行结果是（　　）。

```
static int f(int n)
{
    if (n == 1)
        return 1;
    else
        return f(n - 1) + 1;
}
static void Main(string[] args)
{
    int i, j = 0;
    for (i = 1; i <= 3; i++)
    {
        j += f(i);
```

```
        }
        Console.Write(j);
    }
```

A. 3　　B. 6　　C. 2　　D. 5

2. 填空题

（1）在定义方法时，参数列表中的参数称为________；在调用方法时，参数列表中的参数称为________。

（2）在 C#中，方法的参数传递方式有________、________、________和________4 种。

（3）Test()方法的定义为“void Test(int x, ref double y, out int z)”，那么可以通过________________语句（实参用 a、b、c 表示）调用该方法。

3. 判断题

（1）在 C#中，定义方法时必须通过 return 语句给出方法的返回值。（　）

（2）在 C#中，方法可以同时接收多个参数，并且参数的类型可以不同。（　）

（3）在 C#中，值传递方式传递的是实参的地址。（　）

（4）在 C#中，ref 参数传递要求变量在传递之前必须初始化，而输出传递不用初始化。（　）

（5）在 C#中，定义方法时 params 关键字不可以与 ref 关键字组合起来使用。（　）

（6）如果在一个类中定义了两个仅返回值类型不同的方法，则不属于方法的重载。（　）

4. 程序题

（1）编写 C#程序，用于接收并判断用户输入的数据，如果用户输入的是整数，则返回该数据，否则提示用户重新输入。如果只允许用户输入“yes”或“no”，又该如何定义方法？

提示：int.TryParse()方法可以将字符串转换为整数，其语法格式如下。

bool int.TryParse(string s, out int result);

其中，s 是要转换的字符串；result 是转换后得到的整数。该方法的返回值类型为 bool 型，如果转换成功，则返回 true，并将转换后的整数存储在变量 result 中；如果转换失败，则返回 false，并且变量 result 为默认的 0。

（2）编写 C#程序，提示用户输入两个整数（要求只能输入整数，并且第 1 个整数必须比第 2 个整数小，否则就重新输入），然后计算位于这两个整数之间（不包括两个整数）所有整数的和。例如，位于 1 和 10 之间所有整数的和为 44。

（3）编写 C#程序，利用方法的重载分别计算圆形和矩形的周长。

提示：通过 Math.PI 获取 π 的值。

项目评价

完成所有学习任务之后，请同学们按照以下要求完成学习成果评价。

全班同学每 4 人一组，各组成员结合课前、课中和课后的学习情况，以及项目实训和项目考核情况，按照表 4-1 的评价标准对本项目的学习成果进行自评和互评（组内成员互相打分），然后配合指导教师完成师评及总评。

表 4-1 学习成果评价表

<table>
<tr><th rowspan="2">评价项目</th><th rowspan="2">评价内容</th><th rowspan="2">分值</th><th colspan="3">评价得分</th></tr>
<tr><th>自评</th><th>互评</th><th>师评</th></tr>
<tr><td rowspan="5">知识
（50%）</td><td>方法的基本概念</td><td>5 分</td><td></td><td></td><td></td></tr>
<tr><td>方法的定义与调用，以及返回值的使用</td><td>15 分</td><td></td><td></td><td></td></tr>
<tr><td>方法的参数传递，包括值传递、引用传递、输出传递及 params 参数传递</td><td>15 分</td><td></td><td></td><td></td></tr>
<tr><td>方法的递归调用</td><td>5 分</td><td></td><td></td><td></td></tr>
<tr><td>方法的重载</td><td>10 分</td><td></td><td></td><td></td></tr>
<tr><td rowspan="2">能力
（30%）</td><td>利用方法编写实现四则运算的 C#程序</td><td>15 分</td><td></td><td></td><td></td></tr>
<tr><td>利用方法设计比赛计分器</td><td>15 分</td><td></td><td></td><td></td></tr>
<tr><td rowspan="2">素养
（20%）</td><td>培养创新思维和实践能力</td><td>10 分</td><td></td><td></td><td></td></tr>
<tr><td>培养严谨、负责的学习态度，树立正确的人生观和价值观</td><td>10 分</td><td></td><td></td><td></td></tr>
<tr><td colspan="2">合计</td><td>100 分</td><td></td><td></td><td></td></tr>
<tr><td>总评</td><td>自评（20%）+互评（20%）+师评（60%）=</td><td>综合等级：</td><td colspan="3">教师（签名）：</td></tr>
</table>

注：综合等级可以“优”（总评得分≥90 分）、“良”（80 分≤总评得分<90 分）、“中”（60 分≤总评得分<80 分）、“差”（总评得分<60 分）为标准进行评价。

项目五 面向对象基础

项目目标

面向对象是一种高效的软件开发方法，它将数据和对数据的操作看作一个互相依赖、不可分割的整体，有助于提高软件的开发效率。本项目主要介绍面向对象的基础知识，包括面向对象的概念和特征、类与对象、类的字段与属性、修饰符，以及类的成员方法等。通过本项目的学习，读者应达到以下目标。

知识目标

- 熟悉面向对象的概念和特征。
- 理解类与对象的概念。
- 掌握类的声明与对象的创建方法。
- 掌握类的字段与属性的使用方法。
- 熟悉 C#中的修饰符。
- 掌握构造方法、析构方法、普通方法及静态方法的使用。

能力目标

- 能够使用 Visual Studio 2022 创建用于显示机主信息的类。
- 能够利用类与对象的相关知识编写模拟手机拨打电话过程的 C#程序。

素质目标

- 培养批判性思维，养成独立思考问题的习惯。
- 遵守道德规范和法律法规，提高数据安全方面的意识。

任务一　显示机主信息

任务描述

本任务将使用 Visual Studio 2022 创建一个用于显示机主信息的类。在创建类之前，先来学习一下面向对象的概念和特征、类与对象、类的字段与属性，以及修饰符的相关知识。

一、面向对象概述

在早期的软件开发中，人们习惯使用面向过程编程语言，如 C、BASIC 等。面向过程开发思想是将问题分解为一系列需要执行的步骤，然后将这些步骤的实现代码按照从头到尾的顺序写在一起，这样做虽然代码简单但缺乏可重用性，不利于代码的移植，并且软件开发周期较长，质量也不尽如人意。

随着软件规模的日益增大，人们发现面向对象开发思想更适合处理复杂的问题。面向对象是人类最自然的一种问题思考方式，它将所有预处理的问题抽象成对象，同时了解这些对象具有哪些特征和行为，以解决这些对象面临的实际问题。面向对象开发思想可使代码更容易理解，同时可以提高代码的可重用性，进而提高软件开发效率。

面向对象的三大特征是封装、继承和多态。

1．封装

封装是面向对象的核心思想，它将对象的属性和方法封装起来，对外部隐藏其实现细节。例如，制造商在生产电视机时，会把硬件设施集成到电视机内部，消费者只能看到电视机的外观，看不到电视机内部的结构和硬件配置。

封装可以让用户只关心对象的用法而不用关心对象的实现细节，在为用户的访问提供便利的同时也提高了代码的安全性。在 C#中，体现封装特征的编程元素有很多，如类、接口、方法等。

2．继承

继承可以理解为在保留原有类的属性和方法的基础上对原有类进行改进。例如，从第一台电视机问世到如今的智能电视机，电视机经历了无数次改革，但其最基础的外形和观看资讯的功能一直存在，只是如今的智能电视机外形更加美观，操作更加简单，提供的功能更加丰富。

继承不仅可以提高代码的可重用性，而且方便代码后期的维护。在 C#中，继承特征主要体现在类与类之间的继承。

3. 多态

多态是指不同对象在执行同一操作时会产生不同的结果。例如，在使用电视机的遥控器时，不同按钮会触发不同的操作。

多态可以使代码更加灵活，并且易于扩展和维护。在C#中，体现多态特征的是方法的重写、接口的实现等。

二、类与对象

类与对象基础

面向对象编程实质上就是在编程时对现实世界的事物进行建模操作，其核心概念就是类和对象。

1. 类

与结构类型类似，类也是一种复杂的数据类型。它描述了一系列具有相同含义的对象，并为这些对象统一定义了属性和方法，表示对现实生活中具有共同特征和行为的事物的抽象。例如，在学校中，学生可以称为学生类，他们具有姓名、性别、年龄、学号等特征，以及学习、吃饭等行为。

在使用类之前，必须先使用关键字 class 声明类，其一般语法格式如下。

```
[修饰符] class 类名
{
    类成员
}
```

下面对类的组成部分进行具体说明。

（1）修饰符：包括 public、internal（默认）等访问修饰符，以及 abstract、sealed、static 等其他修饰符。其中，public 表示任何代码都可以访问类；internal 表示只能在当前程序集中访问类。通常情况下，当使用上述两类修饰符同时修饰类时，访问修饰符在前，其他修饰符在后。

提 示

> 在 C#中，程序集是一种包含了程序代码、资源文件等的部署单元，其编译后的文件扩展名通常为“dll”或“exe”。

（2）class：C#的关键字，表示类的声明。

（3）类名：不可省略，必须符合 C#中有关标识符的命名规范。通常使用帕斯卡命名法为类命名，并且类名最好具有实际意义，这样方便用户理解类中描述的内容。此外，同一个命名空间中的类名必须是唯一的。

（4）类成员：在类中定义的元素，主要包括字段、属性和方法。

提　示

结构类型是从面向过程编程中保留下来的一种数据类型，类是面向对象编程中最基本、最重要的概念，两者描述对象的功能基本一致。它们最主要的区别在于，结构类型是值类型，而类是引用类型，两者在计算机中的存储结构不同。在实际开发中，定义信息量较小的对象时，可以使用结构类型；而定义信息量较大的对象时，则适合使用类。

在 C#中，可以在当前类的内部声明另一个类，这个位于其他类内部的类称为内部类。但是，为了提高代码的可读性和可维护性，通常会将每个类放在单独的文件中，即使用新文件来声明类。

【实例 5-1】 使用 Visual Studio 2022 创建一个用于记录手机信息的类，类名为 Phone。

【参考步骤】

步骤 1 参照项目一的内容，创建一个名称为“example5_1”的 C#项目，然后在解决方案资源管理器窗口中右击项目名称，在打开的快捷菜单中选择“添加”→“类”选项，如图 5-1 所示。

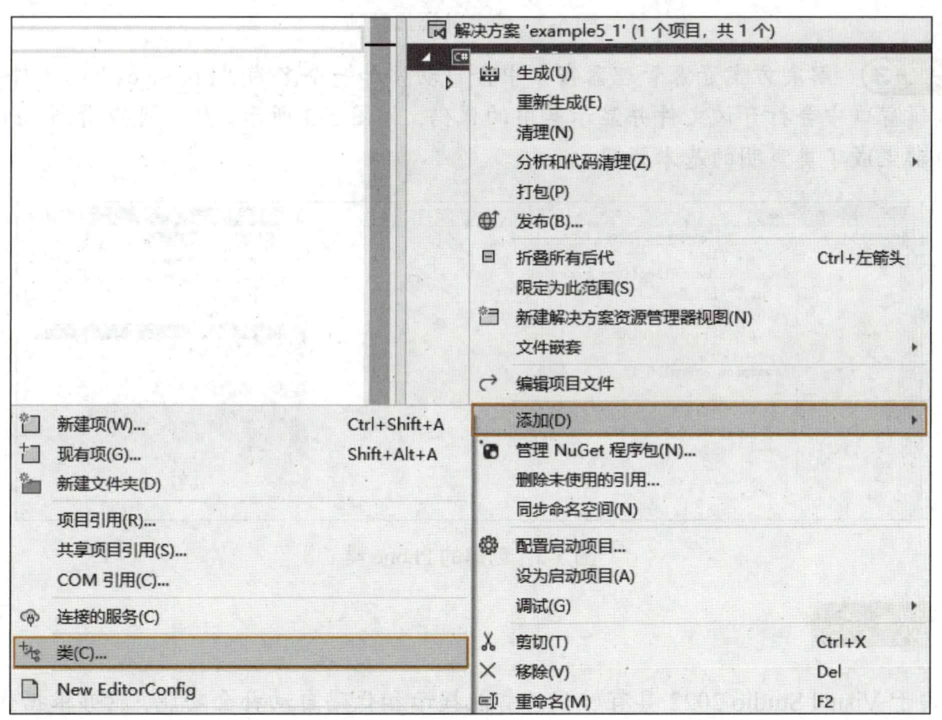

图 5-1　选择“添加”→“类”选项

步骤 2 在打开的界面中将新项名称修改为“Phone.cs”，然后单击“添加”按钮，如图 5-2 所示。

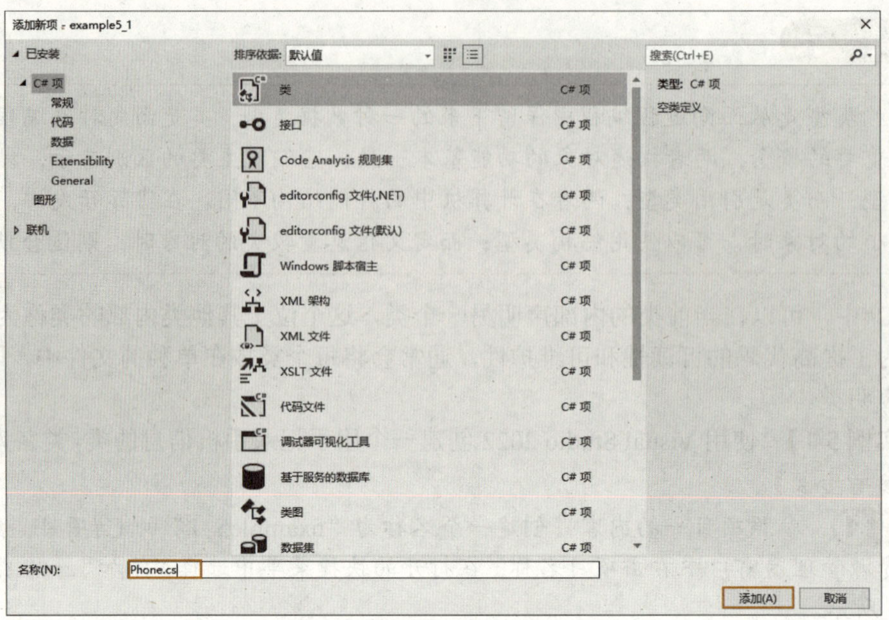

图 5-2　命名并添加新项

步骤 3 解决方案资源管理器窗口中会自动添加一个名为“Phone.cs”的文件，并且代码编辑窗口中会打开该文件并显示其中的代码，如图 5-3 所示。从中可以看到，Phone.cs 文件自动生成了类声明的基本代码。

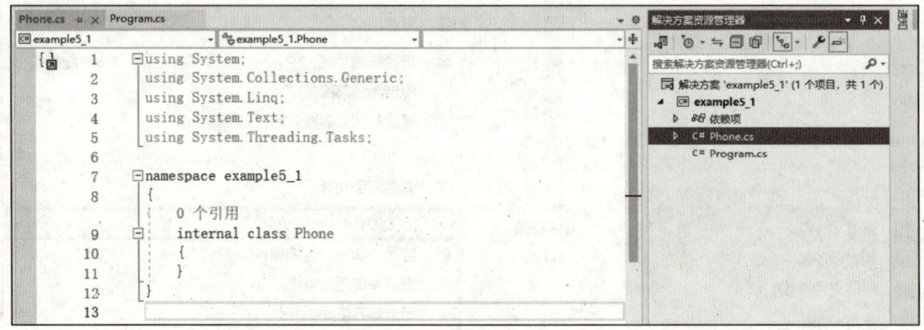

图 5-3　创建的 Phone 类

提　示

由于 Visual Studio 2022 具有较强的智能提示和代码自动补全功能，能够根据代码编译需要自动添加 using 语句引入相应的命名空间。因此，本书在后续代码中会省略 using 语句。

2. 对象

在面向对象编程中，类是抽象的，如果要使用类实现具体的功能，必须要将类实例化，即创建类的对象，然后通过对象访问类的属性和方法，以解决相应的问题。

（1）对象的创建。

在C#中，使用关键字new来创建对象，其语法格式如下。

```
类名 对象名 = new 类名();
```

例如，创建Phone类的对象phone1，代码如下。

```
Phone phone1 = new Phone();
```

上述代码中，“Phone phone1”用于声明一个Phone类型的变量phone1，“new Phone()”用于创建一个Phone类对象，且系统会为该对象分配一块内存空间，然后将Phone类对象在内存中的地址赋给变量phone1，所以变量phone1是对Phone类对象的引用。为便于描述，通常将变量phone1引用的对象称为phone1对象。

提　示

如果将phone1对象赋给phone2对象，代码如下。

```
Phone phone2 = phone1;
```

上述代码中，并不能将phone1对象的内容赋给phone2对象。这是因为在C#中，类是一种引用类型，创建的对象存储在堆中，赋值操作并不能将堆中的数据赋给另一个变量，而是两个变量会引用同一个对象。因此，修改phone1或phone2对象后，另一个对象的内容也会相应改变。

（2）对象的销毁。

每个对象都有生命周期，当对象的生命周期结束时，分配给该对象的内存地址会被系统回收。在一些编程语言中，需要手动回收废弃的对象，但由于C#拥有一套完整的垃圾回收机制，会自动回收无用且占用内存的资源，因此开发人员不必担心废弃的对象占用内存。

通常情况下，以下两种对象会被C#的垃圾回收器视为垃圾并自动回收。

① 超出作用域的对象。例如：

```
void CreateObject()
{
    Phone phone1 = new Phone();
}
```

上述代码中，phone1对象的作用域是CreateObject()方法，当该方法调用结束后，phone1对象会被系统回收。

② 赋值为null的对象。例如：

```
void Process()
{
    Phone phone1 = new Phone();
    phone1 = null;
}
```

上述代码中，phone1对象在Process()方法结束前已经赋值为null，所以会被系统回收，后续无法再使用。

提 示

类与对象的不同可以总结为以下几点。

（1）定义不同。类是现实世界或思维世界中的实体在计算机中的反映，它将数据及对数据的操作封装在一起；而对象是类类型的变量。

（2）范畴不同。类是对象的抽象，而对象是类的具体实例。类是抽象的，不占用存储空间；而对象是具体的，占用存储空间。

三、类的字段与属性

类的字段与属性

1. 字段

字段是类中用于存储数据的成员变量，定义字段的语法格式如下。

```
[修饰符] 数据类型 字段名 [= 初值];
```

其中，修饰符可以是public、private（默认，表示仅限本类成员访问）、protected、static、const 等；数据类型可以是内置数据类型，也可以是自定义数据类型；字段名是字段的标识符，用于引用该字段。在定义字段时，可以为字段赋初值，也可以不赋值。

在类的外部访问字段的语法格式如下。

```
对象名.字段名;
```

使用 static 修饰的字段称为静态字段。静态字段不属于任何对象，只属于类本身，所以可以被类的所有对象共享。在类的外部访问静态字段的语法格式如下。

类名.静态字段名;

需要注意的是，不能通过“对象名.静态字段名”的方式访问静态字段。此外，不能同时使用 static 和 const 修饰字段。

2. 属性

在实际开发中，通常会将字段的访问修饰符定义为private，以对字段进行保护，也就是不允许外部随意访问字段，此时就需要通过属性来访问字段。在 C#中，属性是类中一种特殊的成员变量，提供了对字段的读写操作。定义属性的语法格式如下。

```
[修饰符] 数据类型 属性名
{
    get { return 字段名; }
    set { 字段名 = value; }
}
```

其中，修饰符默认为private；get 和 set 统称为访问器，get 访问器用于字段的读取，set 访问器用于字段的赋值，两者可以不同时使用。只具有 get 访问器的属性为只读属性，只具有 set 访问器的属性为只写属性，同时具有这两个访问器的属性为读写属性。

在类的外部访问属性的语法格式如下。

```
对象名.属性名;
```

与字段类似，使用 static 修饰的属性称为静态属性。静态属性只能访问静态字段。在类的外部访问静态属性的语法格式如下。

```
类名.静态属性名;
```

在使用属性时，需要注意以下几点。

（1）get 访问器是获取字段值时执行的访问器，所以必须要有 return 关键字。

（2）set 访问器是为字段赋值时执行的访问器，其中的 value 是关键字，不可随意更改。

（3）访问器与方法类似，在访问器中可以进行数据处理。

（4）一个属性不允许既不具有 get 访问器，又不具有 set 访问器。

由于属性是对字段进行操作的，所以属性名和字段名的语义要一致。为区分两者，通常使用帕斯卡命名法为属性命名，使用驼峰命名法为字段命名。

【实例 5-2】　在实例 5-1 创建的 Phone 类中添加表示手机信息（见图 5-4）的字段，包括品牌、型号、颜色、运行内存、存储内存、价格、优势等，然后分别为这些字段定义属性，最后在 Program.cs 文件的 Main()方法中创建 Phone 类对象并输出手机信息。

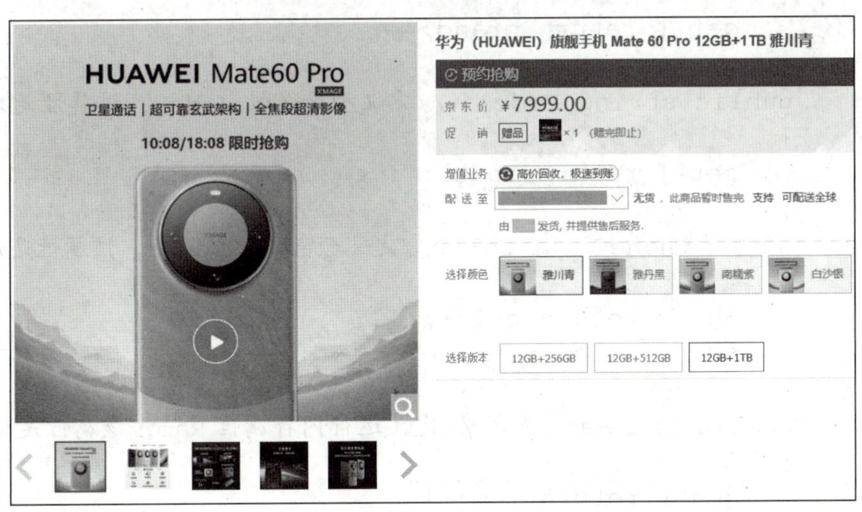

图 5-4　手机信息

【思路分析】　定义各字段的修饰符均为 private，并且设置优势字段为静态字段；定义品牌、型号、价格、优势 4 个属性为只读属性，颜色、运行内存、存储内存 3 个属性为读写属性。

【参考代码】

Phone.cs 文件中的代码如下。

```
namespace example5_2
{
    enum phoneColor                              //定义枚举类型 phoneColor
    {
        雅川青，雅丹黑，南糯紫，白沙银          //枚举成员
    }
    class Phone                                  //声明 Phone 类
    {
        //字段
        private string brand = "华为";        //定义品牌字段 brand
        private string model = "Mate60 Pro";//定义型号字段 model
        private phoneColor color;              //声明颜色字段 color
        private int ram;                         //声明运行内存字段 ram
        private int memory;                      //声明存储内存字段 memory
        private decimal price;                   //声明价格字段 price
        //定义优势字段 advantage，该字段是静态字段
        private static string advantage = "卫星通话，超可靠玄武架
构，全焦段超清影像";
        //属性
        public string Brand  //定义品牌属性 Brand，该属性是只读属性
        {
            get { return brand; }
        }
        public string Model  //定义型号属性 Model，该属性是只读属性
        {
            get { return model; }
        }
        public phoneColor Color//定义颜色属性 Color，该属性是读写属性
        {
            get { return color; }
            set { color = value; }
        }
        public int Ram       //定义运行内存属性 Ram，该属性是读写属性
        {
            get { return ram; }
            set { ram = value; }
        }
        public int Memory  //定义存储内存属性 Memory，该属性是读写属性
        {
            get { return memory; }
```

```
            set { memory = value; }
        }
        public decimal Price//定义价格属性 Price，该属性是只读属性
        {
            get
            {
                //当存储内存为 256 GB 时，价格为 6499.00 元
                if (Memory == 256)
                {
                    return 6499.00m;
                }
                //当存储内存为 512 GB 时，价格为 6999.00 元
                else if (Memory == 512)
                {
                    return 6999.00m;
                }
                //当以上条件都不符合时，价格为 7999.00 元
                else
                {
                    return 7999.00m;
                }
            }
        }
        //定义优势属性 Advantage，该属性是静态、只读属性
        public static string Advantage
        {
            get { return advantage; }
        }
    }
}
```

Program.cs 文件中的代码如下。

```
namespace example5_2
{
    class Program                              //声明 Program 类
    {
        static void Main(string[] args)
        {
            Phone phone = new Phone();//创建 Phone 类对象 phone
            //通过对象访问属性，为属性 Color、Ram 和 Memory 赋值
            phone.Color = phoneColor.雅川青;
            phone.Ram = 12;
            phone.Memory = 1024;
            //输出手机信息
            Console.WriteLine("手机品牌：" + phone.Brand);
```

```
                Console.WriteLine("手机型号: " + phone.Model);
                Console.WriteLine("手机颜色: " + phone.Color);
                Console.WriteLine("手机运行内存: "+phone.Ram+" GB");
                Console.WriteLine("手机存储内存:"+phone.Memory+" GB");
                Console.WriteLine("手机价格: " + phone.Price + "元");
                //通过类名访问静态属性
                Console.WriteLine("手机优势: " + Phone.Advantage);
            }
        }
    }
```

【运行结果】 程序运行结果如图 5-5 所示。

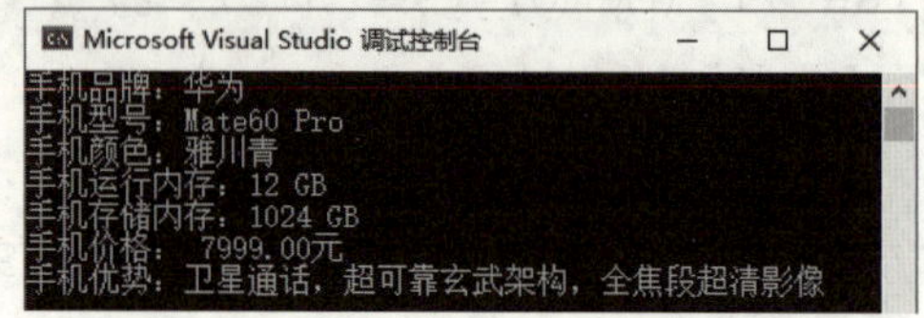

图 5-5　实例 5-2 运行结果

提　示

在 C#中，当属性访问器只是简单地返回字段值或将值赋给字段，而不需要进行额外的计算、验证或其他处理时，可以使用自动实现的属性，这样会使代码更加简洁。示例代码如下。

```
class Phone
{
    public int Ram
    {
        get; set;
    }
}
```

上述代码在执行时，编译器会自动为 Ram 属性创建私有且匿名的字段，该字段对于开发人员来说是不可见的。需要注意的是，自动实现的属性必须同时具有 get 访问器和 set 访问器。

四、修饰符

1. 访问修饰符

访问修饰符是 C#中常用的关键字，用于指定类或成员的可访问性。C#中的访问修饰符有 6 种，分别是 public、private、protected、internal、protected internal、private protected，如表 5-1 所示。

表 5-1　C#中的访问修饰符

访问修饰符	说明
public	公有访问。任何代码均可以访问
private	私有访问。只限于本类成员访问
protected	保护访问。只限于本类和派生类访问
internal	内部访问。只限于当前程序集访问
protected internal	内部受保护访问。只限于当前程序集和另一程序集的派生类访问
private protected	私有受保护访问。本类或当前程序集的派生类可以访问（C# 7.2 及更高版本中有效）

拓展阅读

随着互联网、大数据、人工智能等应用的蓬勃发展，各类数据迅猛增长，对国家治理、社会发展、人民生活都产生了深刻影响。与此同时，相关的数据安全问题也日益凸显。

数据安全是国家安全的重要组成部分。2021 年 9 月 1 日，《中华人民共和国数据安全法》（简称《数据安全法》）正式施行。该部法律是我国首部数据安全领域的基础性立法，体现了总体国家安全观的立法目标，聚焦数据安全领域的突出问题，确立了数据分类分级管理，建立了数据安全风险评估、监测预警、应急处置、数据安全审查等基本制度，并明确了相关主体的数据安全保护义务。

因此，深入理解和贯彻实施《数据安全法》，对于更好维护数据安全、充分发挥数据效能具有重要意义。在日常生活中，我们应该加强个人数据保护意识和个人数据管理能力，遵守相关法律规定，合理处理个人数据，同时积极参与数据安全领域的社会监督和合作，支持相关机构组织的安全倡导活动，共同维护数据安全和个人隐私权益。

2. 其他修饰符

除了访问修饰符外，经常使用的修饰符还有 abstract、sealed、static 等，如表 5-2 所示。

表 5-2　C#中的其他修饰符

其他修饰符	说明
abstract	表示抽象，使用该修饰符修饰的类不能被实例化
sealed	表示密封，使用该修饰符修饰的类不能被继承
static	表示静态，使用该修饰符修饰的类不能被实例化，使用该修饰符修饰的字段、属性、方法等只属于类本身

任务实施

本任务实施使用 Visual Studio 2022 创建一个用于显示机主信息的 PhoneOwner 类。首先在类中添加本机号码、机主姓名和运营商 3 个字段，其中运营商字段为静态字段，然后分别为本机号码和机主姓名字段定义读写属性，为运营商字段定义只读属性，最后在 Program.cs 文件的 Main()方法中创建 PhoneOwner 类对象并输出机主信息。

参考代码

PhoneOwner.cs 文件中的代码如下。

```
namespace ch5_1
{
    class PhoneOwner                              //声明 PhoneOwner 类
    {
        //字段
        private string phoneNumber;//声明本机号码字段 phoneNumber
        private string userName;    //声明机主姓名字段 userName
        //定义运营商字段 phoneOperator，该字段是静态字段
        private static string phoneOperator = "中国电信";
        //属性
        //定义本机号码属性 PhoneNumber，该属性是读写属性
        public string PhoneNumber
        {
            get { return phoneNumber; }
            set { phoneNumber = value; }
        }
        //定义机主姓名属性 UserName，该属性是读写属性
        public string UserName
        {
            get { return userName; }
            set { userName = value; }
        }
        //定义运营商属性 PhoneOperator，该属性是静态、只读属性
        public static string PhoneOperator
        {
            get { return phoneOperator; }
        }
    }
}
```

Program.cs 文件中的代码如下。

```
namespace ch5_1
{
    class Program                                 //声明 Program 类
```

```
{
    static void Main(string[] args)
    {
        //创建 PhoneOwner 类对象 owner
        PhoneOwner owner = new PhoneOwner();
        //通过对象访问属性，为属性 PhoneNumber 和 UserName 赋值
        owner.PhoneNumber = "133****5678";
        owner.UserName = "张三";
        //输出机主信息
        Console.WriteLine("本机号码：" + owner.PhoneNumber);
        Console.WriteLine("机主姓名：" + owner.UserName);
        //通过类名访问静态属性
        Console.WriteLine("运营商：" + PhoneOwner.PhoneOperator);
    }
}
}
```

运行结果

程序运行结果如图 5-6 所示。

图 5-6　运行结果

任务二　模拟手机拨打电话的过程

任务描述

本任务将利用类与对象的相关知识编写一个模拟手机拨打电话过程的 C#程序。在编写程序之前，先来学习一下类的成员方法的相关知识。在 C#中，类的成员方法体现的是对象的行为，包括构造方法、析构方法、普通方法、静态方法等。

一、构造方法

类的成员方法

构造方法主要用于在创建对象时初始化对象，即为对象的成员变量赋初值。在 C#中，每个类都会显式或隐式地包含一个构造方法。定义构造方法的语法格式如下。

```
[访问修饰符] 构造方法名([参数列表])
{
```

```
    方法体
}
```

构造方法具有以下几个特点。

（1）构造方法的名称与其所在类的名称相同。
（2）构造方法没有返回值，也没有返回值类型。
（3）构造方法的访问修饰符默认为 public，在类的外部可以直接调用构造方法。
（4）构造方法可以带参数，也可以不带参数。
（5）构造方法可以为字段和属性赋值，但不能为只读属性赋值。
（6）一个类的构造方法可以有多个，也就是构造方法可以重载。
（7）允许重写系统提供的默认构造方法。
（8）在未自定义构造方法时，系统提供的默认构造方法为不带参数的构造方法。

提 示

使用 static 修饰的构造方法称为静态构造方法，其作用是初始化类的静态成员，并且静态构造方法在整个程序运行期间只会执行一次。静态构造方法既没有访问修饰符也没有参数，并且一个类中只能有一个静态构造方法。

【实例 5-3】 在实例 5-2 创建的 Phone 类中定义 3 个构造方法，分别是无参构造方法、带有 1 个参数的构造方法和带有 3 个参数的构造方法，然后在 Program.cs 文件的 Main() 方法中调用不同的构造方法创建 Phone 类对象。

【参考代码】

Phone.cs 文件中的代码如下。

```
namespace example5_3
{
    enum phoneColor                              //定义枚举类型 phoneColor
    {
        雅川青，雅丹黑，南糯紫，白沙银           //枚举成员
    }
    class Phone                                  //声明 Phone 类
    {
        //此处省略了字段和属性的相关代码，具体可参考实例 5-2
        public Phone()                           //无参构造方法
        {
            Console.WriteLine("=====无参构造方法=====");
            Color = phoneColor.雅川青; //颜色
            Ram = 12;                            //运行内存
            Memory = 1024;                       //存储内存
        }
        /// <summary>
        /// 带有 1 个参数的构造方法
```

```
        /// </summary>
        /// <param name="color">用于为属性 Color 赋值</param>
        public Phone(phoneColor color)
        {
            Console.WriteLine("=====带有 1 个参数的构造方法=====");
            Color = color;                //颜色
            Ram = 12;                     //运行内存
            Memory = 1024;                //存储内存
        }
        /// <summary>
        /// 带有 3 个参数的构造方法
        /// </summary>
        /// <param name="color">用于为属性 Color 赋值</param>
        /// <param name="ram">用于为属性 Ram 赋值</param>
        /// <param name="memory">用于为属性 Memory 赋值</param>
        public Phone(phoneColor color, int ram, int memory)
        {
            Console.WriteLine("=====带有 3 个参数的构造方法=====");
            Color = color;                //颜色
            Ram = ram;                    //运行内存
            Memory = memory;              //存储内存
        }
    }
}
```

Program.cs 文件中的代码如下。

```
namespace example5_3
{
    class Program                         //声明 Program 类
    {
        //定义 Print()方法，用于输出手机信息
        static void Print(Phone phone)
        {
            Console.WriteLine("手机品牌: " + phone.Brand);
            Console.WriteLine("手机型号: " + phone.Model);
            Console.WriteLine("手机颜色: " + phone.Color);
            Console.WriteLine("手机运行内存: " + phone.Ram + " GB");
            Console.WriteLine("手机存储内存: " + phone.Memory + " GB");
            Console.WriteLine("手机价格: " + phone.Price + "元");
            Console.WriteLine("手机优势: " + Phone.Advantage);
            Console.WriteLine();
        }
        static void Main(string[] args)
```

```
        {
            Console.WriteLine("调用无参构造方法：");
            Phone phone1 = new Phone();//创建 Phone 类对象 phone1
            Print(phone1);
            Console.WriteLine("调用带有 1 个参数的构造方法：");
            //创建 Phone 类对象 phone2
            Phone phone2 = new Phone(phoneColor.白沙银);
            Print(phone2);
            Console.WriteLine("调用带有 3 个参数的构造方法：");
            //创建 Phone 类对象 phone3
            Phone phone3 = new Phone(phoneColor.白沙银, 12, 512);
            Print(phone3);
        }
    }
}
```

【运行结果】 程序运行结果如图 5-7 所示。

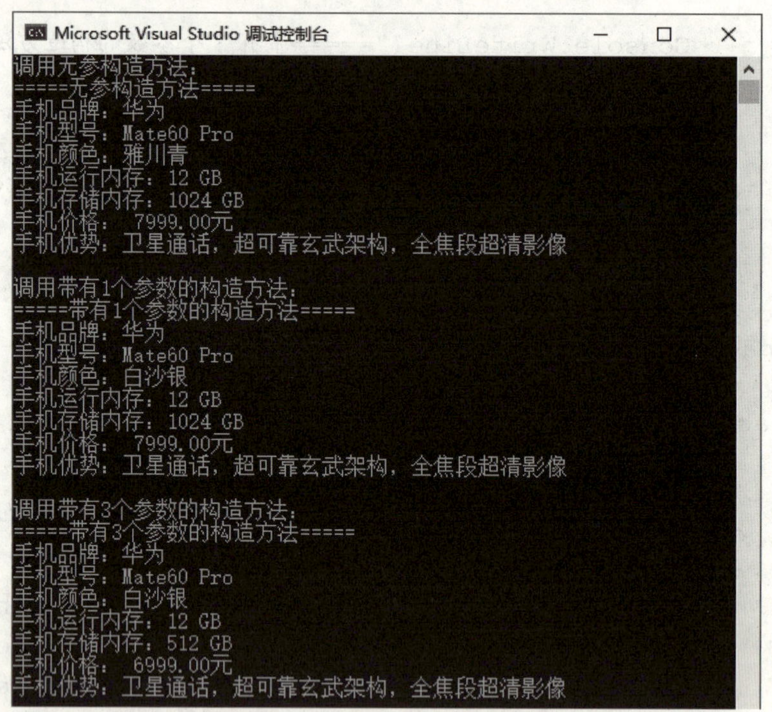

图 5-7 实例 5-3 运行结果

上述代码中，3 个构造方法均通过属性为字段赋值，当然也可以直接为字段赋值，方法是使用关键字 this，以“this.字段名”的方式访问字段并为字段赋值，如“this.color = phoneColor.雅川青”“this.color = color”。其中，this 表示当前类对象的引用。

知识库

关键字 this 的另一个作用是调用当前类中特定的构造方法。当一个类有多个构造方法时，会不断地为同一个字段或属性赋值，这样会造成代码重复，此时可以将这些相同的代码集中在一个构造方法中，然后在其他构造方法中调用该构造方法。

具体方法是，将“: this([参数 1，参数 2...])”添加到构造方法的声明中，这样在调用包含关键字 this 的构造方法时，会调用与参数列表匹配的构造方法，并且是从最基础的构造方法开始调用。

例如，实例 5-3 中带有 1 个参数的构造方法可以调用无参构造方法，修改后的带有 1 个参数的构造方法的代码如下。

```
/// <summary>
/// 带有 1 个参数的构造方法，使用关键字 this 调用无参构造方法
/// </summary>
/// <param name="color">用于为属性 Color 赋初值</param>
public Phone(phoneColor color) : this()
{
    Console.WriteLine("=====带有 1 个参数的构造方法=====");
    Color = color;              //颜色
}
```

其他代码保持不变，程序运行结果如图 5-8 所示。

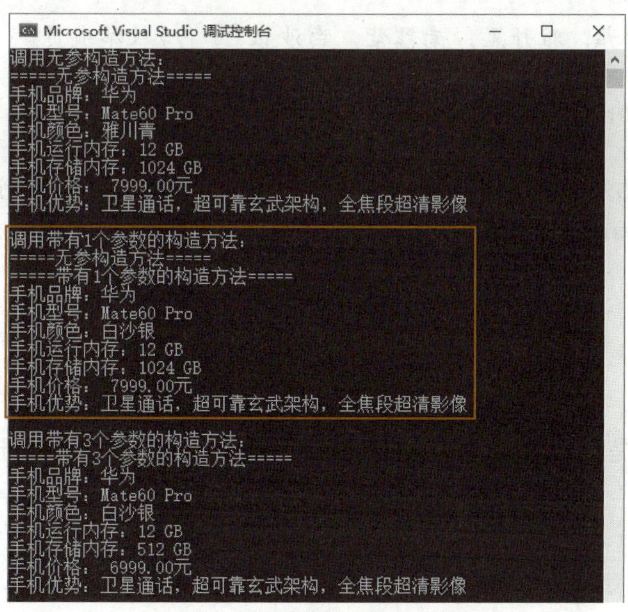

图 5-8 修改代码后的运行结果

从图 5-8 可以看出，在创建 Phone 类对象 phone2 时，会调用无参构造方法和带有 1 个参数的构造方法。

二、析构方法

析构方法是一种特殊的成员方法，用于在程序结束（如关闭文件、释放内存等）之前释放资源，销毁类的实例。析构方法可以保证在程序中会调用垃圾回收方法 Finalize()，从而实现资源的释放。析构方法的名称由“~”和类名组成。定义析构方法的语法格式如下。

```
~类名()
{
    方法体
}
```

析构方法具有以下几个特点。

（1）析构方法不能有参数，也不能有任何修饰符。

（2）一个类只能有一个析构方法。

（3）析构方法不能继承或重载。

（4）析构方法是由系统自动调用的，不能由用户手动调用。

（5）如果没有指定析构方法，则由垃圾回收器决定什么时候释放资源。

【实例 5-4】 在实例 5-2 创建的 Phone 类中定义一个析构方法。

【参考代码】

```
namespace example5_4
{
    enum phoneColor                          //定义枚举类型 phoneColor
    {
        雅川青, 雅丹黑, 南糯紫, 白沙银        //枚举成员
    }
    class Phone                              //声明 Phone 类
    {
        //此处省略了字段和属性的相关代码，具体可参考实例 5-2
        ~Phone()                             //析构方法
        {
            Console.WriteLine("调用了析构方法");
        }
    }
}
```

由于析构方法是由系统自动调用的，其执行时间也由系统自行决定，因此上述代码的运行结果不确定。

三、普通方法

普通方法的语法格式及一般调用方法可参考项目四，此处不再赘述。在类的外部调用普通方法需要通过对象，其语法格式如下。

```
对象名.普通方法名([参数列表]);
```

需要注意的是，实际开发中经常要调用普通方法，所以一般将普通方法的访问修饰符定义为public。

【实例 5-5】　在实例 5-2 创建的 Phone 类中使用普通方法查询手机型号。

【参考代码】

Phone.cs 文件中的代码如下。

```
namespace example5_5
{
    enum phoneColor                         //定义枚举类型 phoneColor
    {
        雅川青，雅丹黑，南糯紫，白沙银         //枚举成员
    }
    class Phone                             //声明 Phone 类
    {
        //此处省略了字段和属性的相关代码，具体可参考实例 5-2
        public void GetModel()              //普通方法，用于查询手机型号
        {
            Console.WriteLine("手机型号是" + Model);//输出手机型号
        }
    }
}
```

Program.cs 文件中的代码如下。

```
namespace example5_5
{
    class Program                           //声明 Program 类
    {
        static void Main(string[] args)
        {
            Phone phone = new Phone();//创建 Phone 类对象 phone
            phone.GetModel();         //通过对象调用 GetModel()方法
        }
    }
}
```

【运行结果】　程序运行结果如图 5-9 所示。

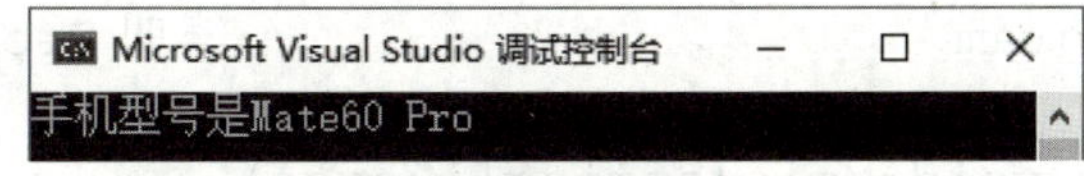

图 5-9　实例 5-5 运行结果

在实例 5-5 中，GetModel()方法为 Phone 类的普通方法，该方法在定义时没有使用 static 修饰符，因此在 Phone 类的外部调用该方法时需要使用 Phone 类对象。

四、静态方法

在 C#中，若希望在不创建对象的情况下就可以调用某个方法，也就是使方法不必和对象绑定在一起，则可以在定义方法时在方法名前加上 static 修饰符，这种方法称为静态方法。

静态方法是全局有效的，它不属于任何对象，只属于类本身。在静态方法中，只能访问静态字段、静态属性等所有对象共享的信息，不能访问对象中的数据。

在类的外部调用静态方法的语法格式如下。

```
类名.静态方法名([参数列表]);
```

【实例 5-6】 在实例 5-2 创建的 Phone 类中使用静态方法查询手机优势。

【参考代码】

Phone.cs 文件中的代码如下。

```
namespace example5_6
{
    enum phoneColor                         //定义枚举类型 phoneColor
    {
        雅川青, 雅丹黑, 南糯紫, 白沙银       //枚举成员
    }
    class Phone                             //声明 Phone 类
    {
        //此处省略了字段和属性的相关代码，具体可参考实例 5-2
        //静态方法，用于查询手机优势
        public static void GetAdvantage()
        {
            //输出手机优势
            Console.WriteLine("手机优势是" + Advantage);
        }
    }
}
```

Program.cs 文件中的代码如下。

```
namespace example5_6
{
    class Program                           //声明 Program 类
    {
        static void Main(string[] args)
        {
            //通过类名调用 GetAdvantage()方法
            Phone.GetAdvantage();
        }
    }
}
```

【运行结果】 程序运行结果如图 5-10 所示。

图 5-10 实例 5-6 运行结果

当类中的成员全部是静态成员时，就可以把这个类声明为静态类，方法是在 class 关键字前加上 static 修饰符。

任务实施

本任务实施在任务一任务实施的基础上创建一个模拟手机拨打电话过程的 C#控制台应用程序。首先在 PhoneOwner 类中定义无参构造方法，以及分别用于模拟呼叫模式和来电模式的方法，然后在 Program.cs 文件的 Main()方法中创建两个 PhoneOwner 类对象，并调用相应的方法模拟手机拨打电话的过程。

参考代码

PhoneOwner.cs 文件中的代码如下。

```
namespace ch5_2
{
    class PhoneOwner                            //声明 PhoneOwner 类
    {
        //字段
        private string phoneNumber;//声明本机号码字段 phoneNumber
        private string userName;    //声明机主姓名字段 userName
        //定义运营商字段 phoneOperator，该字段是静态字段
        private static string phoneOperator = "中国电信";
        //属性
        //定义本机号码属性 PhoneNumber，该属性是读写属性
        public string PhoneNumber
        {
            get { return phoneNumber; }
            set { phoneNumber = value; }
        }
        //定义机主姓名属性 UserName，该属性是读写属性
        public string UserName
        {
            get { return userName; }
            set { userName = value; }
```

```
    }
    //定义运营商属性 PhoneOperator，该属性是静态、只读属性
    public static string PhoneOperator
    {
        get { return phoneOperator; }
    }
    public PhoneOwner()                  //无参构造方法
    {
        PhoneNumber = "133****5678";
        UserName = "张三";
    }
    public string Dial()                 //普通方法，模拟呼叫模式
    {
        Console.WriteLine("请输入呼出号码：");
        //用于接收用户输入的手机号码
        string outNumber = Console.ReadLine();
        Console.WriteLine("======呼叫模拟======");
        //当变量 outNumber 的长度不是 11 时
        if (outNumber.Length != 11)
        {
            Console.WriteLine("号码错误！");//输出“号码错误！”
            return null;                 //返回空值
        }
        else
        {
            //当呼出号码为本机号码时
            if (outNumber == PhoneNumber)
            {
                //输出“呼叫失败！”
                Console.WriteLine("呼叫失败！");
                return null;          //返回空值
            }
            else
            {
                //输出呼出号码
                Console.WriteLine("正在呼叫：" + outNumber);
                return outNumber;   //返回呼出号码
            }
        }
    }
    public void InCall()                 //普通方法，模拟来电模式
    {
        Console.WriteLine("======来电模拟======");
```

```
            //输出来电信息
            Console.WriteLine("来电人： " + UserName);
            Console.WriteLine("来电号码： " + PhoneNumber);
        }
    }
}
```

Program.cs 文件中的代码如下。

```
namespace ch5_2
{
    class Program                                    //声明 Program 类
    {
        static void Main(string[] args)
        {
            //创建 PhoneOwner 类对象 owner1，模拟呼叫模式
            PhoneOwner owner1 = new PhoneOwner();
            //创建 PhoneOwner 类对象 owner2，模拟来电模式
            PhoneOwner owner2 = new PhoneOwner();
            //通过 owner1 调用 Dial()方法，并将返回值保存在变量 number 中
            string number = owner1.Dial();
            if (number != null)            //当 number 的值不为空时
            {
                //通过 owner2 调用 InCall()方法，模拟来电模式
                owner2.InCall();
            }
        }
    }
}
```

运行结果

运行程序，输入呼出号码（如本机号码“133****5678”、正确号码“157****4332”），程序运行结果如图 5-11 所示。

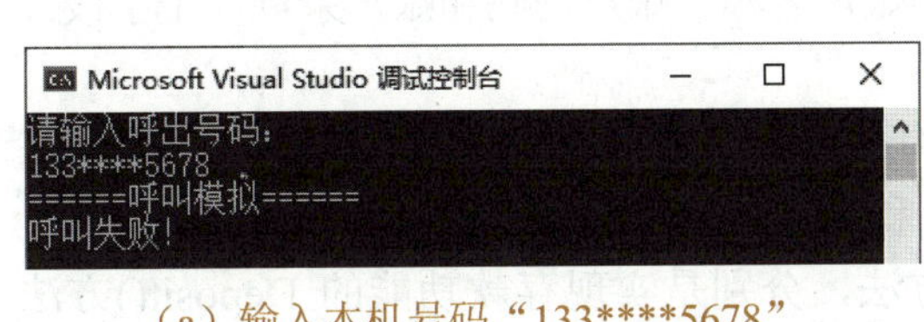

（a）输入本机号码“133****5678”

（b）输入正确号码“157****4332”

图 5-11　运行结果

项目实训

1. 实训目标

（1）练习类的声明与对象的创建。

（2）练习类中字段与属性的使用。

（3）练习构造方法、普通方法及静态方法的使用。

2. 实训内容

编写 C#程序模拟 ATM 系统，实现查询余额、存款、取款及退出 4 项功能，效果如图 5-12 所示。

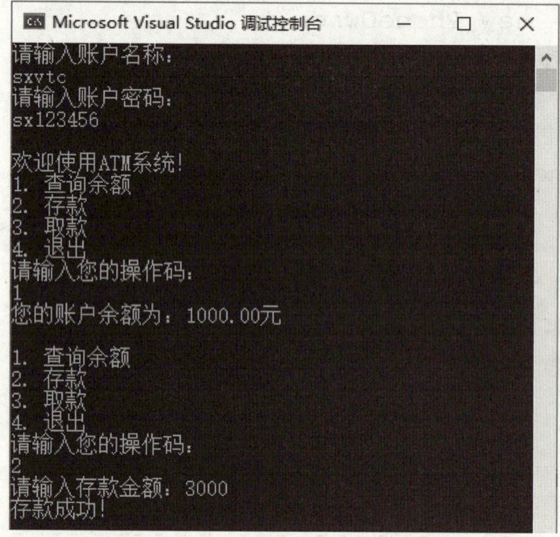

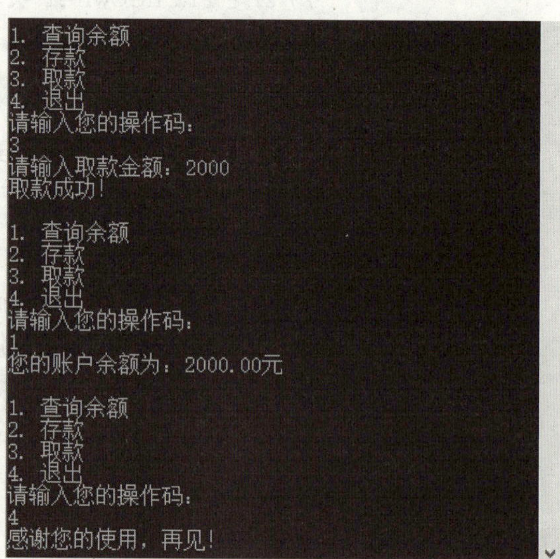

图 5-12　ATM 系统功能演示

3. 操作提示

（1）创建银行类 BankAccount，在类中添加账户名称、账户密码和账户余额 3 个字段，并分别为这 3 个字段定义读写属性。

（2）在 BankAccount 类中定义一个无参构造方法，用于为账户名称、账户密码和账户余额 3 个属性分别赋值“sxvtc”“sx123456”和“1000.00m”。

（3）在 BankAccount 类中定义两个普通方法，分别是实现存款功能的 Deposit()方法和实现取款功能的 Withdraw()方法，这两个方法均接收一个 decimal 类型的参数，并且均返回账户余额。需要注意的是，在这两个方法中需要对输入数据进行条件判断，防止出现存款金额为负数或取款金额大于账户余额的情况。

（4）在 BankAccount 类中定义实现查询并输出账户余额功能的 DisplayBalance()方法。

（5）在测试类的 Main()方法中首先提示用户输入账户名称和密码，然后判断输入的

账户名称和密码与 BankAccount 类中是否一致，如果一致则进入 ATM 系统，否则提示账户名称或密码错误，并退出 ATM 系统。

（6）进入 ATM 系统后，会显示系统提供的 4 项功能，同时提示用户输入操作码，如果操作码不为 4（4 对应的功能是退出），则调用 Process()方法，并传入 BankAccount 类对象和操作码两个参数；如果操作码为 4，则退出 ATM 系统。

（7）在测试类中定义静态的 Process()方法，该方法接收两个参数，分别是 BankAccount 类对象和用户输入的操作码，在方法体中使用 switch 语句根据操作码来调用存款、取款和查询并输出账户余额对应的方法。

项目考核

1. 选择题

（1）在 C#中，类的声明必须包含在（　　）之间。

A. 中括号[ ]　　B. 大括号{ }

C. 双引号" "　　D. 小括号( )

（2）下列关于 MyClass 类的声明，格式正确的是（　　）。

A. public class MyClass{...}

B. public void MyClass( ){...}

C. public class void MyClass{...}

D. public void MyClass{...}

（3）下列选项中，不能使用关键字 static 修饰的是（　　）。

A. 成员方法　　B. 字段

C. 局部变量　　D. 类

（4）在 C#中，（　　）时会调用构造方法。

A. 声明类　　B. 创建对象

C. 调用析构方法　　D. 使用对象的变量

（5）下列关于构造方法的说法，错误的是（　　）。

A. 构造方法名必须与类名相同

B. 构造方法名的前面没有返回值类型

C. 在构造方法体中不能使用 return 语句返回值

D. C#中不允许重写系统提供的默认构造方法

（6）下列关于关键字 this 的说法，错误的是（　　）。

A. 关键字 this 表示当前类对象的引用

B. 使用关键字 this 调用构造方法的格式为“: this([参数 1, 参数 2...])”

C. 在重载的构造方法中，不能使用关键字 this

D. 使用关键字 this 可以访问当前类的字段

（7）下列代码的运行结果是（　　）。

```
class Test
{
    public Test()
    {
        Console.Write("构造方法 1 被调用了！");
    }
    public Test(int x) : this()
    {
        Console.Write("构造方法 2 被调用了！");
    }
    public Test(bool b) : this(1)
    {
        Console.Write("构造方法 3 被调用了！");
    }
}
class Program
{
    static void Main(string[] args)
    {
        Test test = new Test(true);
    }
}
```

A．构造方法 2 被调用了！

B．构造方法 3 被调用了！

C．构造方法 2 被调用了！构造方法 3 被调用了！

D．构造方法 1 被调用了！构造方法 2 被调用了！构造方法 3 被调用了！

（8）要在下列 Program 类中访问字段 name，应使用语句（　　）。

```
class Student
{
    public static string name = "小明";
}
class Program
{
    static void Main(string[] args)
    {
        Student student = new Student();
    }
}
```

A．student.name　　　　B．Student.name

C．Program.name　　　　D．Student.student

2．填空题

（1）面向对象的三大特征是_______、_______和_______。

（2）在 C#中，使用关键字_______创建类的对象。

（3）______是对象的抽象。

（4）在 C#中，类的成员变量包括_______和_______。

（5）在 C#中，访问修饰符中具有最低访问级别的是________。

（6）使用关键字 static 修饰的方法称为_________，在类的外部调用静态方法的语法格式为“_________________________”。

3．判断题

（1）在 C#中，如果使用 private 修饰某个类成员变量，则该类成员变量不能在类的外部直接访问。（ ）

（2）在 C#中，每个类都会包含一个构造方法。（ ）

（3）在 C#中，可以使用构造方法为只读属性赋值。（ ）

（4）在 C#中，使用关键字 static 修饰的成员变量或方法可以通过对象来访问。（ ）

（5）在 C#中，不能手动调用析构方法。（ ）

4．程序题

（1）请按照以下要求，设计学生类 Student 并进行测试。

① Student 类中包含 grade（年级）、name（姓名）和 score（成绩）3 个字段。其中，grade 字段为静态字段，并为其赋值“高一”。

② 分别为 grade、name 和 score 字段定义 Grade、Name 和 Score 属性，其中 Grade 属性为只读属性，Name 和 Score 属性为读写属性。

③ 定义两个构造方法，其中一个是无参构造方法，另一个是接收两个参数的构造方法。

④ 在测试类的 Main()方法中访问 Grade 属性。

⑤ 在测试类的 Main()方法中调用不同的构造方法创建 Student 类对象，并分别为 Name 和 Score 属性赋值。

（2）分析下列代码能否编译通过，如果能通过，请列出运行结果，否则说明编译无法通过的原因并改正。

代码一：

```
class Test1
{
    public int i = 5;
}
class Program
{
    static void Main(string[] args)
    {
        Test1 test1 = new Test1();
        Console.WriteLine(test1.i++);
    }
}
```

代码二：

```
class Test2
{
    int x = 50;
    static int y = 200;
    public static void Method()
    {
        Console.WriteLine(x + y);
    }
}
class Program
{
    static void Main(string[] args)
    {
        Test2.Method();
    }
}
```

代码三：

```
class Test3
{
    private string name = "Test3";
    public void ShowName()
    {
        Console.WriteLine(name);
    }
}
class Program
{
    static void Main(string[] args)
    {
        Test3 test3 = new Test3();
        Console.WriteLine(test3.name);
    }
}
```

项目评价

完成所有学习任务之后，请同学们按照以下要求完成学习成果评价。

全班同学每 4 人一组，各组成员结合课前、课中和课后的学习情况，以及项目实训和项目考核情况，按照表 5-3 的评价标准对本项目的学习成果进行自评和互评（组内成员互相打分），然后配合指导教师完成师评及总评。

表 5-3　学习成果评价表

<table>
<tr><th rowspan="2">评价项目</th><th rowspan="2">评价内容</th><th rowspan="2">分值</th><th colspan="3">评价得分</th></tr>
<tr><th>自评</th><th>互评</th><th>师评</th></tr>
<tr><td rowspan="6">知识
（50%）</td><td>面向对象的概念和特征</td><td>5 分</td><td></td><td></td><td></td></tr>
<tr><td>类与对象的概念</td><td>5 分</td><td></td><td></td><td></td></tr>
<tr><td>类的声明与对象的创建方法</td><td>5 分</td><td></td><td></td><td></td></tr>
<tr><td>类的字段与属性的使用方法</td><td>10 分</td><td></td><td></td><td></td></tr>
<tr><td>C#中的修饰符</td><td>5 分</td><td></td><td></td><td></td></tr>
<tr><td>构造方法、析构方法、普通方法及静态方法的使用</td><td>20 分</td><td></td><td></td><td></td></tr>
<tr><td rowspan="2">能力
（30%）</td><td>使用 Visual Studio 2022 创建用于显示机主信息的类</td><td>15 分</td><td></td><td></td><td></td></tr>
<tr><td>利用类与对象的相关知识编写模拟手机拨打电话过程的 C#程序</td><td>15 分</td><td></td><td></td><td></td></tr>
<tr><td rowspan="2">素养
（20%）</td><td>培养批判性思维，养成独立思考问题的习惯</td><td>10 分</td><td></td><td></td><td></td></tr>
<tr><td>遵守道德规范和法律法规，提高数据安全方面的意识</td><td>10 分</td><td></td><td></td><td></td></tr>
<tr><td colspan="2">合计</td><td>100 分</td><td></td><td></td><td></td></tr>
<tr><td>总评</td><td>自评（20%）+互评（20%）+师评（60%）=</td><td>综合等级：</td><td colspan="3">教师（签名）：</td></tr>
</table>

注：综合等级可以“优”（总评得分≥90 分）、“良”（80 分≤总评得分<90 分）、“中”（60 分≤总评得分<80 分）、“差”（总评得分<60 分）为标准进行评价。

项目六 面向对象高级

项目目标

在面向对象编程的三大特征中，继承和多态是两个核心概念，它们共同构建了一个丰富而强大的编程框架。在实际编程中，通过继承和多态，能够创建出更加模块化的代码，进而有效提高程序的可重用性、可扩展性和灵活性。本项目主要介绍继承和多态的相关知识，包括继承的概念、继承的实现方式、base关键字，以及多态的概念、多态的实现方式等。通过本项目的学习，读者应达到以下目标。

知识目标

- 理解继承与多态的概念。
- 掌握继承的实现方式。
- 掌握base关键字的使用方法。
- 掌握虚方法与虚方法重写，以及抽象类与抽象方法的相关知识。
- 掌握接口的定义与实现方法。

能力目标

- 能够利用继承的相关知识编写模拟田忌赛马的C#程序。
- 能够利用接口编写实现不同支付方式的C#程序。

素质目标

- 关注前沿技术的研究方向和发展趋势，培养探索和创新精神，紧跟时代发展的步伐。
- 不断提高自己的专业技能，为今后走上工作岗位打下坚实基础。

任务一　模拟田忌赛马

任务描述

本任务将利用继承的相关知识编写一个模拟田忌赛马的 C#程序。在编写程序之前，先来学习一下继承的概念、基类与派生类、base 关键字的相关知识。

一、继承的概念

继承是面向对象编程中的一个重要概念。它是指一个新类可以从现有的类派生而来，也就是允许开发人员在已有类的基础上创建另一个类。通过继承可以提高代码的重用性，节省开发时间，让应用程序的开发和维护变得更加简单。

图 6-1 展示了 4 个层次的继承关系。其中，最顶层的交通工具是最基础的类，它派生出了车类、飞机类和船类；车类又派生出了自行车类、摩托车类、汽车类和火车类；汽车类又派生出了轿车类、卡车类和巴士类。

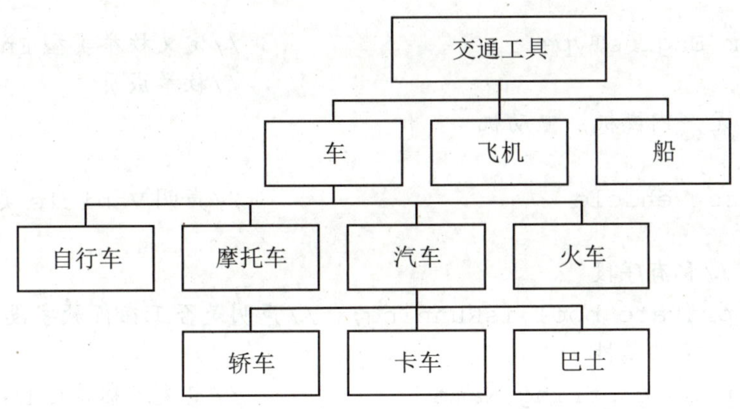

图 6-1　继承关系层次示意图

二、基类与派生类

通过继承已有类而产生的新类称为派生类（或子类），被继承的类称为基类（或父类）。在 C#中，派生类对基类的继承是使用冒号“:”实现的，具体语法格式如下。

```
[修饰符] class 派生类的类名 : 基类的类名
{
    派生类成员
}
```

当一个类由另一个类派生而来时，派生类就继承了基类中允许访问的所有成员，包括字段、属性和方法，因此在基类中定义的成员不需要在派生类中重新定义。但是，派生类可以对继承的字段或属性重新赋值，也可以重写某些方法，还可以添加基类没有的成员。

在使用继承时，需要注意以下几点。

（1）在C#中，类的继承仅支持单继承，即一个类只能有一个基类，但是允许一个基类有多个派生类。

（2）继承是可以传递的。如果C类继承自B类，B类继承自A类，那么C类不但继承了B类中允许访问的成员，还继承了A类中允许访问的成员。

（3）派生类不能继承基类的私有成员。

（4）密封类（使用关键字sealed修饰的类）不能被继承。

【实例6-1】 创建Vehicle类（车类），然后创建Car类（汽车类）继承自Vehicle类。

【思路分析】 Vehicle类包含是否正在行驶的私有字段，名称、引擎类型、最高时速3个公共属性，用于输出车辆信息（包括名称、引擎类型、最高时速和当前时速）的公共PrintInfo()方法，以及用于确保速度不会超过最高时速的私有SetSpeed()方法；Car类在Vehicle类的基础上增加了一个无参构造方法。

【参考代码】

Vehicle.cs文件中的代码如下。

```
namespace example6_1
{
    enum EngineType                              //定义枚举类型EngineType
    {                                            //枚举成员
        无，内燃机，电动机
    }
    class Vehicle                                //声明Vehicle类
    {
        //私有字段
        private bool isRunning;   //声明是否正在行驶字段isRunning
        //公共属性
        public string Name                       //定义名称属性Name
        { get; set; }
        public EngineType Engine                 //定义引擎类型属性Engine
        { get; set; }
        public int MaxSpeed                      //定义最高时速属性MaxSpeed
        { get; set; }
        //公共方法，用于输出车辆信息
        public void PrintInfo(float velocity)
        {
            Console.WriteLine("当前车辆信息如下：\n名称：{0}\n引擎
类型：{1}\n最高时速：{2} km/h", Name, Engine, MaxSpeed);
```

```
            Console.WriteLine(" 当 前 时 速 为 {0}  km/h",
SetSpeed(velocity));
        }
        /// <summary>
        /// 私有方法，用于确保速度不会超过最高时速
        /// </summary>
        /// <param name="velocity">当前速度</param>
        /// <returns>返回当前速度</returns>
        private float SetSpeed(float velocity)
        {
            if (velocity > MaxSpeed)//当 velocity 大于 MaxSpeed 时
            {
                return MaxSpeed;       //返回变量 MaxSpeed
            }
            return velocity;           //返回变量 velocity
        }
    }
}
```

提 示

此处未显式给出字段，使用的是自动实现的属性，代码执行时会自动为这些属性创建私有且匿名的字段。

Car 类继承自 Vehicle 类，Car.cs 文件中的代码如下。

```
namespace example6_1
{
    class Car : Vehicle                //声明派生类 Car 类
    {
        public Car()                   //无参构造方法
        {
            //直接为 Vehicle 类的属性赋值
            Name = "汽车";
            Engine = EngineType.内燃机;
            MaxSpeed = 120;
        }
    }
}
```

Program.cs 文件中的代码如下。

```
namespace example6_1
{
    class Program
    {
        static void Main(string[] args)
```

```
            {
                Car car = new Car();        //创建Car类对象car
                //对象car直接调用Vehicle类的公共方法
                car.PrintInfo(45);
            }
        }
    }
```

【运行结果】 程序运行结果如图 6-2 所示。

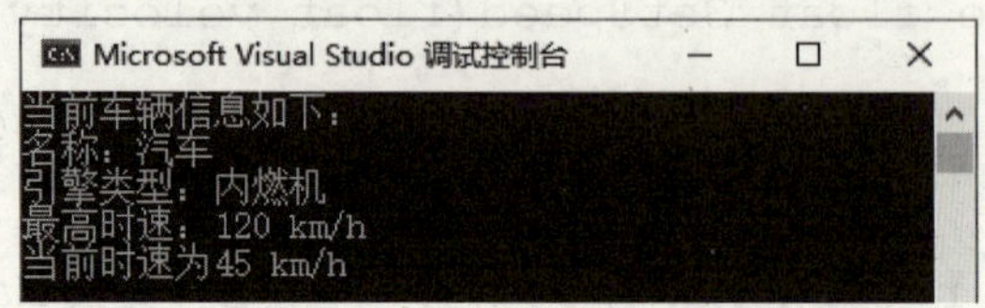

图 6-2 实例 6-1 运行结果

上述代码中，Car 类继承自 Vehicle 类，所以 Car 类可直接使用 Vehicle 类中用 public 修饰的属性和方法，但是不能使用 Vehicle 类中用 private 修饰的字段和方法。

【实例 6-2】 在实例 6-1 的基础上创建 Bus 类（巴士类）继承自 Car 类。

【思路分析】 首先，Vehicle 类保持不变。然后，为 Car 类添加属性 MaxPassager（最大载客量）和 MaxWeight（最大载重量），这两个属性都使用关键字 protected 修饰，并在 Car 类中定义公共的 PrintInfo()方法，用于输出车辆的名称、引擎类型、最高时速、最大载客量和最大载重量信息。

【参考代码】

Car.cs 文件中的代码如下。

```
namespace example6_2
{
    class Car : Vehicle             //声明派生类Car类
    {
        protected int MaxPassager //定义最大载客量属性MaxPassager
        { get; set; }
        protected float MaxWeight  //定义最大载重量属性MaxWeight
        { get; set; }
        public Car()                //无参构造方法
        {
            //直接为Vehicle类的属性赋值
            Name = "汽车";
            Engine = EngineType.内燃机;
            MaxSpeed = 120;
        }
        //公共方法，用于输出车辆信息
        public void PrintInfo()
```

```
            {
                Console.WriteLine("当前车辆信息如下：\n名称：{0}\n引擎类型：{1}\n最高时速：{2} km/h", Name, Engine, MaxSpeed);
                Console.WriteLine("当前车辆的最大载客量：{0}人\n当前车辆的最大载重量：{1} t\n", MaxPassager, MaxWeight);
            }
        }
    }
```

Bus 类继承自 Car 类，Bus.cs 文件中的代码如下。

```
namespace example6_2
{
    class Bus : Car                                    //声明派生类Bus类
    {
        //构造方法
        public Bus(int passager, float weight)
        {
            Name = "巴士";
            Engine = EngineType.内燃机;
            MaxSpeed = 120;
            MaxPassager = passager;
            MaxWeight = weight;
        }
    }
}
```

Program.cs 文件中的代码如下。

```
namespace example6_2
{
    class Program
    {
        static void Main(string[] args)
        {
            Bus bus = new Bus(50, 1.5f);       //创建Bus类对象bus
            //bus对象直接调用Car类的公共方法
            bus.PrintInfo();
        }
    }
}
```

【运行结果】　程序运行结果如图 6-3 所示。

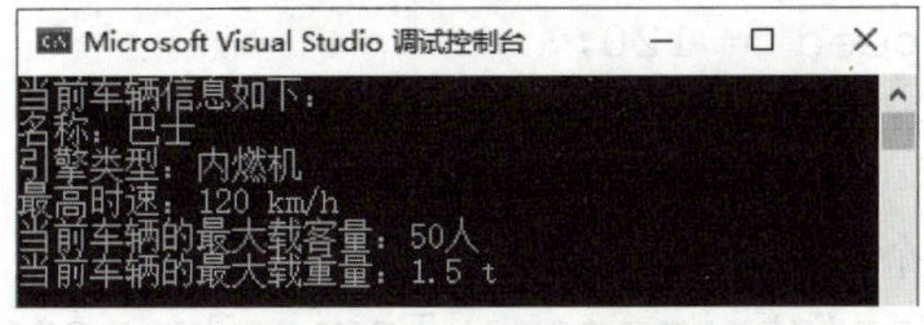

图 6-3　实例 6-2 运行结果

上述代码中，Car 类中的 MaxPassager 和 MaxWeight 属性均使用 protected 修饰，在 Car 类派生的 Bus 类中可以直接访问和使用这类属性，表明 protected 修饰的成员可以被继承，但是不能在其他类（如 Program 类）中访问 protected 修饰的成员。

三、base 关键字

C#中的 base 关键字表示基类，它在继承中起到了非常重要的作用，可以简化派生类调用基类的普通方法和构造方法的代码。

使用 base 关键字调用基类中普通方法的语法格式如下。

```
base.普通方法名([参数列表]);
```

使用 base 关键字调用基类中构造方法的语法格式如下。

```
派生类的构造方法 : base([参数列表])
{
    派生类的构造方法体
}
```

需要注意的是，如果调用的基类构造方法带有参数，那么“base([参数列表])”中不需要再指定参数的类型，因为在派生类构造方法中已经定义了这些参数，所以只需指定变量名即可。此外，派生类构造方法在调用基类构造方法时，前者的参数数量必须大于等于后者的参数数量。

【实例 6-3】 在 Bus 类中使用 base 关键字调用 Car 类的构造方法。

【思路分析】 首先对 Car 类中原有的无参构造方法进行修改，然后在 Car 类中添加一个带有 3 个参数的构造方法，最后在 Bus 类中使用 base 关键字分别调用 Car 类的两个构造方法。

【参考代码】

Car.cs 文件中的代码如下。

```
namespace example6_3
{
    class Car : Vehicle                              //声明派生类 Car 类
    {
        /*此处省略了 MaxPassager 属性、MaxWeight 属性及 PrintInfo()
方法的相关代码，具体可参考实例 6-2*/
        public Car()                                 //无参构造方法
        {
            Name = "汽车";
            Engine = EngineType.内燃机;
            MaxSpeed = 120;
            Console.WriteLine("调用基类的无参构造方法");
        }
        //带有 3 个参数的构造方法
        public Car(string name, EngineType engine, int maxSpeed)
```

```
            {
                Name = name;
                Engine = engine;
                MaxSpeed = maxSpeed;
                Console.WriteLine("调用基类带有 3 个参数的构造方法");
            }
        }
    }
```

Bus.cs 文件中的代码如下。

```
namespace example6_3
{
    class Bus : Car                         //声明派生类Bus 类
    {
        public Bus() : base()               //调用 Car 类的无参构造方法
        {
            Name = "巴士";
            Engine = EngineType.电动机;
            MaxSpeed = 110;
            MaxPassager = 45;
            MaxWeight = 1.3f;
        }
        //调用 Car 类带有 3 个参数的构造方法
        public Bus(string name, EngineType engine, int maxSpeed,
int maxPassager, float maxWeight) : base(name, engine, maxSpeed)
        {
            MaxPassager = maxPassager;
            MaxWeight = maxWeight;
        }
    }
}
```

Program.cs 文件中的代码如下。

```
namespace example6_3
{
    class Program
    {
        static void Main(string[] args)
        {
            Bus bus1 = new Bus(); //创建 Bus 类对象 bus1
            bus1.PrintInfo();
            //创建 Bus 类对象 bus2
            Bus bus2 = new Bus("巴士", EngineType.内燃机, 100, 50,
1.5f);
            bus2.PrintInfo();
        }
    }
}
```

【运行结果】 程序运行结果如图 6-4 所示。

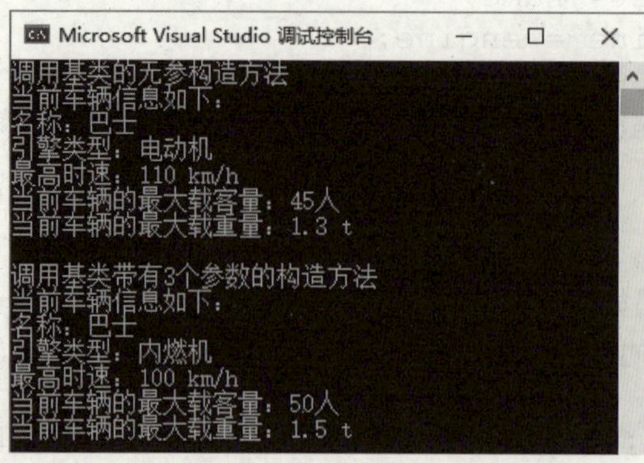

图 6-4 实例 6-3 运行结果

上述代码中，Bus 类的构造方法使用 base 关键字调用 Car 类的构造方法，所以只需对 MaxPassager 和 MaxWeight 两个属性进行初始化，无须再次对 Name、Engine 和 MaxSpeed 3 个属性进行初始化。

使用 base 关键字访问基类成员只能在构造方法、普通方法和属性访问器中进行，在静态方法中使用 base 关键字会出现错误。

任务实施

本任务实施利用继承的相关知识创建一个模拟田忌赛马的 C#控制台应用程序。首先创建一个 Horse 类，包含主人、颜色、血统类型 3 个公共属性，以及带有 3 个参数的构造方法；然后创建一个 RacingHorse 类继承自 Horse 类，并为 RacingHorse 类添加能力值和等级两个公共属性、带有 3 个参数的构造方法，以及比赛方法 Compete()；最后在 Program.cs 文件的 Main()方法中创建相应的对象模拟田忌赛马过程。

模拟田忌赛马

其中，马匹的能力值和等级对应关系如表 6-1 所示。

表 6-1 马匹的能力值和等级对应关系

能力值	等级
能力值>=90	上等马
80<=能力值<90	中等马
能力值<80	下等马

参考代码

Horse.cs 文件中的代码如下。

```
namespace ch6_1
{
    enum BloodType                              //定义枚举类型 BloodType
    {                                           //枚举成员
        COLD, HOT, WARM,
    }
    class Horse                                 //声明 Horse 类
    {
        //属性
        public string Host                      //定义主人属性 Host
        { get; set; }
        public string Color                     //定义颜色属性 Color
        { get; set; }
        protected BloodType Blood               //定义血统类型属性 Blood
        { get; set; }
        //带有 3 个参数的构造方法
        public Horse(string host, string color, BloodType blood)
        {
            Host = host;
            Color = color;
            Blood = blood;
        }
    }
}
```

RacingHorse 类继承自 Horse 类，RacingHorse.cs 文件中的代码如下。

```
namespace ch6_1
{
    class RacingHorse : Horse                   //声明派生类 RacingHorse 类
    {
        public int Ability                      //定义能力值属性 Ability
        { get; set; }
        public string Grade                     //定义等级属性 Grade
        {
            get
            {
                if (Ability >= 90)
                {
                    return "上等马";
                }
                else if (Ability >= 80)
```

```
                {
                    return "中等马";
                }
                else
                {
                    return "下等马";
                }
            }
        }
        //使用 base 关键字调用 Horse 类带有 3 个参数的构造方法
        public RacingHorse(string host, string color, BloodType
blood, int ability) : base(host, color, blood)
        {
            Ability = ability;
        }
        //比赛方法
        public void Compete(RacingHorse otherHorse)
        {
            Console.WriteLine("齐威王方马匹的信息\n 主人:{0}    颜色:{1}
血统类型:{2}    能力值:{3}    等级:{4}",otherHorse.Host,otherHorse.Color,
otherHorse.Blood, otherHorse.Ability, otherHorse.Grade);
            Console.WriteLine("田忌方马匹的信息\n 主人: {0}    颜色: {1}
血统类型: {2}    能力值: {3}    等级: {4}", Host, Color, Blood, Ability,
Grade);
            if (Ability > otherHorse.Ability)
            {
                Console.WriteLine("田忌方胜利");
            }
            else
            {
                Console.WriteLine("齐威王方胜利");
            }
            Console.WriteLine();
        }
    }
}
```

Program.cs 文件中的代码如下。

```
namespace ch6_1
{
    class Program
    {
        static void Main(string[] args)
        {
            //创建 6 个 RacingHorse 类对象
```

```
            RacingHorse tjHorse1 = new RacingHorse("田忌", "白色", BloodType.HOT, 95);
            RacingHorse tjHorse2 = new RacingHorse("田忌", "棕色", BloodType.WARM, 85);
            RacingHorse tjHorse3 = new RacingHorse("田忌", "黑色", BloodType.COLD, 75);
            RacingHorse qwwHorse1 = new RacingHorse("齐威王", "棕色", BloodType.HOT, 96);
            RacingHorse qwwHorse2 = new RacingHorse("齐威王", "黑色", BloodType.WARM, 86);
            RacingHorse qwwHorse3 = new RacingHorse("齐威王", "白色", BloodType.COLD, 76);
            //模拟田忌赛马过程
            tjHorse3.Compete(qwwHorse1);
            tjHorse1.Compete(qwwHorse2);
            tjHorse2.Compete(qwwHorse3);
        }
    }
}
```

运行结果

程序运行结果如图 6-5 所示。

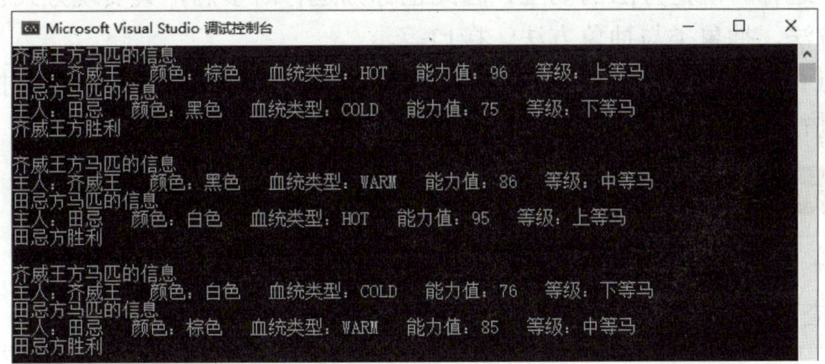

图 6-5　运行结果

任务二　实现不同的支付方式

任务描述

本任务将利用接口编写一个实现不同支付方式的 C#程序。在编写程序之前，先来学习一下多态的概念、虚方法与虚方法重写、抽象类与抽象方法，以及接口的相关知识。

一、多态的概念

多态是面向对象编程中另一个重要概念。它是指当同一个操作作用于不同对象时，会产生不同的结果。在面向对象编程中，多态往往表现为“一个接口，多个功能”。例如，将每种动物当成一个对象，它们都有一个“叫”的行为，但是不同动物的叫声是不同的，如图 6-6 所示。

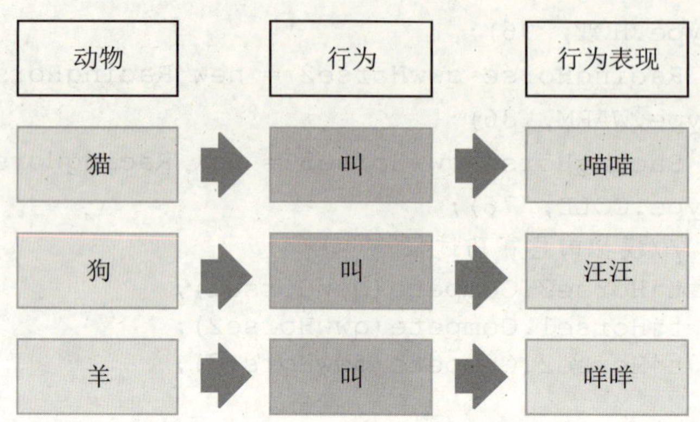

图 6-6 多态示意图

多态分为两种，一种是静态多态，另一种是动态多态。静态多态是在程序编译时确定方法的响应，因此也称为编译时多态，其实现方式包括方法的重载和运算符的重载。动态多态是在程序运行时确定方法的响应，因此也称为运行时多态，其实现方式包括派生类重写基类的虚方法、抽象类与抽象方法、接口等。

本节重点介绍动态多态及实现方式，因此下面对虚方法与虚方法重写、抽象类与抽象方法、接口进行介绍。

方法的重载已在项目四中进行讲解。本书不对运算符的重载进行介绍，感兴趣的读者可以自行查阅相关资料。

二、虚方法与虚方法重写

在使用方法的重载实现多态时，需要保证两个同名方法的参数不同，但如果使用虚方法与虚方法重写实现多态，则没有该限制。

在 C#中，使用关键字 virtual 声明的方法称为虚方法。定义虚方法的语法格式如下。

```
访问修饰符 virtual 返回值类型 方法名([参数列表])
{
    方法体
}
```

如果将基类中的某个方法定义为虚方法，则可以在派生类中使用关键字 override 重写该虚方法。重写虚方法的语法格式如下。

```
访问修饰符 override 返回值类型 方法名([参数列表])
{
    方法体
}
```

提 示

虚方法不能是私有的，所以虚方法的访问修饰符不能为 private。如果派生类未重写基类中的虚方法，则调用的是基类中的方法。在实际开发中，通常会使用基类中的虚方法实现通用功能，然后在派生类中重写该虚方法实现各自特有的功能，并使用 base 关键字调用基类中的虚方法实现通用功能。

【实例 6-4】 利用虚方法与虚方法重写绘制等边三角形和矩形。

【思路分析】 首先创建 Shape 类，并在类中定义虚方法 Draw()，然后创建 Triangle 类和 Rectangle 类继承自 Shape 类，并重写 Shape 类中的虚方法，分别用于绘制等边三角形和矩形。

【参考代码】

Shape.cs 文件中的代码如下。

```
namespace example6_4
{
    class Shape
    {
        public virtual void Draw()      //定义虚方法 Draw()
        {
            Console.WriteLine("Shape 类的虚方法 Draw()");
        }
    }
}
```

Triangle.cs 文件中的代码如下。

```
namespace example6_4
{
    class Triangle : Shape              //声明派生类 Triangle 类
    {
        public int Length               //定义表示边长的属性 Length
        { get; set; }
        public Triangle(int length)     //带有 1 个参数的构造方法
        {
            Length = length;
        }
        public override void Draw()     //重写虚方法 Draw()
```

```
        {
            Console.WriteLine("绘制边长为{0}的等边三角形：",
Length);
            //外循环控制行数，变量 i 表示行
            for (int i = 1; i <= Length; i++)
            {
                //内循环，输出空格
                for (int j = 1; j <= Length - i; j++)
                {
                    Console.Write(" ");           //输出 1 个空格
                }
                //内循环，输出星号和空格
                for (int k = 1; k <= i; k++)
                {
                    Console.Write("* ");     //输出 1 个星号和 1 个空格
                }
                Console.WriteLine();          //换行
            }
        }
    }
}
```

Rectangle.cs 文件中的代码如下。

```
namespace example6_4
{
    class Rectangle : Shape              //声明派生类 Rectangle 类
    {
        public int Length                //定义表示长的属性 Length
        { get; set; }
        public int Width                 //定义表示宽的属性 Width
        { get; set; }
        //带有两个参数的构造方法
        public Rectangle(int length, int width)
        {
            Length = length;
            Width = width;
        }
        public override void Draw()   //重写虚方法 Draw()
        {
            Console.WriteLine("绘制长为{0}、宽为{1}的矩形：",
Length, Width);
            //外循环控制行数，变量 row 表示行
            for (int row = 0; row < Width; row++)
            {
```

```
                //内循环控制列数，变量 col 表示列
                for (int col = 0; col < Length; col++)
                {
                    Console.Write("* ");    //输出 1 个星号和 1 个空格
                }
                Console.WriteLine();        //换行
            }
        }
    }
}
```

Program.cs 文件中的代码如下。

```
namespace example6_4
{
    class Program
    {
        static void Main(string[] args)
        {
            Shape shape = new Shape();      //创建 Shape 类对象 shape
            shape.Draw();                   //调用 Draw() 方法
            //使用 Shape 类型的变量 shape1 引用 Triangle 类对象
            Shape shape1 = new Triangle(6);
            shape1.Draw();              //调用 Draw() 方法绘制等边三角形
            //使用 Shape 类型的变量 shape2 引用 Rectangle 类对象
            Shape shape2 = new Rectangle(6, 5);
            shape2.Draw();              //调用 Draw() 方法绘制矩形
        }
    }
}
```

【运行结果】　程序运行结果如图 6-7 所示。

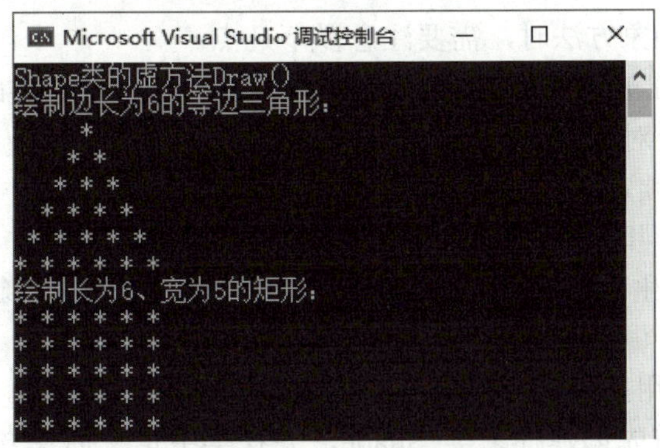

图 6-7　实例 6-4 运行结果

从上述实例可以看出，变量 shape 引用的是 Shape 类对象，调用的是 Shape 类中的 Draw() 方法；变量 shape1 引用的是 Triangle 类对象，调用的是 Triangle 类中重写的 Draw()方法，

即绘制等边三角形；变量 shape2 引用的是 Rectangle 类对象，调用的是 Rectangle 类中重写的 Draw()方法，即绘制矩形。

> 在 C#中，通过基类类型的变量引用派生类对象，这样会根据被引用对象的特征调用相应的方法，从而产生不同的结果。如果直接通过派生类对象调用重写的方法，则体现不出多态的特征。

三、抽象类与抽象方法

抽象类即为类的抽象，它不与具体的事物相联系，仅用于为其派生类提供一个通用模板。在抽象类中可以定义抽象方法，也可以定义虚方法等非抽象方法。通常情况下，抽象类会被多个派生类继承，其抽象方法或虚方法在派生类中可以有多种实现方式，这也体现了多态的特征。

在 C#中，使用关键字 abstract 修饰的类称为抽象类。声明抽象类的语法格式如下。

```
[访问修饰符] abstract class 类名
{
    类成员
}
```

其中，abstract 关键字也可以放在访问修饰符的前面。

在实例 6-4 中，Shape 类的 Draw()方法是包含方法体的，如果该方法无须包含方法体，就可以使用抽象方法来表示。抽象方法使用关键字 abstract 修饰，并且没有方法体。定义抽象方法的语法格式如下。

```
[访问修饰符] abstract 返回值类型 方法名([参数列表]);
```

其中，abstract 关键字也可以放在访问修饰符的前面。需要注意的是，抽象方法后面的分号“;”必须保留。

在使用抽象类和抽象方法时，需要注意以下几点。

（1）抽象类是不能被实例化的，也就是不能使用“new 抽象类的类名()”来创建对象，但是可以引用其派生类对象。

（2）抽象方法必须定义在抽象类中，但是抽象类中的方法不一定是抽象方法。

（3）抽象类不能同时是密封类，因为密封类不能被继承。

（4）抽象类的派生类必须重写抽象类中所有的抽象方法，除非派生类本身也是抽象类。

【实例 6-5】 使用抽象类与抽象方法绘制等边三角形和矩形。

【思路分析】 首先创建抽象类 Shape，并在类中定义抽象方法 Draw()，然后创建 Triangle 类和 Rectangle 类继承自 Shape 类，并重写 Shape 类的抽象方法，分别用于绘制等边三角形和矩形。

【参考代码】

Shape.cs 文件中的代码如下。

```
namespace example6_5
{
    public abstract class Shape          //声明抽象类 Shape 类
    {
        public abstract void Draw(); //定义抽象方法 Draw()
    }
}
```

Triangle.cs 文件中的代码如下。

```
namespace example6_5
{
    class Triangle : Shape               //声明派生类 Triangle 类
    {
        public int Length                //定义表示边长的属性 Length
        { get; set; }
        public Triangle(int length)      //带有 1 个参数的构造方法
        {
            Length = length;
        }
        public override void Draw()      //重写抽象方法 Draw()
        {
            Console.WriteLine("绘制边长为{0}的等边三角形：",
Length);
            //外循环控制行数，变量 i 表示行
            for (int i = 1; i <= Length; i++)
            {
                //内循环，输出空格
                for (int j = 1; j <= Length - i; j++)
                {
                    Console.Write(" ");//输出 1 个空格
                }
                //内循环，输出星号和空格
                for (int k = 1; k <= i; k++)
                {
                    Console.Write("* "); //输出 1 个星号和 1 个空格
                }
                Console.WriteLine();    //换行
            }
        }
    }
}
```

Rectangle.cs 文件中的代码如下。

```
namespace example6_5
{
    class Rectangle : Shape                 //声明派生类 Rectangle 类
    {
        public int Length                   //定义表示长的属性 Length
        { get; set; }
        public int Width                    //定义表示宽的属性 Width
        { get; set; }
        //带有两个参数的构造方法
        public Rectangle(int length, int width)
        {
            Length = length;
            Width = width;
        }
        public override void Draw()   //重写抽象方法 Draw()
        {
            Console.WriteLine("绘制长为{0}、宽为{1}的矩形：",
Length, Width);
            //外循环控制行数，变量 row 表示行
            for (int row = 0; row < Width; row++)
            {
                //内循环控制列数，变量 col 表示列
                for (int col = 0; col < Length; col++)
                {
                    Console.Write("* ");//输出 1 个星号和 1 个空格
                }
                Console.WriteLine();   //换行
            }
        }
    }
}
```

Program.cs 文件中的代码如下。

```
namespace example6_5
{
    class Program
    {
        static void Main(string[] args)
        {
            //使用 Shape 类型的变量 shape1 引用 Triangle 类对象
            Shape shape1 = new Triangle(6);
            shape1.Draw();             //调用 Draw()方法绘制等边三角形
            //使用 Shape 类型的变量 shape2 引用 Rectangle 类对象
```

```
            Shape shape2 = new Rectangle(6, 5);
            shape2.Draw();              //调用 Draw()方法绘制矩形
        }
    }
}
```

【运行结果】　程序运行结果如图 6-8 所示。

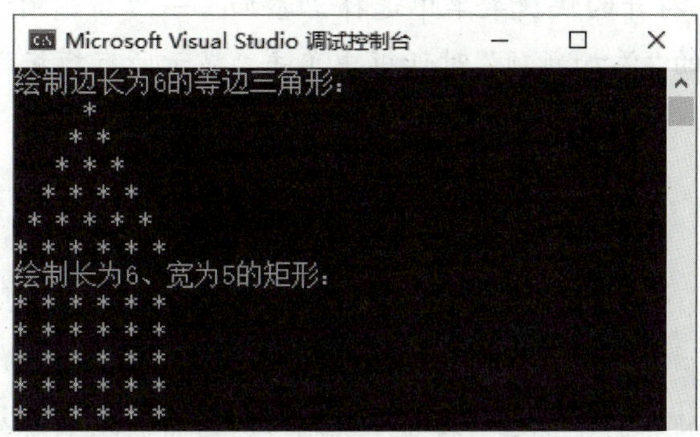

图 6-8　实例 6-5 运行结果

从上述实例可以看出，变量 shape1 引用的是 Triangle 类对象，调用的是 Triangle 类中重写的抽象方法 Draw()，即绘制等边三角形；变量 shape2 引用的是 Rectangle 类对象，调用的是 Rectangle 类中重写的抽象方法 Draw()，即绘制矩形。

四、接口

日常生活中，计算机上的 USB 接口可以用来连接鼠标、键盘、U 盘等不同的设备，所有连接 USB 接口的设备都必须遵循 USB 接口的规范。与此类似，C#中的接口也会定义一种规范，不同的类要实现某一接口，必须遵循该接口的规范。

1. 接口的定义

定义接口时，需要使用关键字 interface 声明，一般语法格式如下。

```
[访问修饰符] interface 接口名
{
    接口成员
}
```

其中，接口默认使用 internal 访问修饰符；接口名通常由字母“I”开头。

在定义接口时，需要注意以下几点。

（1）接口中不能定义字段，可以包含方法、属性、事件等成员。

（2）接口成员的修饰符默认为 public。

（3）接口成员不允许使用 static、virtual、sealed 修饰符。

（4）接口中定义的方法不能包含方法体。

（5）接口不能直接被实例化。

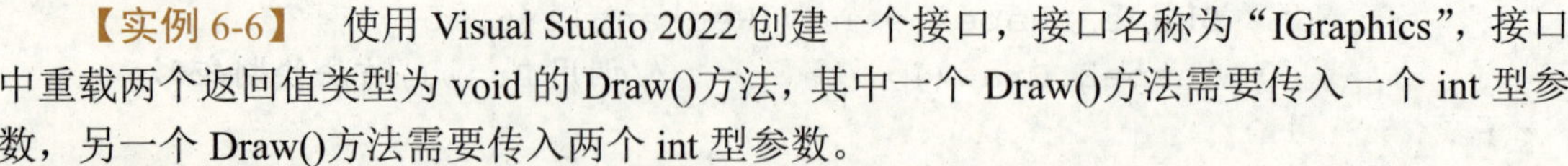

【实例 6-6】 使用 Visual Studio 2022 创建一个接口，接口名称为“IGraphics”，接口中重载两个返回值类型为 void 的 Draw()方法，其中一个 Draw()方法需要传入一个 int 型参数，另一个 Draw()方法需要传入两个 int 型参数。

【参考步骤】

步骤 1 创建一个名称为“example6_6”的 C#项目，然后在解决方案资源管理器窗口中右击项目名称，在打开的快捷菜单中选择“添加”→“新建项”选项。

步骤 2 在打开的“添加新项”对话框中单击“显示所有模板”按钮，如图 6-9 所示。

图 6-9 单击“显示所有模板”按钮

步骤 3 在打开的界面中选择“接口”选项，然后将新项名称修改为“IGraphics.cs”，最后单击“添加”按钮，如图 6-10 所示。

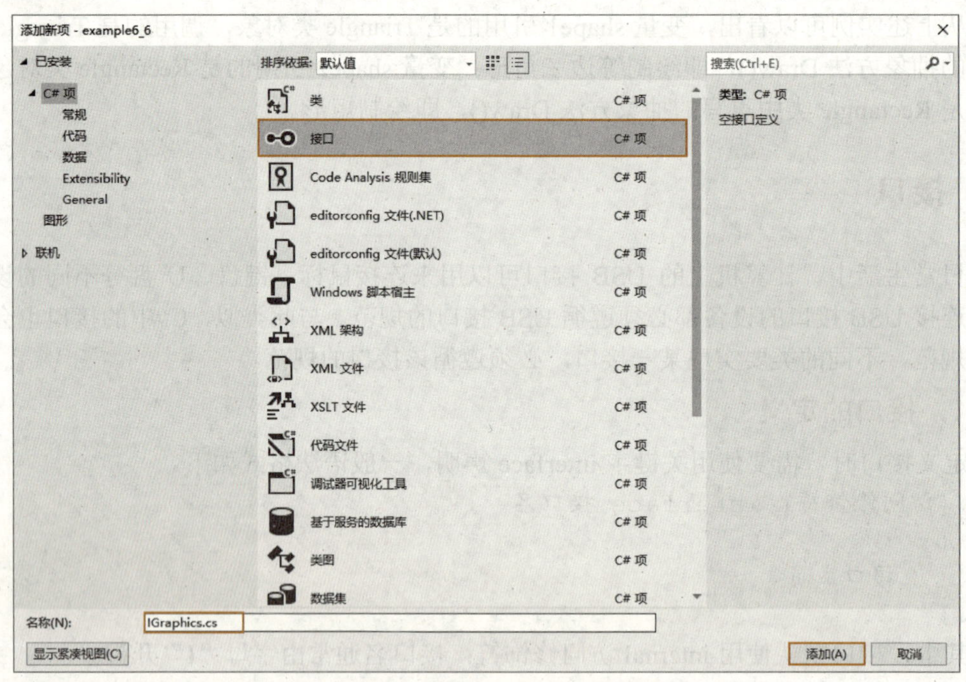

图 6-10 命名并添加新项

步骤 4 解决方案资源管理器窗口中会自动添加一个名为“IGraphics.cs”的文件，并且代码编辑窗口中会打开该文件并显示其中的代码，如图 6-11 所示。从中可以看到，IGraphics.cs 文件自动生成了接口定义的基本代码。

图 6-11　创建的 IGraphics 接口

步骤 5　在 IGraphics 接口中定义两个参数不同的 Draw()方法，代码如下。

```
interface IGraphics
{
    void Draw(int length);
    void Draw(int length, int width);
}
```

提　示

通过上述代码即可定义 IGraphics 接口，但由于接口中的方法并没有具体的实现代码，所以直接调用接口中的方法没有任何意义。

2. 接口的实现

接口的实现就是在类中实现接口的成员。通常情况下，一个接口会被多个类实现，这就体现了多态的特征。此外，一个类能同时实现多个接口，还能在实现接口的同时再继承其他类，并且接口之间也可以继承。

无论是类之间的继承、类实现接口，还是接口之间的继承，都使用冒号“:”来表示。实现接口的语法格式如下。

```
[修饰符] class 类名 : 接口名
{
    类成员及接口成员
}
```

需要注意的是，在类中实现接口时，必须将接口中的所有成员都实现，否则必须将该类声明为抽象类。

实现接口成员的方式有两种，一种是隐式实现，另一种是显式实现。隐式实现是指使用与接口成员相同的成员名称来实现；显式实现是指使用接口名作为前缀来指定要实现的接口成员，这样可以区分不同接口中具有相同名称的成员。需要注意的是，采用显式实现接口的方式时，接口成员不能使用访问修饰符。

【实例 6-7】 在实例 6-6 的基础上创建 Triangle 类和 Rectangle 类实现 IGraphics 接口。

【思路分析】 Triangle 类隐式实现 IGraphics 接口，Rectangle 类显式实现 IGraphics 接口。

【参考代码】

Triangle.cs 文件中的代码如下。

```
namespace example6_7
{
    class Triangle : IGraphics
    {
        public void Draw(int length)//隐式实现接口中的Draw()方法
        {
            Console.WriteLine("绘制边长为{0}的等边三角形：",
length);
            //外循环控制行数，变量i表示行
            for (int i = 1; i <= length; i++)
            {
                //内循环，输出空格
                for (int j = 1; j <= length - i; j++)
                {
                    Console.Write(" ");     //输出1个空格
                }
                //内循环，输出星号和空格
                for (int k = 1; k <= i; k++)
                {
                    Console.Write("* ");   //输出1个星号和1个空格
                }
                Console.WriteLine();       //换行
            }
        }
        public void Draw(int length, int width)
        {
            Console.WriteLine("Triangle类中不使用该方法！");
        }
    }
}
```

Rectangle.cs 文件中的代码如下。

```
namespace example6_7
{
    class Rectangle : IGraphics
    {
        //显式实现接口中的Draw()方法
        void IGraphics.Draw(int length, int width)
        {
            Console.WriteLine("绘制长为{0}、宽为{1}的矩形：",
length, width);
            //外循环控制行数，变量row表示行
```

```
            for (int row = 0; row < width; row++)
            {
                //内循环控制列数，变量 col 表示列
                for (int col = 0; col < length; col++)
                {
                    Console.Write("* ");    //输出 1 个星号和 1 个空格
                }
                Console.WriteLine();        //换行
            }
        }
        void IGraphics.Draw(int length)
        {
            Console.WriteLine("Rectangle 类中不使用该方法！");
        }
    }
}
```

Program.cs 文件中的代码如下。

```
namespace example6_7
{
    class Program
    {
        static void Main(string[] args)
        {
            //使用 IGraphics 类型的变量 triangle 引用 Triangle 类对象
            IGraphics triangle = new Triangle();
            triangle.Draw(6);          //调用 Draw()方法绘制等边三角形
           //使用 IGraphics 类型的变量 rectangle 引用 Rectangle 类对象
            IGraphics rectangle = new Rectangle();
            rectangle.Draw(6, 5);   //调用 Draw()方法绘制矩形
        }
    }
}
```

【运行结果】　程序运行结果与实例 6-6 一致。

从上述实例可以看出，Triangle 类和 Rectangle 类在实现接口时，必须将接口中的所有 Draw()方法都实现。在隐式实现接口中的 Draw()方法时，方法前须添加 public 访问修饰符；在显式实现接口中的 Draw()方法时，方法前使用了接口名 IGraphics 作为前缀，并且不加任何修饰符。

在 C#中，当一个类隐式实现接口时，无论是通过类的实例还是通过接口的引用，都可以访问接口中的成员；而当一个类显式实现接口时，只能通过接口的引用来访问接口中的成员。

任务实施

某公司计划采购一批办公用品，包括打印机、显示器、商务笔记本和中性笔。通过对比线上和线下相同商品的价格，发现打印机和显示器在线上购买比较划算，商务笔记本和中性笔在线下购买比较划算。同时，该公司线上结算采用的是信用卡支付，线下结算采用的是现金支付。最终，给出采购清单如表 6-2 所示。

表 6-2　采购清单

办公用品	价格（元/个）	个数	支付方式
打印机	699.00	3	信用卡支付（线上购买）
显示器	1 199.00	4	
商务笔记本	9.90	20	现金支付（线下购买）
中性笔	3.50	30	

根据上述需求，可使用接口来实现不同的支付方式。首先创建一个支付接口 IPayment，在其中定义用于显示支付信息的 PrintInfo()方法和用于计算支付金额的 ProcessPayment()方法；然后创建信用卡支付类 CreditCardPayment 和现金支付类 CashPayment 分别实现支付接口；最后在 Program.cs 文件的 Main()方法中创建不同的对象实现不同的支付方式。

实现不同的支付方式

参考代码

IPayment.cs 文件中的代码如下。

```
namespace ch6_2
{
    interface IPayment
    {
        void PrintInfo();                    //用于显示支付信息
        //用于计算支付金额
        void ProcessPayment(int num1, int num2);
    }
}
```

CreditCardPayment.cs 文件中的代码如下。

```
namespace ch6_2
{
    //信用卡支付
    class CreditCardPayment : IPayment
    {
```

```
        public string Name             //定义名称属性 Name
        { get; set; }
        public CreditCardPayment(string name)   //构造方法
        {
            Name = name;
        }
        public void PrintInfo()//隐式实现接口中的 PrintInfo()方法
        {
            Console.WriteLine("使用{0}支付", Name);
        }
        //隐式实现接口中的 ProcessPayment()方法
        public void ProcessPayment(int x, int y)
        {
            decimal amount = 699.00m * x + 1199.00m * y;
            Console.WriteLine("支付金额: {0}元", amount);
        }
    }
}
```

CashPayment.cs 文件中的代码如下。

```
namespace ch6_2
{
    //现金支付
    class CashPayment : IPayment
    {
        public string Name                     //定义名称属性 Name
        { get; set; }
        public CashPayment(string name)  //构造方法
        {
            Name = name;
        }
        public void PrintInfo()//隐式实现接口中的 PrintInfo()方法
        {
            Console.WriteLine("使用{0}支付", Name);
        }
        //隐式实现接口中的 ProcessPayment()方法
        public void ProcessPayment(int x, int y)
        {
            decimal amount = 9.90m * x + 3.50m * y;
            Console.WriteLine("支付金额: {0}元", amount);
        }
    }
}
```

Program.cs 文件中的代码如下。

```
namespace ch6_2
{
    class Program
    {
        static void Main(string[] args)
        {
            /*使用IPayment类型的变量creditCard引用CreditCardPayment
类对象*/
            IPayment creditCard = new CreditCardPayment("信用卡");
            creditCard.PrintInfo();
            creditCard.ProcessPayment(3, 4);
            Console.WriteLine("--------------------");
            //使用 IPayment 类型的变量 cash 引用 CashPayment 类对象
            IPayment cash = new CashPayment("现金");
            cash.PrintInfo();
            cash.ProcessPayment(20, 30);
        }
    }
}
```

运行结果

程序运行结果如图 6-12 所示。

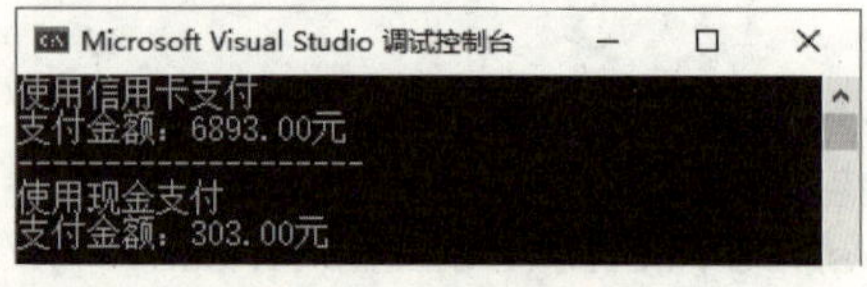

图 6-12　运行结果

1．实训目标

（1）练习继承的实现方式。

（2）练习 base 关键字的使用。

（3）练习多态的实现方式。

2．实训内容

设计一个抽象学生类，包含学号、姓名和班级 3 个属性，以及学生注册、学生注销两个抽象方法，再设计一个本科生类和一个研究生类，用于实现注册和注销操作，最后在测试类的 Main()方法中实现不同类型学生的注册和注销，效果如图 6-13 所示。

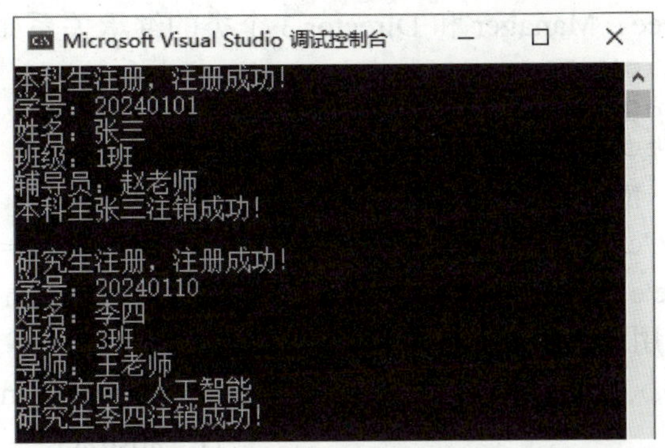

图 6-13　不同类型学生的注册和注销

3．操作提示

（1）创建抽象学生类 Student，包含 Id（学号）、Name（姓名）和 ClassName（班级）3 个属性，以及带有 3 个参数的构造方法、注册方法 Register()和注销方法 LogOff()。

（2）创建本科生类 Undergraduate，该类继承自 Student 类。为本科生类添加 Counsellor（辅导员）属性和构造方法，并重写 Register()方法和 LogOff()方法。其中，构造方法调用 Student 类的构造方法。

（3）创建研究生类 Postgraduate，该类继承自 Student 类。为研究生类添加 Instrutor（导师）、Research（研究方向）两个属性和构造方法，并重写 Register()方法和 LogOff()方法。其中，构造方法调用 Student 类的构造方法。

（4）在测试类的 Main()方法中使用 Student 类型的变量分别引用 Undergraduate 类对象和 Postgraduate 类对象，然后调用相应的方法实现本科生和研究生的注册和注销。

1．选择题

（1）下列关于继承的说法，错误的是（　　）。

A．继承是可以传递的　　B．通过继承可以提高代码的重用性

C．C#允许一个派生类有多个基类　　D．C#允许一个基类有多个派生类

（2）在 C#中，表示基类的关键字是（　　）。

A．virtual　　B．base

C．abstract　　D．this

（3）下列关于关键字 base 的说法，错误的是（　　）。

A．使用关键字 base 可以调用基类的构造方法

B．使用关键字 base 可以调用基类的普通方法

C．在属性访问器中可以使用关键字 base

D．在静态方法中可以使用关键字 base

（4）已知 Employee、Manager 和 Director 3 个类的继承关系如下。

```
class Employee;
class Manager : Employee;
class Director : Employee;
```

下列语句中，能通过编译的是（　　）。

A. Employee e = Manager();　　B. Director d = new Manager();

C. Employee e = new Manager();　　D. Manager m = new Director();

（5）在 C#中，使用关键字（　　）修饰的类不能被继承。

A. sealed　　B. protected internal

C. public　　D. abstract

（6）下列关于抽象类的说法，正确的是（　　）。

A. 抽象方法可以不用定义在抽象类中

B. 抽象类中不可以定义非抽象方法

C. 使用 new 关键字可以创建抽象类对象

D. 如果基类是抽象类，那么派生类必须重写基类所有的抽象方法

（7）在 C#中，下列说法错误的是（　　）。

A. 允许一个类继承多个类

B. 允许一个类同时实现多个接口

C. 允许一个类在继承另一个类的同时再实现一个接口

D. 允许一个接口继承另一个接口

（8）下列代码的运行结果是（　　）。

```
class A
{
    public virtual void test()
    {
        Console.WriteLine("*");
    }
}
class B : A
{
    public override void test()
    {
        Console.WriteLine("**");
    }
}
class Program
{
    static void Main(string[] args)
    {
        A a= new B();
        a.test();
    }
}
```

A. 出现编译错误　　B. 没有编译错误，但会出现运行时异常

C. *　　D. **

2. 填空题

（1）C#允许开发人员在已有类的基础上创建另一个类，这体现了面向对象的________特征。

（2）在 C#中，派生类对基类的继承是使用“________”实现的。

（3）当派生类重写基类的虚方法时，基类方法使用关键字________修饰，派生类方法使用关键字________修饰。

（4）在 C#中，接口使用关键字________声明。

（5）在 C#中，使用类实现接口时，必须将接口中的所有成员都实现，否则必须将该类声明为________。

3. 判断题

（1）在 C#中，类的继承仅支持单继承。（　）

（2）在 C#中，派生类中可以添加基类中没有的成员。（　）

（3）在 C#中，抽象方法可以有方法体。（　）

（4）在 C#中，虚方法的访问修饰符不能为 private。（　）

（5）在 C#中，接口成员默认使用 private 访问修饰符。（　）

（6）在 C#中，接口中只能定义字段和方法。（　）

4. 程序题

（1）请按照以下要求，设计学生类 Student 及其派生的毕业生类 Graduate，并进行测试。

① Student 类中包含 Name（姓名）属性、Age（年龄）属性、带有两个参数的构造方法及 Show()方法。其中，构造方法用于为 Name 和 Age 两个属性赋值；Show()方法用于输出学生信息，包括姓名和年龄。

② Graduate 类增加了 Degree（学位）属性、带有 3 个参数的构造方法及 Show()方法。其中，构造方法调用基类的构造方法；Show()方法调用基类的 Show()方法，用于输出毕业生的信息，包括姓名、年龄和学位。

③ 在测试类的Main()方法中分别创建Student类对象和Graduate类对象，并调用Show()方法。

（2）请按照以下要求，设计 IShape 接口及两个实现类 Square 和 Circle，并进行测试。

① IShape 接口中包含一个 Area()方法，该方法接收一个 double 型参数，并返回相同类型的结果。

② 在 Square 类中隐式实现 Area()方法，该方法用于计算正方形的面积；在 Circle 类中显式实现 Area()方法，该方法用于计算圆形的面积。

③ 在测试类的 Main()方法中使用 IShape 类型的变量分别引用 Square 类对象和 Circle 类对象，并调用 Area()方法。

（3）分析下列代码能否编译通过，如果能通过，请列出运行结果，否则说明编译无法通过的原因并改正。

代码一：

```
class Animal
{
```

```
}
class Dog : Animal
{
}
class Cat : Animal
{
}
class Test01
{
    static void Main(string[] args)
    {
        Animal animal = new Dog();
        Dog dog = new Cat();
    }
}
```

代码二：

```
class Animal
{
    public virtual void Shout()
    {
        Console.WriteLine("I'm an Animal");
    }
}
class Dog : Animal
{
    public override void Shout()
    {
        Console.WriteLine("I'm a Dog")
    }
}
class BlackDog : Dog
{
    public override void Shout()
    {
        Console.WriteLine("I'm a BlackDog");
    }
}
class Test02
{
    static void Main(string[] args)
    {
        Animal animal = new Dog();
        animal.Shout();
    }
}
```

代码三：

```
class Animal
{
    public abstract void Shout()
    {
        Console.WriteLine("动物叫！");
    }
}
class Dog : Animal
{
    public override void Shout()
    {
        base.Shout();
        Console.WriteLine("汪汪......");
    }
}
class Test03
{
    static void Main(string[] args)
    {
        Animal animal = new Dog();
        animal.Shout();
    }
}
```

代码四：

```
interface Animal
{
    void Breathe();
    void Run();
    void Eat();
}
class Dog : Animal
{
    public void Breathe()
    {
        Console.WriteLine("会呼吸");
    }
    public void Eat()
    {
        Console.WriteLine("会吃饭");
    }
}
class Test04
{
    static void Main(string[] args)
```

```
    {
        Dog dog = new Dog();
        dog.Breathe();
        dog.Eat();
    }
}
```

项目评价

完成所有学习任务之后，请同学们按照以下要求完成学习成果评价。

全班同学每 4 人一组，各组成员结合课前、课中和课后的学习情况，以及项目实训和项目考核情况，按照表 6-3 的评价标准对本项目的学习成果进行自评和互评（组内成员互相打分），然后配合指导教师完成师评及总评。

表 6-3 学习成果评价表

评价项目	评价内容	分值	评价得分		
			自评	互评	师评
知识（50%）	继承与多态的概念	5 分			
	继承的实现方式	10 分			
	base 关键字的使用方法	5 分			
	虚方法与虚方法重写，以及抽象类与抽象方法的相关知识	20 分			
	接口的定义与实现方法	10 分			
能力（30%）	利用继承的相关知识编写模拟田忌赛马的 C#程序	15 分			
	利用接口编写实现不同支付方式的 C#程序	15 分			
素养（20%）	关注前沿技术的研究方向和发展趋势	10 分			
	不断提高自己的专业技能，为今后走上工作岗位打下坚实基础	10 分			
合计		100 分			
总评	自评（20%）+互评（20%）+师评（60%）=	综合等级：	教师（签名）：		

注：综合等级可以“优”（总评得分≥90 分）、“良”（80 分≤总评得分<90 分）、“中”（60 分≤总评得分<80 分）、“差”（总评得分<60 分）为标准进行评价。

项目七

数组与集合

项目目标

数组是C#中比较常用的数据类型，它能将相同类型的数据按照一定的顺序组织在一起。集合可以看作数组的扩充，C#中任意类型的数据都可以放到集合中。本项目主要介绍数组和集合的相关知识，包括数组的概念、数组的基本语法、数组的遍历、Array类，以及集合的概念、常用的集合类等。通过本项目的学习，读者应达到以下目标。

知识目标

- 了解数组的概念和特点。
- 掌握一维数组的基本语法和遍历方法。
- 掌握二维数组的基本语法和遍历方法。
- 熟悉Array类的常用属性和方法。
- 了解集合的概念。
- 掌握Hashtable、ArrayList、Stack和Queue等常用集合类的特点和使用方法。

能力目标

- 能够利用数组编写实现冒泡排序算法的C#程序。
- 能够利用哈希表编写管理学生信息的C#程序。

素质目标

- 树立正确的人生观和价值观，在知识积累和技能提升中注重培养自身严谨、负责的态度。
- 培养团队合作意识，营造积极的互助氛围。

任务一 实现冒泡排序算法

任务描述

本任务将利用数组编写一个实现冒泡排序算法的 C#程序。在编写程序之前，先来学习一下数组的概念、数组的基本语法、数组的遍历和 Array 类的相关知识。

一、数组概述

在实际开发中，经常需要存储或处理一组类型相同的数据，如统计 10 个学生的平均成绩。如果采用普通的变量，则需要声明 10 个 float 型变量来存储学生的成绩，示例代码如下。

```
    float pScore1, pScore2, pScore3, pScore4, pScore5, pScore6,
pScore7, pScore8, pScore9, pScore10;
```

如果需要用户自行输入成绩，就只能一个一个为变量赋值，操作会非常烦琐。如果学生数量是 100 个，甚至是 500 个，那么定义如此多的变量显然是不现实的。此时，使用 C#提供的数组就会方便很多。

数组是具有相同数据类型的数据的有序集合。在数组中，每个数据称为数组元素或数组成员，通过索引（也称下标或角标）可以访问这些数组元素。数组能容纳的元素数量称为数组长度。

在 C#中，数组具有以下特点。

（1）根据数组的维数（索引的个数），可以将数组分为一维数组、二维数组等。

（2）数组元素的数据类型可以是任意。

（3）数组元素在初始化后是有默认值的，简单类型的数组元素默认值为 0，引用类型的数组元素默认值为 null。

（4）索引是数组有序的体现，对于一个长度为 Length 的数组，其索引的取值范围为 0～Length−1。

二、一维数组

一维数组的基本语法

1. 一维数组的基本语法

（1）一维数组的声明。

要使用一维数组，必须先声明一维数组。声明一维数组的语法格式如下。

```
元素数据类型[] 数组名;
```

其中，元素数据类型可以是 C#中任意的数据类型，它决定了一维数组中所有数据的类型；中括号“[]”表示声明的变量是数组类型，不可省略；数组名为一个合法的标识符。

例如，声明一个用于保存学生成绩的一维数组，代码如下。

```
//声明一个 float 数据类型的一维数组，用于保存学生成绩
float[] pScoreArray1;
```

（2）一维数组的初始化。

声明数组只是为数组指定了数组名和元素数据类型，此时并不能使用数组。要使用数组，还需要为其分配存储空间，这个过程称为数组的初始化。

数组是引用类型，因此使用关键字 new 为数组分配存储空间，且必须指定数组的长度。初始化一维数组的语法格式如下。

```
数组名 = new 元素数据类型[Length];          //Length 表示数组长度
```

例如，对保存学生成绩的一维数组进行初始化，代码如下。

```
//初始化长度为 10 的一维数组 pScoreArray1
pScoreArray1 = new float[10];
```

一维数组的声明和初始化也可以同时进行，其语法格式如下。

```
元素数据类型[] 数组名 = new 元素数据类型[Length];
```

例如，创建用于保存学生成绩的一维数组也可以使用如下代码。

```
float[] pScoreArray1 = new float[10];
```

（3）一维数组的赋值。

初始化数组后，就可以使用数组了，因为数组在初始化后会有默认值。例如，一维数组 pScoreArray1 的元素数据类型为 float，初始化该一维数组后，其 10 个元素的默认值均为 0。但实际开发中，通常会通过索引来访问对应的数组元素并对其进行赋值，语法格式如下。

```
数组名[index] = value;
```

其中，index 表示数组元素的索引。

例如，为一维数组 pScoreArray1 的第 0 个和第 9 个元素赋值，代码如下。

```
pScoreArray1[0] = 98.5f;                //为数组的第 0 个元素赋值
pScoreArray1[9] = 54.0f;                //为数组的第 9 个元素赋值
```

一维数组 pScoreArray1 中没有赋值的元素仍为默认值。

提 示

一维数组 pScoreArray1 的初始化长度为 10，其索引的取值范围为 0～9。在为数组元素赋值时，如果将“pScoreArray1[9]”写成“pScoreArray1[10]”，是不会提示错误的，但在程序运行时会出现索引超出取值范围的异常提示。

声明一维数组时，可以同时为数组赋值，语法格式如下。

```
元素数据类型[] 数组名 = {value0, value1, value2, …, valueN};
```

声明和赋值同时进行时无须指定数组的长度，系统会根据数组元素的个数自动计算数组的长度并分配相应的存储空间。例如，在声明一维数组 pScoreArray1 的同时为其赋值，代码如下。

```
float[] pScoreArray1 = {98.0f, 90.5f, 88.0f, 81.0f};
```

初始化一维数组时，也可同时为数组赋值，语法格式如下。

```
元素数据类型[] 数组名 = new 元素数据类型[Length]{value0, value1, value2, …, valueN};
```

或者

```
元素数据类型[] 数组名 = new 元素数据类型[]{value0, value1, value2, …, valueN};
```

第一种方式是指定数组长度后再为其赋值，这种情况下，元素的个数必须与 Length 一致，否则编译时会出错；第二种方式不需要指定数组长度，因为数组在赋值后，会根据元素的个数自动计算数组长度。无论采用哪种方式，在后续操作中都不允许动态调整一维数组的元素和长度。

2. 一维数组的遍历

一维数组的遍历

在操作数组时，经常需要依次访问数组中的每个元素，这种操作称为数组的遍历。常用的遍历一维数组的方法有两种，分别是 for 循环和 foreach 循环。

（1）for 循环。

使用 for 循环遍历数组是根据索引访问对应的数组元素。使用 for 循环遍历一维数组的语法格式如下。

```
for (int index = 0; index < 数组名.Length; index++)
{
    数组元素的操作
}
```

【实例 7-1】 某比赛中，有 6 位裁判为参赛选手评分（分数为 0～10 分），现要求将各参赛选手的得分情况保存在数组中并输出。

【思路分析】 定义一个保存参赛选手得分的一维数组，然后使用 for 循环遍历数组，以实现参赛选手得分的输入和输出。

【参考代码】

```
namespace example7_1
{
    class Program
    {
        static void Main(string[] args)
        {
            //定义一个长度为 6 的一维数组 pScores
            float[] pScores = new float[6];
            //使用 for 循环遍历数组，以输入参赛选手的得分
            for(int index = 0; index < pScores.Length; index++)
            {
                Console.WriteLine("请第{0}位裁判评分：", index + 1);
                //将输入的数据赋给相应的数组元素
```

```
                pScores[index] = float.Parse(Console.ReadLine());
            }
            Console.WriteLine("该选手的得分情况如下：");
            //使用 for 循环遍历数组，以输出参赛选手的得分
            for (int index = 0; index < pScores.Length; index++)
            {
                Console.Write(pScores[index] + "\t");
            }
        }
    }
}
```

【运行结果】　运行程序，根据提示依次为参赛选手评分（如 8.9、9.2、8.5、9.4、8.0、9.0），每次评分完毕后按“Enter”键确认，程序运行结果如图 7-1 所示。

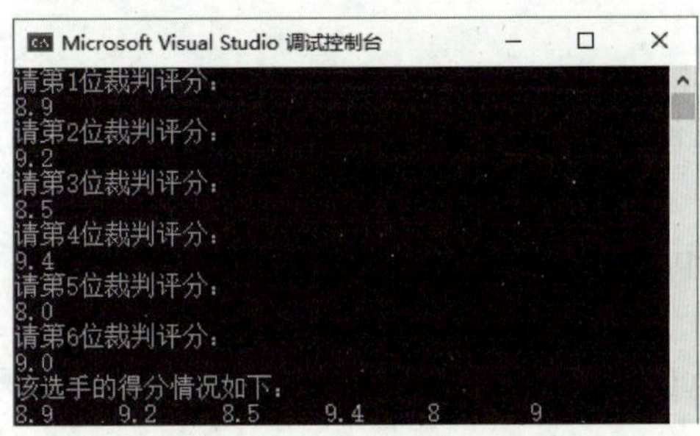

图 7-1　实例 7-1 运行结果

（2）foreach 循环。

与 for 循环相比，foreach 循环更加简洁，它专门用于遍历数组，而无须关心索引或循环次数。使用 foreach 循环遍历一维数组的语法格式如下。

```
foreach (元素数据类型 变量名 in 数组名)
{
    数组元素的操作
}
```

【实例 7-2】　使用 foreach 循环实现实例 7-1 中输出参赛选手得分情况的功能。

【参考代码】

```
namespace example7_2
{
    class Program
    {
        static void Main(string[] args)
        {
            float[] pScores = new float[6];
            //使用 for 循环遍历数组，以输入参赛选手的得分
            for (int index = 0; index < pScores.Length; index++)
            {
                Console.WriteLine("请第{0}位裁判评分：", index + 1);
```

```
                pScores[index] = float.Parse(Console.ReadLine());
            }
            Console.WriteLine("该选手的得分情况如下：");
            //使用 foreach 循环遍历数组，以输出参赛选手的得分
            foreach(float item in pScores)
            {
                Console.Write(item + "\t");
            }
        }
    }
}
```

【运行结果】 运行程序，根据提示依次为参赛选手评分（如 8.9、9.2、8.5、9.4、8.0、9.0），每次评分完毕后按“Enter”键确认，程序运行结果与实例 7-1 一致。

在实例 7-2 中，如果使用如下 foreach 循环代码输入参赛选手的得分，会出现图 7-2 的编译错误提示。

```
foreach (float item in pScores)
{
    item = float.Parse(Console.ReadLine());          //错误的赋值方法
}
```

图 7-2 编译错误提示

这是因为 foreach 循环采用的是迭代器读取数组元素，在读取数组元素的过程中是不能修改迭代变量 item 的，所以 foreach 循环只能读不能写。

在遍历数组时，for 循环可以对数组元素进行读写操作，并且可以根据索引精准定位数组元素；而 foreach 循环只能对数组元素进行读操作，无须索引定位。如果只需读取数组元素，而不关注数组元素的位置时，采用 foreach 循环更为方便。

三、二维数组

1. 二维数组的基本语法

（1）二维数组的声明。

二维数组的声明与一维数组类似，其语法格式如下。

```
元素数据类型[,] 数组名;
```

例如，声明一个用于保存学生成绩的二维数组，代码如下。

```
//声明一个 float 数据类型的二维数组，用于保存学生成绩
float[,] pScoreArray2;
```

（2）二维数组的初始化。

初始化二维数组的语法格式如下。

```
数组名 = new 元素数据类型[row, col];
```

其中，row 表示行数；col 表示列数。

例如，对保存学生成绩的二维数组进行初始化，代码如下。

```
//初始化一个 3 行 4 列的二维数组 pScoreArray2
pScoreArray2 = new float[3, 4];
```

初始化二维数组 pScoreArray2 后，其数据排列格式如表 7-1 所示。

表 7-1　二维数组 pScoreArray2 的数据排列格式

行	列			
	0	1	2	3
0	pScoreArray2[0, 0]	pScoreArray2[0, 1]	pScoreArray2[0, 2]	pScoreArray2[0, 3]
1	pScoreArray2[1, 0]	pScoreArray2[1, 1]	pScoreArray2[1, 2]	pScoreArray2[1, 3]
2	pScoreArray2[2, 0]	pScoreArray2[2, 1]	pScoreArray2[2, 2]	pScoreArray2[2, 3]

二维数组的声明和初始化也可以同时进行，其语法格式如下。

```
元素数据类型[,] 数组名 = new 元素数据类型[row, col];
```

例如，创建用于保存学生成绩的二维数组也可以使用如下代码。

```
float[,] pScoreArray2 = new float[3, 4];
```

（3）二维数组的赋值。

同一维数组类似，初始化二维数组后，数组中的元素也会有默认值。例如，二维数组 pScoreArray2 的元素数据类型为 float，初始化该二维数组后，其 12 个元素的默认值均为 0。当然，也可以通过索引访问二维数组中对应的元素并对其进行赋值，语法格式如下。

```
数组名[row, col] = value;
```

例如，为二维数组 pScoreArray2 的第 0 行第 0 列、第 0 行第 1 列、第 1 行第 1 列、第 2 行第 3 列元素赋值，代码如下。

```
pScoreArray2[0, 0] = 90.5f;        //为数组的第 0 行第 0 列元素赋值
pScoreArray2[0, 1] = 99.0f;        //为数组的第 0 行第 1 列元素赋值
pScoreArray2[1, 1] = 83.5f;        //为数组的第 1 行第 1 列元素赋值
pScoreArray2[2, 3] = 80.0f;        //为数组的第 2 行第 3 列元素赋值
```

二维数组 pScoreArray2 中没有赋值的元素仍为默认值。此时，二维数组 pScoreArray2 中保存的数据如表 7-2 所示。

表 7-2　二维数组 pScoreArray2 中保存的数据

行	列			
	0	1	2	3
0	90.5	99.0	0	0
1	0	83.5	0	0
2	0	0	0	80.0

提示

同一维数组类似，二维数组在赋值时也不允许超出行和列表示的索引范围。

声明二维数组时，可以同时为数组赋值，语法格式如下。

```
元素数据类型[,] 数组名 ={{初值列表1},{初值列表2},…,{初值列表n}};
```

其中，最里层的大括号表示行，大括号的个数表示行数；各初值列表表示列，也就是每行对应的元素。需要注意的是，每行对应的元素个数必须一致。例如，在声明二维数组pScoreArray2的同时为其赋值，代码如下。

```
float[,] pScoreArray2 = {{99.0f, 84.5f}, {90.0f, 90.5f},
{88.0f, 80.5f}};
```

初始化二维数组时，也可同时为数组赋值，语法格式如下。

```
元素数据类型[,] 数组名 =new 元素数据类型[row, col]{{初值列表1},{初
值列表2}, …, {初值列表n}};
```

或者

```
元素数据类型[,] 数组名 = new 元素数据类型[]{{初值列表 1}, {初值列表
2}, …, {初值列表n}};
```

采用第一种方式时，最里层大括号的个数必须与row一致，每个大括号中的元素个数必须与col一致；第二种方式不需要指定各维度的长度，因为数组在赋值后，会根据元素的个数自动计算数组中各维度的长度。无论采用哪种方式，在后续操作中都不允许动态调整二维数组的元素和长度。

2. 二维数组的遍历

使用for循环遍历二维数组的常用语法格式如下。

```
for (int row = 0; row < 数组名.GetLength(0); row++)
{
    for (int col = 0; col < 数组名.GetLength(1); col++)
    {
        数组元素的操作
    }
}
```

其中，外循环用于遍历行，内循环用于遍历列。此外，利用数组的GetLength()方法可以获取数组在指定维度上的元素个数，在二维数组中，GetLength(0)表示获取数组中行的元素个数，GetLength(1)表示获取数组中列的元素个数。

提示

二维数组有两个维度，使用for循环遍历二维数组除了上述语法格式，也可以先使用外循环遍历列，再使用内循环遍历行。此外，由于foreach循环不能区分行列数据，所以通常不使用foreach循环遍历二维数组。

【实例 7-3】　编写 C#程序，依次输入 4 名学生语文、数学和英语 3 门课程的成绩，然后以表格的形式将成绩输出。

【思路分析】　要以表格的形式输出成绩，可定义一个用于保存学生成绩的二维数组，然后使用 for 循环遍历数组，以实现学生成绩的输入和输出。

【参考代码】

```
namespace example7_3
{
    class Program
    {
        static void Main(string[] args)
        {
            //定义一个 4 行 3 列的二维数组 pScores
            float[,] pScores = new float[4, 3];
            //使用 for 循环遍历数组，以输入学生成绩
            //外循环，遍历数组 pScores 的行
            for (int row = 0; row < pScores.GetLength(0); row++)
            {
                //内循环，遍历数组 pScores 的列
                for (int col = 0; col < pScores.GetLength(1); col++)
                {
                    if (col == 0)                     //第 0 列
                    {
                        Console.Write("请输入第{0}位学生的语文成绩：",
row + 1);
                    }
                    else if (col == 1)                //第 1 列
                    {
                        Console.Write("请输入第{0}位学生的数学成绩：",
row + 1);
                    }
                    else                              //第 2 列
                    {
                        Console.Write("请输入第{0}位学生的英语成绩：",
row + 1);
                    }
                    //将输入的数据赋给相应的数组元素
                    pScores[row, col] = float.Parse(Console.ReadLine());
                }
            }
            Console.WriteLine();                     //换行
            Console.WriteLine("序号\t 语文\t 数学\t 英语");
            //使用 for 循环遍历数组，以输出学生成绩
```

```
                //外循环，遍历数组pScores的行
                for (int row = 0; row < pScores.GetLength(0); row++)
                {
                    Console.Write(row + 1 + "\t");    //输出学生序号
                    //内循环，遍历数组pScores的列
                    for (int col = 0; col < pScores.GetLength(1); col++)
                    {
                        Console.Write(pScores[row, col] + "\t");
                    }
                    Console.WriteLine();              //换行
                }
            }
        }
    }
```

【运行结果】 运行程序，根据提示依次输入4名学生各门课程的成绩，每次输入完毕后按“Enter”键确认，程序运行结果如图7-3所示。

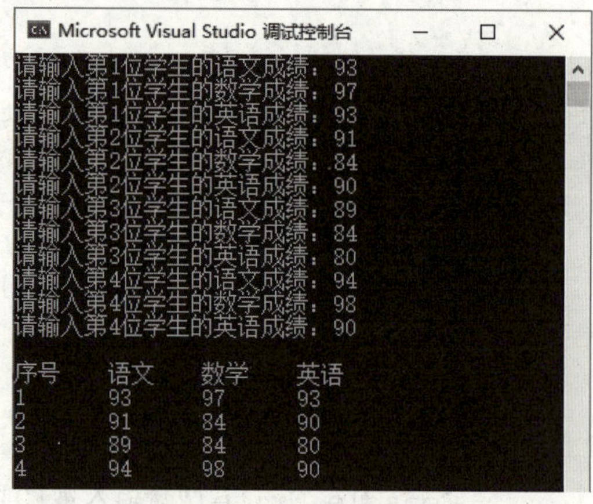

图7-3 实例7-3运行结果

二维数组是一种常见的多维数组，多维数组可由二维数组类推得到，感兴趣的读者可以自行尝试或查阅相关资料。

四、Array类

在C#中，Array类是数组的基类，它提供了一系列属性和方法，用于实现数组的操作，如获取数组长度、对数组元素进行排序等。

Array类的常用属性和方法如表7-3和表7-4所示。

表 7-3　Array 类的常用属性

属性	功能描述
Length	获取数组中所有维度的元素总数
Rank	获取数组的维数

表 7-4　Array 类的常用方法

方法	功能描述
Sort(Array array)	对一维数组中的元素进行排序（从小到大）
Copy(Array array1, Array array2, int length)	从源数组 array1 中复制 length 个元素到目标数组 array2
CopyTo(Array array, int index)	从一维数组中复制所有元素到目标数组的指定位置
Reverse(Array array)	反转整个一维数组中元素的顺序
GetLength(int length)	获取数组中指定维度的元素个数
GetValue(int index)	获取一维数组中指定位置的值
SetValue(Object obj, int index)	为一维数组中指定位置的元素赋值
IndexOf(Array array, Object obj)	在一维数组中搜索指定对象，并返回第一个匹配项的索引

【实例 7-4】　在实例 7-1 的基础上，使用 Array 类的 Sort()方法对参赛选手的得分按从低到高的顺序进行排列。

【参考代码】

```
namespace example7_4
{
    class Program
    {
        static void Main(string[] args)
        {
            float[] pScores = new float[6];
            //使用 for 循环遍历数组，以输入参赛选手的得分
            for(int index = 0; index < pScores.Length; index++)
            {
                Console.WriteLine("请第{0}位裁判评分：", index + 1);
                pScores[index] = float.Parse(Console.ReadLine());
            }
            Console.WriteLine("该选手的得分情况如下：");
            //使用 for 循环遍历数组，以输出参赛选手的得分
            for (int index = 0; index < pScores.Length; index++)
```

```
                {
                    Console.Write(pScores[index] + "\t");
                }
                Array.Sort(pScores);                 //对数组 pScores 排序
                Console.WriteLine("\n");             //换行
                Console.WriteLine("排 序 结 果: \t");
                //使用 foreach 循环遍历数组，以输出最终排序结果
                foreach (float item in pScores)
                {
                    Console.Write(item + "\t");
                }
            }
        }
    }
```

【运行结果】 运行程序，根据提示依次为参赛选手评分（如 8.9、9.2、8.5、9.4、8.0、9.0），每次评分完毕后按“Enter”键确认，程序运行结果如图 7-4 所示。

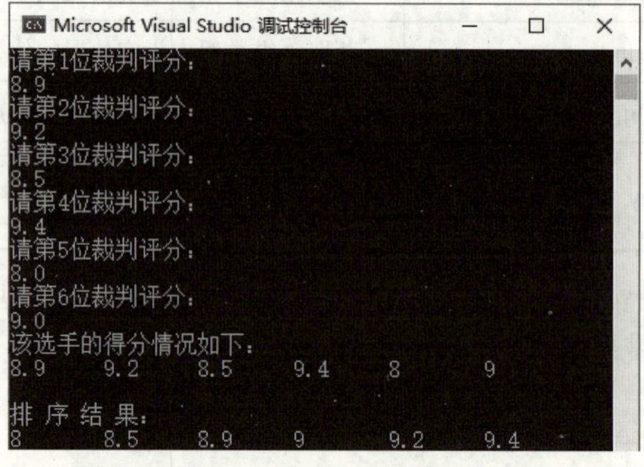

图 7-4　实例 7-4 运行结果

任务实施

冒泡排序算法是一种比较简单的排序算法，它重复地遍历要排序的数列，一次比较两个相邻的元素，如果元素顺序不符合要求，则交换位置，直至整个数列排序完成。冒泡排序算法名字的由来是因为越小的元素经过交换慢慢“浮”到数列的顶端。

冒泡排序算法的实现过程是，从数列的第一个元素开始，依次比较相邻的两个元素，如果前一个元素比后一个元素大，则交换它们的位置；继续向后遍历，重复上述的比较和交换过程，直至最后一个元素；重复执行上述过程，直到没有任何元素需要交换，即数列已经排序完成。

本任务实施利用数组创建一个实现冒泡排序算法的 C#控制台应用程序。

参考代码

```
namespace ch7_1
{
    class Program
    {
        static void Main(string[] args)
        {
            //定义一个长度为 5 的数组 pScores
            float[] pScores = new float[5];
            //使用 for 循环遍历数组，以输入数据
            for (int index = 0; index < pScores.Length; index++)
            {
                Console.WriteLine("请输入第{0}个数字：", index + 1);
                //将输入的数据赋给相应的数组元素
                pScores[index] = float.Parse(Console.ReadLine());
            }
            Console.WriteLine("排序前：");
            //使用 for 循环遍历数组，以输出数据
            for (int index = 0; index < pScores.Length; index++)
            {
                Console.Write(pScores[index] + "\t");
            }
            Console.WriteLine();                    //换行
            //外循环，控制排序次数
            for (int cnt = 1; cnt < pScores.Length; cnt++)
            {
                //内循环，对相邻数据进行比较
                for (int index = 0; index < pScores.Length - cnt;
index++)
                {
                    //如果前一个数据比后一个数据大，则交换数据
                    if (pScores[index] > pScores[index + 1])
                    {
                        //相邻数据交换
                        float temp = pScores[index];
                        pScores[index] = pScores[index + 1];
                        pScores[index + 1] = temp;
                    }
                }
                Console.WriteLine();                //换行
                Console.Write("第{0}次排序后：\t", cnt);
                //使用 foreach 循环输出每次排序后的结果
                foreach (float item in pScores)
```

```
                {
                    Console.Write(item + "\t");
                }
            }
            Console.WriteLine("\n");            //换行
            Console.Write("最终排序结果：\t");
            //使用 foreach 循环遍历数组，以输出最终排序结果
            foreach (float item in pScores)
            {
                Console.Write(item + "\t");
            }
        }
    }
}
```

运行结果

运行程序，根据提示依次输入数据（如 8、9、6、4、2），每次输入完毕后按“Enter”键确认，程序运行结果如图 7-5 所示。

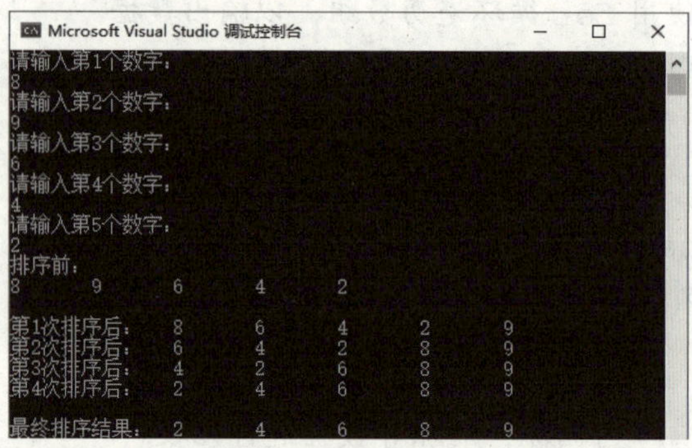

图 7-5 运行结果

任务二 管理学生信息

任务描述

本任务将利用哈希表编写一个管理学生信息的 C#程序。在编写程序之前，先来学习一下集合的概念，以及 Hashtable、ArrayList、Stack 和 Queue 等常用集合类的相关知识。

一、集合概述

在 C#中，使用数组时要求元素数据类型统一，并且数组一旦创建后其大小就固定不

变了。但实际开发中，需要存储的元素数据类型有时并不完全统一，并且元素的个数是动态变化的，此时就需要使用集合。

集合是一种用于存储和管理对象的容器，在面向对象编程语言中使用集合类来实现。C#中定义了多个实现特定数据处理功能的集合类，如 Hashtable、ArrayList、Stack 和 Queue 等。

二、Hashtable 集合类

哈希表（Hashtable）也称散列表，它的存储形式是键值对（key value pair）。其中，键（key）是唯一的，值（value）是键对应的数据。系统会根据存入的键，通过特定的哈希算法计算存储地址来存放值，所以通过键可以找到对应的值。哈希表的存储示意图如图 7-6 所示。正是因为存在一一对应的关系，所以哈希表的存取效率比较高。

key	value
key1	value1
key2	value2
key3	value3
key4	value4

图 7-6　哈希表存储示意图

集合类的基础

Hashtable 类的常用属性如表 7-5 所示。

表 7-5　Hashtable 类的常用属性

属性	功能描述
Count	获取哈希表中的键值对个数
IsReadOnly	获取一个值，该值表示哈希表是否为只读
IsFixedSize	获取一个值，该值表示哈希表是否具有固定大小
Keys	获取哈希表中键的集合
Values	获取哈希表中值的集合
Item[Object key]	获取或设置哈希表中与指定键相关联的值

Hashtable 类的常用方法如表 7-6 所示。

表 7-6　Hashtable 类的常用方法

方法	功能描述
Add(Object key, Object value)	向哈希表中添加指定的键值对
ContainsKey(Object key)	判断哈希表中是否包含指定键
ContainsValue(Object value)	判断哈希表中是否包含指定值

（续表）

方法	功能描述
Remove(Object key)	从哈希表中移除带有指定键的元素
Clear()	清空哈希表

【实例 7-5】 Hashtable 示例。

【参考代码】

```
namespace example7_5
{
    class Program
    {
        static void Main(string[] args)
        {
            //创建 Hashtable 类对象 ht
            Hashtable ht = new Hashtable();
            //向哈希表 ht 中添加 3 个元素
            ht.Add(1001, "张三");
            ht.Add(1002, "李四");
            ht.Add(1003, "王五");
            /*使用 foreach 循环遍历哈希表 ht 中键的集合，以输出哈希表 ht
中的所有元素*/
            foreach (int key in ht.Keys)
            {
                Console.WriteLine("工号：{0}    姓名：{1}", key,
ht[key]);
            }
            Console.WriteLine("哈希表 ht 中有" + ht.Count + "个元素。");
        }
    }
}
```

【运行结果】 程序运行结果如图 7-7 所示。

图 7-7 实例 7-5 运行结果

提 示

上述代码中，向哈希表 ht 中添加元素时，还可以采用如下代码。

ht[1001] = "张三";

ht[1002] = "李四";
ht[1003] = "王五";
需要注意的是，哈希表是一种无序的集合，元素的存储顺序与添加顺序无关。

三、ArrayList 集合类

动态数组（ArrayList）相当于一种高级的数组，它可以按照需求动态添加和删除数组元素。动态数组只能是一维的，其容量可以根据需要自动扩充。如果要在动态数组的中间位置插入或删除元素，会导致大量数据的移动，因此动态数组不适宜进行频繁的插入和删除操作。

ArrayList 类的常用属性如表 7-7 所示。

表 7-7　ArrayList 类的常用属性

属性	功能描述
Capacity	获取或设置动态数组中可包含的元素个数
Count	获取动态数组中实际包含的元素个数
Item[int index]	获取或设置动态数组中指定索引处的元素

ArrayList 类的常用方法如表 7-8 所示。

表 7-8　ArrayList 类的常用方法

方法	功能描述
Add(Object obj)	在动态数组的末尾添加一个元素
Insert(int index, Object obj)	将元素插入动态数组的 index 索引处
Remove(Object obj)	从动态数组中移除指定元素的第一个匹配项
IndexOf(Object obj)	在动态数组中搜索指定对象，并返回第一个匹配项的索引
Reverse()	反转整个动态数组中元素的顺序
Contains(Object obj)	判断动态数组中是否包含指定元素
Clear()	清空动态数组

【实例 7-6】　ArrayList 示例。

【参考代码】

```
namespace example7_6
{
    class Program
    {
        static void Main(string[] args)
```

```
        {
            //创建ArrayList类对象list
            ArrayList list = new ArrayList();
            //向动态数组list中添加3个string型元素
            list.Add("星期二");
            list.Add("星期三");
            list.Add("星期四");
            Console.WriteLine("插入和移除操作前,动态数组list中的元素:");
            //使用foreach循环输出动态数组list中的所有元素
            foreach (string item in list)
            {
                Console.WriteLine(item);
            }
            //在动态数组list的指定索引处插入一个元素
            list.Insert(0, "星期一");
            //从动态数组list中移除指定元素的第一个匹配项
            list.Remove("星期四");
            Console.WriteLine("插入和移除操作后,动态数组list中的元素:");
            //使用foreach循环输出动态数组list中的所有元素
            foreach (string item in list)
            {
                Console.WriteLine(item);
            }
        }
    }
}
```

【运行结果】 程序运行结果如图 7-8 所示。

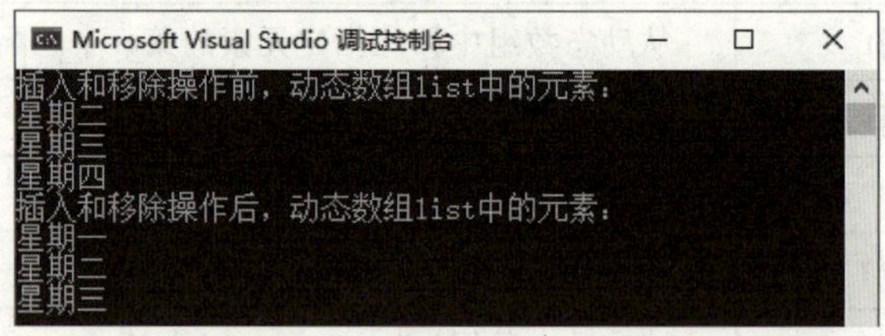

图 7-8 实例 7-6 运行结果

四、Stack 集合类

堆栈（Stack）是一种先进后出（first in last out, FILO）的线性集合。堆栈有一个固定的栈底和一个浮动的栈顶，只允许在栈顶进行操作。把元素压入栈顶称为入栈（push）；把元素从栈顶移除称为出栈（pop），其操作示意图如图 7-9 所示。

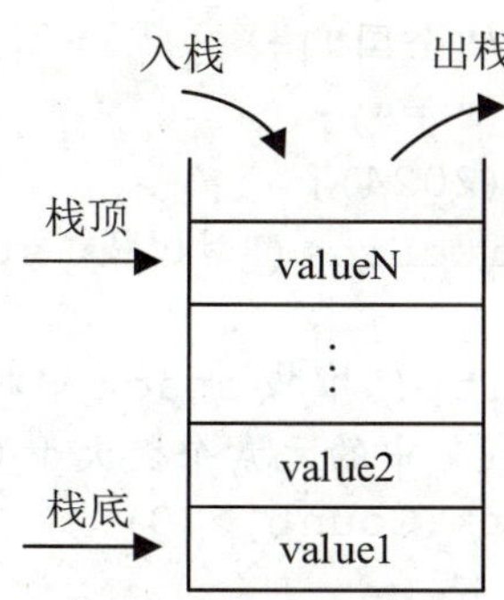

图 7-9　堆栈操作示意图

Stack 类的常用属性如表 7-9 所示。

表 7-9　Stack 类的常用属性

属性	功能描述
Count	获取堆栈中的元素个数

Stack 类的常用方法如表 7-10 所示。

表 7-10　Stack 类的常用方法

方法	功能描述
Push(Object obj)	把元素压入栈顶，即入栈
Pop()	移除并返回栈顶元素，即出栈
Peek()	返回栈顶元素但不将其从堆栈中移除
Contains(Object obj)	判断堆栈中是否包含指定元素
Clear()	清空堆栈

【实例 7-7】　Stack 示例。

【参考代码】

```
using System.Collections;
namespace example7_7
{
    class Program
    {
        static void Main(string[] args)
        {
            Stack stack = new Stack();  //创建 Stack 类对象 stack
            //向堆栈 stack 中添加 5 个元素
            stack.Push("四、六级考试");
            stack.Push("大学英语");
```

```
            stack.Push("全国");
            stack.Push("年");
            stack.Push(2024);
            Console.WriteLine(" 堆 栈  stack  的 栈 顶 元 素 : " +
stack.Peek());
            Console.Write("堆栈 stack 中的元素: ");
            //当堆栈 stack 中的元素个数大于 0 时
            while (stack.Count > 0)
            {
                //使用 Pop()方法移除并返回栈顶元素
                Console.Write(stack.Pop());   //输出栈顶元素
            }
        }
    }
}
```

【运行结果】 程序运行结果如图 7-10 所示。

图 7-10　实例 7-7 运行结果

在 C#中，使用 Stack 类时需要手动引入 System.Collections 命名空间。

五、Queue 集合类

队列（Queue）是一种先进先出（first in first out, FIFO）的线性集合。队列只允许在队头和队尾操作，不允许在其他位置操作。在队尾添加元素称为入队；从队头移除元素称为出队，其操作示意图如图 7-11 所示。

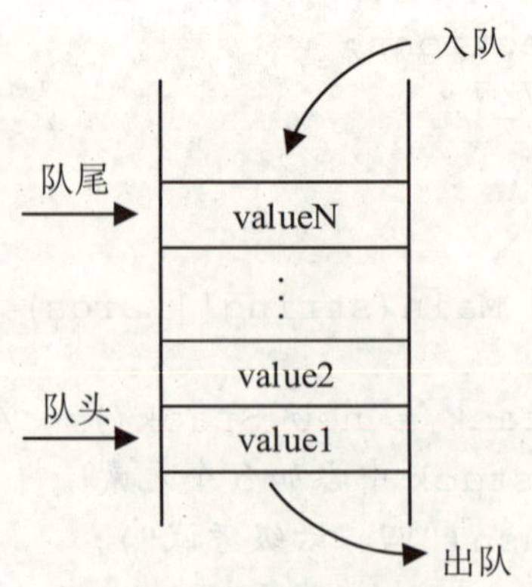

图 7-11　队列操作示意图

知识库

队列在我们的日常生活中也有着广泛的应用。例如，银行的叫号系统会遵循“先来先服务”的原则服务需要办理业务的客户；打印机的打印缓冲池会按照任务到达的先后顺序处理打印任务等。

Queue 类的常用属性如表 7-11 所示。

表 7-11　Queue 类的常用属性

属性	功能描述
Count	获取队列中的元素个数

Queue 类的常用方法如表 7-12 所示。

表 7-12　Queue 类的常用方法

方法	功能描述
Enqueue()	在队尾添加元素，即入队
Dequeue()	移除并返回队头元素，即出队
Peek()	返回队头元素但不将其从队列中移除
Contains(Object obj)	判断队列中是否包含指定元素
Clear()	清空队列

【实例 7-8】　Queue 示例。

【参考代码】

```
using System.Collections;
namespace example7_8
{
    class Program
    {
        static void Main(string[] args)
        {
            Queue queue = new Queue();    //创建 Queue 类对象 queue
            //向队列 queue 中添加 5 个元素
            queue.Enqueue(2024);
            queue.Enqueue("年");
            queue.Enqueue("全国");
            queue.Enqueue("大学英语");
            queue.Enqueue("四、六级考试");
```

```
            Console.WriteLine(" 队 列  queue  的 队 头 元 素 : " +
queue.Peek());
            Console.Write("队列 queue 中的元素：");
            //当队列 queue 中的元素个数大于 0 时
            while (queue.Count > 0)
            {
                //使用 Dequeue()方法移除并返回队头元素
                Console.Write(queue.Dequeue());    //输出队头元素
            }
        }
    }
}
```

【运行结果】 程序运行结果如图 7-12 所示。

图 7-12 实例 7-8 运行结果

在 C#中，使用 Queue 类时需要手动引入 System.Collections 命名空间。

任务实施

本任务实施利用哈希表创建一个管理学生信息的 C#控制台应用程序。首先在 Main()方法中创建一个哈希表 student，并向其中添加学生信息（键为学号，值为姓名），然后定义并调用用于输出学生信息的 PrintInfo()方法、用于添加学生信息的 Insert()方法和用于删除学生信息的 Delete()方法。要求在添加学生信息时先判断学生是否已经存在，如果已经存在，则不能执行添加操作。

参考代码

```
namespace ch7_2
{
    class Program
    {
        static void Main(string[] args)
        {
            //创建 Hashtable 类对象 student
            Hashtable student = new Hashtable();
            //向哈希表 student 中添加学生信息，包括学号和姓名
```

```
            student.Add("221010101", "小张");
            student.Add("221010102", "小李");
            student.Add("221010103", "小王");
            student.Add("221010104", "小刘");
            PrintInfo(student);
            Insert(student);
            Delete(student);
        }
        static void PrintInfo(Hashtable student) //输出学生信息
        {
            Console.WriteLine("\n**********学生信息**********");
            //使用 foreach 循环输出学生信息
            foreach (string key in student.Keys)
            {
                Console.WriteLine("学号: {0}    姓名: {1}", key,
student[key]);
            }
            Console.WriteLine(" 信 息 学 院 共 {0} 名 学 生 。 \n",
student.Count);
        }
        static void Insert(Hashtable student)    //添加学生信息
        {
            Console.WriteLine("请输入要添加学生的学号: ");
            string stuNumber = Console.ReadLine();
            Console.WriteLine("请输入要添加学生的姓名: ");
            string stuName = Console.ReadLine();
            //判断学生是否已经存在
            if (student.ContainsKey(stuNumber))
            {
                Console.WriteLine("该学生已经存在! ");
            }
            else
            {
                student.Add(stuNumber, stuName); //添加学生
                PrintInfo(student);
            }
        }
        static void Delete(Hashtable student)    //删除学生信息
        {
            Console.WriteLine("请输入要删除学生的学号: ");
            string stuNumber = Console.ReadLine();
            //判断学生是否存在
```

```
            if (student.ContainsKey(stuNumber))
            {
                student.Remove(stuNumber);          //删除学生
                PrintInfo(student);
            }
            else
            {
                Console.WriteLine("该学生不存在！");
            }
        }
    }
}
```

运行结果

运行程序，根据提示输入学生的学号或姓名，程序运行结果如图 7-13 所示。

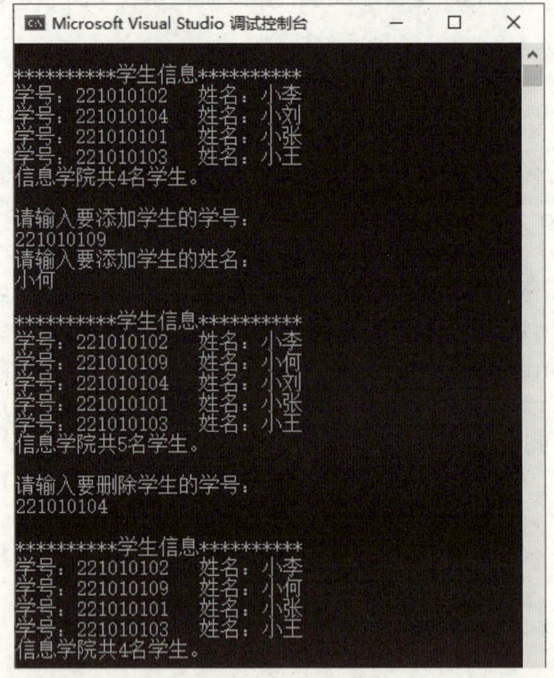

图 7-13　运行结果

项目实训

1. 实训目标

（1）练习数组的定义。
（2）练习数组的遍历。

2. 实训内容

编写 C#程序，绘制一个迷宫地图，有障碍物的地方使用“■”表示，无障碍物的地方使用“□”表示，效果如图 7-14 所示。

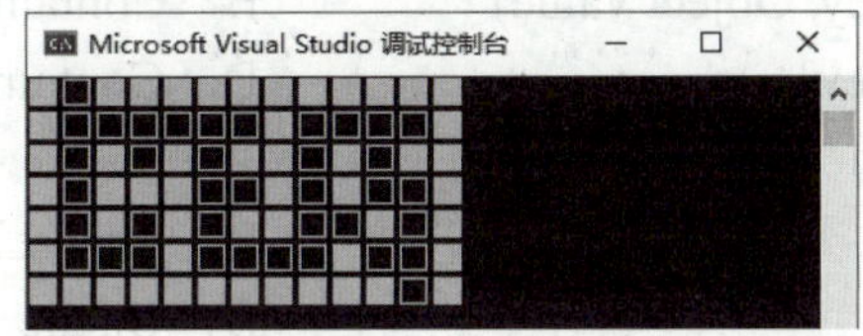

图 7-14　迷宫地图

3. 操作提示

（1）定义一个 7 行 13 列的二维数组，用“1”表示有障碍物，“0”表示无障碍物。
（2）使用 for 循环遍历二维数组，当数组元素的值为 1 时，输出“■”，否则输出“□”。

项目考核

1. 选择题

（1）下列语句中，可以正确定义数组 array 的是（　　）。

A．int[3] array = new int[]{1, 3, 14};

B．int size = int.Parse(Console.ReadLine());
　　int[] array = new int[size];

C．string[] array = new string[];

D．int array[] = new int[3];

（2）具有 n 个元素的数组的索引取值范围是（　　）。

A．0～n−1　　B．0～n

C．0～n+1　　D．1～n

（3）使用 int[,] mArray = new int[3, 4]语句定义数组 mArray，则下列说法错误的是（　　）。

A．数组 mArray 是一个二维数组

B．数组 mArray 中有 12 个元素

C．通过 mArray[2, 3]可以访问数组中第 1 行第 2 列的元素

D．数组 mArray 中元素的默认值均为 0

（4）下列关于数组遍历的说法，错误的是（　　）。

A．for 循环遍历数组是根据索引访问对应的数组元素

B．使用 foreach 循环遍历数组时，无须知道其长度

C．foreach 循环有时可以代替 for 循环

D．可以使用 foreach 循环对数组中的元素进行读写操作

（5）下列方法中，用于对一维数组进行排序的是（　　）。

A．Sort()　　B．Reverse()

C．Copy()　　D．GetLength()

（6）下列方法中，用于判断哈希表中是否包含指定值的是（　　）。

A．Add(Object key, Object value)　　B．ContainsKey(Object key)

C．Item[Object key]　　D．ContainsValue(Object value)

（7）下列选项中，属于 FIFO 类型的是（　　）。

A．Hashtable　　B．ArrayList

C．Stack　　D．Queue

2．填空题

（1）执行下列语句后，a[4]的值为________。

```
int[] a = {1, 2, 3, 4, 5};
a[4] = a[a[2]];
```

（2）下列代码用于在控制台输出数字 1～10，请在横线处填写正确的语句。

```
int[] b = new int[10];
for (int i = 1; i <= 10; i++)
{
    ______________
}
foreach (int z in b)
{
    Console.Write(z + "\t");
}
```

（3）通过数组的________属性可以获取数组的长度。

（4）执行下列语句后，动态数组 list 中有________个元素。

```
ArrayList list = new ArrayList();
for(int i = 0; i < 10; i++)
{
    list.Add(i);
}
list.Remove(8);
```

（5）Stack 类中的________方法可以返回栈顶元素但不将其从堆栈中移除；________方法可以移除并返回栈顶元素。

（6）下列代码的运行结果是________。

```
Queue queue = new Queue();
for(int i = 0; i < 10; i++)
{
    queue.Enqueue(i);
}
Console.Write(queue.Dequeue());
```

3. 判断题

（1）若一个数组的长度为 5，则其索引的最大值为 4。 （　　）

（2）在 C#中，一维数组中的元素数据类型必须相同。 （　　）

（3）在 C#中，多维数组中的元素数据类型可以不相同。 （　　）

（4）在 C#中，动态数组可以按照需求动态添加和删除数组元素。 （　　）

（5）在 C#中，可以使用 foreach 循环访问并输出集合中的元素。 （　　）

4. 程序题

（1）编写 C#程序，求一个整数数组的最大值、最小值、总和及平均值。

（2）编写 C#程序，实现矩阵的转置。

例如，矩阵 $A=\begin{bmatrix}1 & 2 & 3\\4 & 5 & 6\\7 & 8 & 9\end{bmatrix}$ 经过转置变换为矩阵 $A^T=\begin{bmatrix}1 & 4 & 7\\2 & 5 & 8\\3 & 6 & 9\end{bmatrix}$。

（3）编写 C#程序，使用集合中的动态数组模拟员工签到，效果如图 7-15 所示。

图 7-15 运行效果

项目评价

完成所有学习任务之后，请同学们按照以下要求完成学习成果评价。

全班同学每 4 人一组，各组成员结合课前、课中和课后的学习情况，以及项目实训和项目考核情况，按照表 7-13 的评价标准对本项目的学习成果进行自评和互评（组内成员互相打分），然后配合指导教师完成师评及总评。

表 7-13　学习成果评价表

评价项目	评价内容	分值	评价得分		
			自评	互评	师评
知识（50%）	数组的概念和特点	5 分			
	一维数组的基本语法和遍历方法	15 分			
	二维数组的基本语法和遍历方法	10 分			
	Array 类的常用属性和方法	5 分			
	集合的概念	5 分			
	Hashtable、ArrayList、Stack 和 Queue 等常用集合类的特点和使用方法	10 分			
能力（30%）	利用数组编写实现冒泡排序算法的 C#程序	15 分			
	利用哈希表编写管理学生信息的 C#程序	15 分			
素养（20%）	注重培养自身严谨、负责的态度	10 分			
	培养团队合作意识，营造积极的互助氛围	10 分			
合计		100 分			
总评	自评（20%）+互评（20%）+师评（60%）=	综合等级：	教师（签名）：		

注：综合等级可以“优”（总评得分≥90 分）、“良”（80 分≤总评得分<90 分）、“中”（60 分≤总评得分<80 分）、“差”（总评得分<60 分）为标准进行评价。

字符串

项目目标

字符串是程序中经常用到的一种引用数据类型。本项目主要介绍C#中常用的字符串String类和可变字符串StringBuilder类的基础知识、常用属性和常用方法。通过本项目的学习，读者应达到以下目标。

知识目标

- 掌握String类对象和StringBuilder类对象的创建方法。
- 掌握String类的常用属性和常用方法。
- 掌握StringBuilder类的常用属性和常用方法。

能力目标

- 能够利用String类编写实现用户注册和登录功能的C#程序。
- 能够利用StringBuilder类编写模拟医院叫号系统的C#程序。

素质目标

- 增强数据安全意识，注意保护个人隐私。
- 培养系统思维，学会从全局出发来认识和把握事物。
- 培养严谨、精益求精的学习态度。

任务一 实现用户注册和登录功能

任务描述

本任务将利用 String 类编写一个实现用户注册和登录功能的 C#程序。在编写程序之前，先来学习一下 String 类的基础知识、常用属性和常用方法。

一、String 类

C#提供了一个表示字符串的类 String。使用 String 类前首先需要创建 String 类对象，创建方法有如下 3 种。

（1）直接为 string 型变量指定一个字符串。

例如，声明一个 string 型变量 str，并为其赋值“Hello World”，代码如下。

```
string str = "Hello World";
```

提　示

在 C#中，关键字 string 是 String 类的别名，两者是等价的。

（2）使用 String 类的构造方法。

String 类有许多重载的构造方法，常用的构造方法如表 8-1 所示。

表 8-1　常用的 String 类构造方法

构造方法	功能描述
String(char[] charArray)	将字符数组 charArray 中的元素组成一个字符串
String(char[] charArray, int startIndex, int length)	从字符数组 charArray 的第 startIndex 位开始，取 length 个字符组成一个字符串
String(char c, int count)	将指定字符 c 重复 count 次组成一个字符串

使用上述构造方法创建 String 类对象的示例代码如下。

```
//定义一个 char 型数组 letters
char[] letters = {'H', 'e', 'l', 'l', 'o', ' ', 'W', 'o', 'r',
'l', 'd'};
//使用 String(char[] charArray)构造方法创建 String 类对象
string str0 = new string(letters); //str0 的值为“Hello World”
/*使用 String(char[] charArray, int startIndex, int length)构
造方法创建 String 类对象*/
```

```
string str1 = new string(letters, 0, 5); //str1 的值为“Hello”
char letter = 'H';                      //定义一个 char 型变量 letter
//使用 String(char c, int count)构造方法创建 String 类对象
string str2 = new string(letter, 5);      //str2 的值为“HHHHH”
```

（3）使用连接运算符“+”。

使用“+”运算符可以实现多个字符串的连接，也可以实现字符串与基本数据类型的常量或变量的连接，其结果均为一个字符串。示例代码如下。

```
int a = 3;
float b = 12.34f;
bool c = true;
string d = "北京";
string e = "" + a;                 //e 的值为“3”
string f = b + "为 float 型数据";   //f 的值为“12.34 为 float 型数据”
string g = c + "为 bool 型数据";    //g 的值为“true 为 bool 型数据”
string h = d + "欢迎您！";          //h 的值为“北京欢迎您！”
```

提 示

当为 String 类对象重新赋值时，并不会销毁旧值，而是重新开辟一块内存空间来存储新值。例如，String 类对象 str 的初始值为“Hello”，当为 str 重新赋“Hello World”时，字符串“Hello”并不会发生改变，只是 str 指向了新的字符串“Hello World”，如图 8-1 所示。

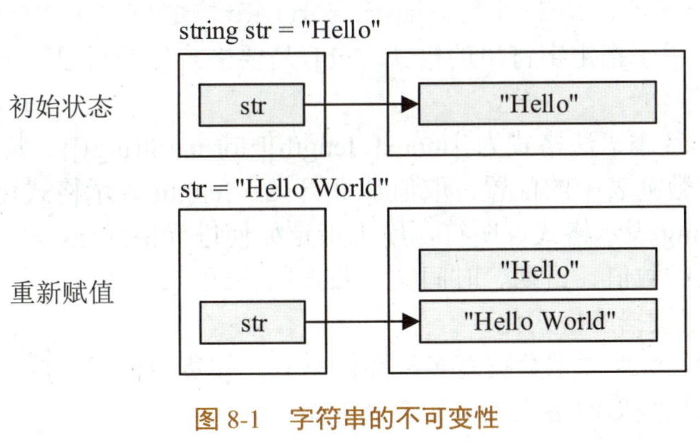

图 8-1 字符串的不可变性

二、String 类的常用属性

String 类的常用属性如表 8-2 所示。

表 8-2　String 类的常用属性

属性	功能描述
Chars[int index]	获取字符串中指定位置的字符
Length	获取字符串的长度

三、String 类的常用方法

String 类的常用方法

String 类提供了很多方法用于实现字符串的操作，下面按功能对 String 类的常用方法进行详细介绍。

1. 连接字符串

String 类的 Concat()方法用于将两个或多个字符串连接成一个字符串，其常用的语法格式如下。

```
string Concat(string str1, string str2);   //连接两个字符串
```

其中，str1 和 str2 表示字符串，该方法会返回一个字符串。示例代码如下。

```
string str1 = "Hello ";
string str2 = "C#";
String.Concat(str1, str2);                  //返回值为"Hello C#"
```

2. 格式化字符串

String 类的 Format()方法用于对字符串进行格式化，其常用的语法格式如下。

```
string Format(string format, object obj);
```

其中，format 用于指定字符串的格式，obj 是要格式化的对象，该方法会返回一个字符串。

参数 format 的基本语法格式为{[index[, length][:formatString]]}。其中，index 表示要设置格式的对象在参数列表中的位置，取值从 0 开始；length 表示格式化后需要显示的字符串长度；formatString 表示格式说明符，用于指定如何进行格式化。

下面介绍常用的数值、日期、时间类型数据的格式化。

（1）数值类型数据的格式化。

在实际开发中，数值类型数据有多种显示格式，如货币格式、百分比格式等。C#支持的常用标准数值类型数据的格式规范如表 8-3 所示。

表 8-3　C#支持的常用标准数值类型数据的格式规范

格式说明符	说明	示例	示例输出
C 或 c	货币格式，默认保留两位小数	String.Format("{0:C}", 2000)	¥2,000.00
D 或 d	十进制格式	String.Format("{0:D3}", 3)	003
G 或 g	常规格式，保留指定位数的有效数字（四舍五入）	String.Format("{0:G3}", 2.566)	2.57
P 或 p	百分比格式，默认保留两位小数	String.Format("{0:P}", 0.18)	18.00%

提 示

在C#中，可以在格式说明符后添加数字来指定字符串要显示的位数或小数位数。

（2）日期、时间类型数据的格式化。

C#支持的日期、时间类型数据的格式规范如表8-4所示。假设表8-4中dataTime对象的创建语句为“DateTime dataTime = new DateTime(2024, 1, 30, 13, 16, 32);”。

表8-4 C#支持的日期、时间类型数据的格式规范

格式说明符	说明	示例	示例输出
d	短日期格式	String.Format("{0:d}", dataTime)	2024/1/30
D	长日期格式	String.Format("{0:D}", dataTime)	2024年1月30日
t	短时间格式	String.Format("{0:t}", dataTime)	13:16
T	长时间格式	String.Format("{0:T}", dataTime)	13:16:32
f	完整日期、时间格式（长日期+短时间）	String.Format("{0:f}", dataTime)	2024年1月30日 13:16
F	完整日期、时间格式（长日期+长时间）	String.Format("{0:F}", dataTime)	2024年1月30日 13:16:32
g	常规日期、时间格式（短日期+短时间）	String.Format("{0:g}", dataTime)	2024/1/30 13:16
G	常规日期、时间格式（短日期+长时间）	String.Format("{0:G}", dataTime)	2024/1/30 13:16:32
M或m	×月×日格式	String.Format("{0:M}", dataTime)	1月30日
Y或y	×年×月格式	String.Format("{0:Y}", dataTime)	2024年1月

提 示

需要注意的是，要格式化的日期、时间类型数据必须为DataTime类型（该类型可用于表示日期、时间，或者同时表示日期和时间）。

在C#中，可以使用如下代码获取系统当前的日期和时间。

DateTime dataTime = DateTime.Now;

3. 判断字符串是否为null或空字符串

String类的IsNullOrEmpty()方法用于判断一个字符串是否为null或空字符串，其常用的语法格式如下。

```
bool IsNullOrEmpty(string str);
```

其中，str 表示字符串。该方法的返回值为 bool 型，如果字符串为 null 或空字符串，则返回 true，否则返回 false。示例代码如下。

```
string str1 = null;                    //str1 为 null
string str2 = "";                      //str2 为空字符串
string str3 = "Hello";                 //str3 的值为“Hello”
String.IsNullOrEmpty(str1);            //返回值为 true
String.IsNullOrEmpty(str2);            //返回值为 true
String.IsNullOrEmpty(str3);            //返回值为 false
```

4. 字符串大小写转换

String 类的 ToUpper()方法用于将字符串中的所有字符转换为大写形式，ToLower()方法用于将字符串中的所有字符转换为小写形式。使用 ToUpper()和 ToLower()方法的语法格式如下。

```
str.ToUpper();
str.ToLower();
```

其中，str 表示字符串，ToUpper()和 ToLower()方法的返回值均为字符串。示例代码如下。

```
string str = "Hello World!";
str.ToUpper();                         //返回值为“HELLO WORLD!”
str.ToLower();                         //返回值为“hello world!”
```

提　示

> 字符串大小写转换方法只能转换英文字符，其他不能转换的字符会原样返回。

5. 检索字符串

String 类的 IndexOf()和 LastIndexOf()方法用于获取字符串索引位置。其中，IndexOf()方法返回的是指定字符或字符串在当前字符串中首次出现的索引位置，如果没有检索到，则返回-1；而 LastIndexOf()方法返回的是指定字符或字符串在当前字符串中最后一次出现的索引位置，如果没有检索到，则返回-1。

C#提供了多个重载的获取字符串索引位置的方法，表 8-5 中列出了一些常用方法。

表 8-5　常用的获取字符串索引位置的方法

方法	功能描述
IndexOf(char c)	从字符串的开始位置向后检索，返回字符 c 在当前字符串中首次出现的索引位置
IndexOf(string str)	从字符串的开始位置向后检索，返回字符串 str 在当前字符串中首次出现的索引位置
IndexOf(char c, int pos)	从指定位置 pos 开始检索，返回字符 c 在当前字符串中首次出现的索引位置

（续表）

方法	功能描述
IndexOf(string str, int pos)	从指定位置 pos 开始检索，返回字符串 str 在当前字符串中首次出现的索引位置
LastIndexOf(char c)	从字符串末尾位置开始向前检索，返回字符 c 在当前字符串中最后一次出现的索引位置
LastIndexOf(string str)	从字符串末尾位置开始向前检索，返回字符串 str 在当前字符串中最后一次出现的索引位置
LastIndexOf(char c, int pos)	从指定位置 pos 开始向前检索，返回字符 c 在当前字符串中最后一次出现的索引位置
LastIndexOf(string str, int pos)	从指定位置 pos 开始向前检索，返回字符串 str 在当前字符串中最后一次出现的索引位置

示例代码如下。

```
string str = "Hello World!";
str.IndexOf('h');                  //未检索到，返回值为-1
str.IndexOf("or");                 //返回值为 7
str.IndexOf('o');                  //返回值为 4
str.LastIndexOf('o');              //返回值为 7
str.LastIndexOf('o', 6);           //返回值为 4
```

提　示

在检索字符串时，返回的是字符串中第一个字符的位置。

【实例 8-1】 字符串“Hello World!”中包含多个字符“l”，要求输出字符“l”的所有位置。

【思路分析】 要想输出字符“l”的所有索引位置，可以使用 IndexOf(char c, int pos) 方法，并不断更新检索的起始位置，以保证能够检索完整个字符串。

【参考代码】

```
namespace example8_1
{
    class Program
    {
        static void Main(string[] args)
        {
            string str = "Hello World!";
            int index = 0;           //变量 index 用于保存检索的起始位置
```

```
            Console.WriteLine("字符“l”在字符串“{0}”中的索引位置
有: ", str);
            //当 str.IndexOf('l', index)的返回值不等于-1 时执行循环
            while (str.IndexOf('l', index) != -1)
            {
                //输出检索到的索引位置
                Console.Write(str.IndexOf('l', index) + "\t");
                //更新检索的起始位置
                index = str.IndexOf('l', index) + 1;
            }
        }
    }
}
```

【运行结果】 程序运行结果如图 8-2 所示。

图 8-2 实例 8-1 运行结果

6. 比较字符串

（1）Equals()方法。

String 类的 Equals()方法用于比较两个字符串是否相同，其语法格式如下。

```
//实例 Equals()方法的语法格式
str1.Equals(str2);
//静态 Equals()方法的语法格式
bool Equals(string str1, string str2);
```

其中，str1 和 str2 表示字符串。该方法的返回值为 bool 型，如果两个字符串相同，则返回 true，否则返回 false。示例代码如下。

```
string str1 = "Hello";
string str2 = "hello";
str.Equals(str2);          //使用实例 Equals()方法，返回值为 false
String.Equals(str1, str2);//使用静态 Equals()方法，返回值为 false
```

提 示

要比较两个字符串是否相同，也可以使用关系运算符“==”“!=”实现。

（2）Compare()方法。

String 类的 Compare()方法用于比较字符串的大小，其常用的语法格式如下。

```
int Compare(string str1, string str2); //比较两个字符串
```

其中，str1 和 str2 表示字符串。该方法的返回值为 int 型，如果 str1 小于 str2，则返回值为-1；如果两个字符串相等，则返回值为 0；如果 str1 大于 str2，则返回值为 1。

字符串在比较时采用的是字典排序法，首先比较两个字符串的第一个字符，如果两个字符相等再比较第二个字符，依次类推，直到比较出大小。示例代码如下。

```
string str1 = "ABC";
string str2 = "B";
string str3 = "A";
string str4 = "a";
/*str1 的第一个字符为 A，比 str2 的第一个字符 B 小，所以会直接返回-1，不再对之后的字符进行比较*/
String.Compare(str1, str2);
/*str3 仅有一个字符 A，在比较完第一个字符后，str1 还有其他字符，所以返回值为 1*/
String.Compare(str1, str3);
String.Compare(str3, str4); //默认小写字母小于大写字母，返回值为 1
```

7. 判断字符串是否包含指定内容

String 类的 Contains()方法用于判断某个字符串中是否包含指定字符串。使用 Contains()方法的语法格式如下。

```
str.Contains(substring);
```

其中，str 表示字符串，substring 表示指定的字符串。Contains()方法的返回值为 bool 型，如果字符串中包含指定字符串则返回 true，否则返回 false。示例代码如下。

```
string str = "Hello World!";
str.Contains("or");                //返回值为 true
str.Contains("hello");             //返回值为 false
```

8. 替换字符串

String 类的 Replace()方法用于将字符串中的某个字符或字符串替换成新字符或新字符串。使用 Replace()方法的语法格式如下。

```
str.Replace(target, replacement);
```

其中，str 表示字符串，target 表示 str 中的字符或字符串，replacement 表示新字符或新字符串，该方法会返回一个字符串。示例代码如下。

```
string str = "Hello World!";
str.Replace('!', '.');             //返回值为"Hello World."
str.Replace("World", "C#");        //返回值为"Hello C#!"
```

【实例 8-2】　为加强网络文明建设，发展积极健康的网络文化，某社交网站对用户的发言进行监测，如果发现敏感词汇“代练”，会使用“**”进行屏蔽，请编写 C#程序实现上述功能。

【思路分析】　首先使用 Contains()方法判断用户发言中是否包含敏感词汇“代练”，然后使用 Replace()方法对敏感词汇进行替换。

【参考代码】

```
namespace example8_2
{
    class Program
```

```
    {
        static void Main(string[] args)
        {
            Console.WriteLine("请输入您的发言：");
            string pInput = Console.ReadLine();
            //字符串 forbidWord 用于保存敏感词汇
            string forbidWord = "代练";
            //字符串 pOutput 用于保存输出文本
            string pOutput = pInput;
            if (pInput.Contains(forbidWord))//判断是否包含敏感词汇
            {
                //使用"**"替换敏感词汇
                pOutput = pInput.Replace(forbidWord, "**");
            }
            Console.WriteLine("用户 A: " + pOutput);
        }
    }
}
```

【运行结果】 运行程序，根据提示输入用户发言（如“有偿提供代练，需要代练的举手!”），程序运行结果如图 8-3 所示。

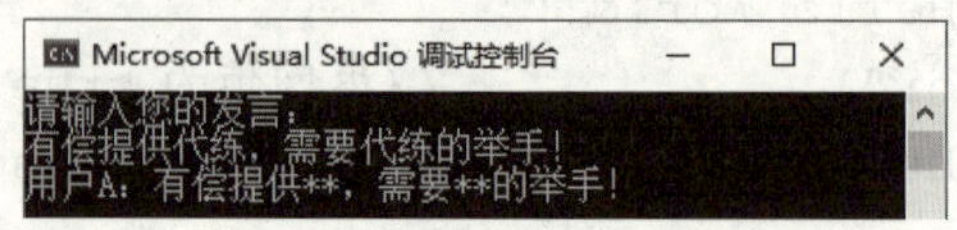

图 8-3 实例 8-2 运行结果

拓展阅读

> 网络文明是伴随互联网发展而产生的新的文明形态，是现代社会文明进步的重要标志。当前，信息化、数字化、网络化、智能化发展日新月异，互联网全面融入经济社会发展和人民生产生活，已经成为信息传播的新渠道、经济发展的新引擎、文化繁荣的新载体、社会治理的新平台、国际合作的新纽带。网络文明建设作为社会主义精神文明建设的新兴领域和重要内容，对于提高社会文明程度的意义和作用更加凸显。
>
> 近年来，有关部门深入贯彻落实总书记关于网络强国的重要思想，推进互联网内容建设，深化网络生态治理，全社会共建共享网上美好精神家园的氛围日渐浓厚，网络文明建设取得一系列新进展、新成效。

9. 去除字符串首尾空白内容

String 类的 Trim()方法用于去除字符串首尾空白内容，如空格、换行符等。使用 Trim()方法的常用语法格式如下。

```
str.Trim();
```

其中，str 表示字符串，该方法会返回一个字符串。示例代码如下。

```
string str = "    Hello World!    ";
str.Trim();                              //返回值为“Hello World!”
```

10. 判断字符串首尾内容

String 类的 StartsWith()和 EndsWith()方法用于判断字符串首尾内容。其中，StartsWith()方法用于判断字符串是否以指定内容开始，如果是，则返回 true，否则返回 false；EndsWith()方法用于判断字符串是否以指定内容结束，如果是，则返回 true，否则返回 false。使用 StartsWith()和 EndsWith()方法的常用语法格式如下。

```
str.StartsWith(prefix);
str.EndsWith(suffix);
```

其中，str 表示字符串，prefix 和 suffix 表示要判断的字符或字符串。示例代码如下。

```
string str = "Hello World!";
str.StartsWith('H');                     //返回值为 true
str.StartsWith("Hello");                 //返回值为 true
str.StartsWith("hello");                 //返回值为 false
str.EndsWith('!');                       //返回值为 true
str.EndsWith("World");                   //返回值为 false
```

11. 分割字符串

String 类的 Split()方法用于分割字符串。使用 Split()方法的常用语法格式如下。

```
str.Split(regex);
```

其中，str 表示字符串，regex 是一个由分隔符组成的数组。该方法会返回一个字符串类型的数组。示例代码如下。

```
string str = "颐和园，圆明园，故宫";
char[] regex = {'，'};
str.Split(regex);              //返回值为{"颐和园", "圆明园", "故宫"}
```

【实例 8-3】 判断用户输入的 IP 地址是否合法。例如，输入“192.168.0.1”，则输出“合法 IP 地址”；输入“192.168.1.1222”，则输出“非法 IP 地址”。

IP 地址通常采用点分十进制表示成 X.X.X.X 的形式，其中 X 的取值范围为 0～255。

【思路分析】 首先使用 Split()方法获取 IP 地址中的 4 个十进制数，然后判断各十进制数是否在合法范围内。

【参考代码】

```
namespace example8_3
{
    class Program
    {
        static void Main(string[] args)
```

```
        {
            Console.WriteLine("请输入一个 IP 地址: ");
            string ip = Console.ReadLine();
            char[] symbol = {'.'};     //分隔符
            //字符串数组 nums 用于保存分割后的 IP 地址信息
            string[] nums = ip.Split(symbol);
            bool isLegal = false;      //变量 isLegal 表示是否合法
            foreach (string item in nums)  //遍历数组
            {
                //将 string 型数据转换为 int 型数据
                int x = int.Parse(item);
                //如果 x 小于 0 或大于 255, 则为非法 IP 地址
                if (x < 0 || x > 255)
                {
                    isLegal = false;
                    break;
                }
                //当上述条件不符合时, 为合法 IP 地址
                else
                {
                    isLegal = true;
                }
            }
            if (isLegal == true)
            {
                Console.WriteLine("合法 IP 地址");
            }
            else
            {
                Console.WriteLine("非法 IP 地址");
            }
        }
    }
}
```

【运行结果】 运行程序，根据提示输入 IP 地址（如合法 IP 地址“192.168.0.1”和非法 IP 地址“192.168.1.1222”），程序运行结果如图 8-4 所示。

（a）输入“192.168.0.1”

（b）输入“192.168.1.1222”

图 8-4 实例 8-3 运行结果

12．截取字符串

从字符串中截取一部分也是程序开发中经常会进行的操作，如截取身份证号码中的出生年月日、截取手机号码的前 3 位、截取电子邮件地址中的用户名等。String 类的 Substring()方法可用于实现上述操作，使用 Substring()方法的语法格式如下。

```
str.Substring(startIndex);              //不指定长度
str.Substring(startIndex, length);      //指定长度
```

其中，str 表示字符串；startIndex 表示需要截取的子字符串的起始位置；length 表示需要截取的子字符串的长度。该方法会返回截取的子字符串。示例代码如下。

```
string str = "Hello World!";
str.Substring(6);                       //返回值为“World!”
str.Substring(0, 5);                    //返回值为“Hello”
```

【实例 8-4】 编写 C#程序，判断用户输入的电子邮件地址是否有效，如果有效则输出电子邮件地址中的用户名和域名，否则提示电子邮件地址无效。

【思路分析】 电子邮件地址的格式为“用户名@域名”，域名由两个或两个以上部分组成，各部分之间用“.”分隔。因此，要验证电子邮件地址是否有效，可先判断电子邮件地址中是否包含符合格式要求的符号“@”和“.”，如果不包含，则输出电子邮件地址无效；如果包含，则截取符号“@”前的字符串作为用户名，截取符号“@”后的字符串作为域名。

【参考代码】

```
namespace example8_4
{
    class Program
    {
        static void Main(string[] args)
        {
            Console.WriteLine("请输入电子邮件地址：");
            string eMail = Console.ReadLine();
            //变量 pIndex1 用于保存符号“@”首次出现的索引位置
            int pIndex1 = eMail.IndexOf("@");
            //变量 pIndex2 用于保存符号“.”最后一次出现的索引位置
            int pIndex2 = eMail.LastIndexOf(".");
            //判断电子邮件地址中是否包含符合格式要求的符号“@”和“.”
            if (pIndex1 != -1 && pIndex2 != -1 && pIndex2 > pIndex1)
            {
                //字符串 uName 用于保存截取的用户名
                string uName = eMail.Substring(0, pIndex1);
                //字符串 yuName 用于保存截取的域名
                string yuName = eMail.Substring(pIndex1 + 1);
                Console.WriteLine("电子邮件地址{0}中的用户名是{1}，
域名是{2}。", eMail, uName, yuName);
```

```
                }
                else
                {
                    Console.WriteLine("电子邮件地址无效！");
                }
            }
        }
    }
```

【运行结果】 运行程序，根据提示输入电子邮件地址（如有效电子邮件地址“ngdcqq@163.com”和无效电子邮件地址“ngdcqq.163.com”），程序运行结果如图 8-5 所示。

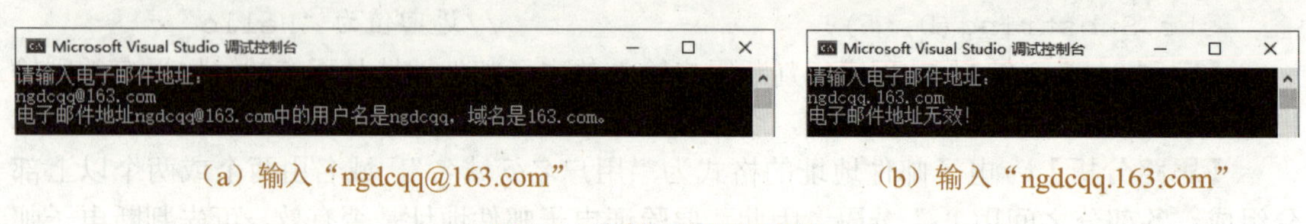

（a）输入“ngdcqq@163.com”　　（b）输入“ngdcqq.163.com”

图 8-5　实例 8-4 运行结果

任务实施

本任务实施创建一个实现用户注册和登录功能的 C#控制台应用程序。在注册账号时，要求用户设置用户名和密码，其中密码不能少于 8 位且必须包含至少一个特殊字符（@、#、$、%、&），否则需重新设置密码。在登录账号时，要求用户输入用户名、密码和验证码，三者全部正确方可成功登录；当用户名、密码或验证码中的任意一个为空时，需重新输入；用户输入的验证码不区分大小写；在输入用户名和密码时有 3 次机会，若 3 次均未正确输入，则提示 3 分钟后再试。

根据上述要求，定义用于注册账号的 Register()方法，用于登录账号的 Login()方法，以及用于检查密码是否符合规范的 CheckPassword()方法。在 Register()方法中调用 CheckPassword()方法。在 CheckPassword()方法中使用字符串的 Length 属性获取密码长度，使用 Contains()方法判断密码是否包含特殊字符。在 Login()方法中使用 IsNullOrEmpty()方法判断用户名、密码和验证码是否为空，使用 ToUpper()方法将用户输入的验证码转换为大写形式，并使用 Equals()方法进行一致性验证。

参考代码

```
namespace ch8_1
{
    class Program
    {
        static string username;                    //用户名
        static string password;                    //密码
        static string code = "AbCd";               //验证码
```

```
        static void Main(string[] args)
        {
            Console.WriteLine("=====注册过程=====");
            Register();              //调用注册方法
            Console.WriteLine("=====登录过程=====");
            Login();                 //调用登录方法
        }
        static void Register() //定义 Register()方法，用于注册账号
        {
            Console.WriteLine("欢迎注册，请输入用户名：");
            username = Console.ReadLine();
            Console.WriteLine("请输入密码：");
            password = Console.ReadLine();
            while (!CheckPassword(password))
            {
                Console.WriteLine("提示：密码不能少于 8 位，且必须包含至少一个特殊字符(@、#、$、%、&)，请重新输入密码：");
                password = Console.ReadLine();
            }
            Console.WriteLine("注册成功！");
        }
        static void Login()//定义 Login()方法，用于登录账号
        {
            int count = 3;  //变量 count 的初始值为 3，表示有 3 次机会
            while(count > 0)
            {
                Console.WriteLine("请输入用户名：");
                string inputUsername = Console.ReadLine();
                Console.WriteLine("请输入密码：");
                string inputPassword = Console.ReadLine();
                Console.WriteLine("请输入验证码：");
                string inputCode = Console.ReadLine();
                //判断输入的用户名、密码和验证码是否为空
                if (String.IsNullOrEmpty(inputUsername) == false && String.IsNullOrEmpty(inputPassword) == false && String.IsNullOrEmpty(inputCode) == false)
                {
                    if (inputUsername.Equals(username) && inputPassword.Equals(password))
                    {
                        //判断输入的验证码是否正确
                        while (true)
```

```
                {
                    if (inputCode.ToUpper() == code.ToUpper())
                    {
                        Console.WriteLine("登录成功！");
                        break;
                    }
                    else
                    {
                        Console.WriteLine("验证码错误，请重新输入验证码！");
                        inputCode = Console.ReadLine();
                    }
                }
            }
            else
            {
                count = count - 1;
                if (count > 0)
                {
                    Console.WriteLine("用户名或密码错误，您还有{0}次机会！", count);
                    continue;
                }
                else
                {
                    Console.WriteLine("登录失败，请 3 分钟后再试！");
                }
            }
        }
        else
        {
            Console.WriteLine("用户名、密码或验证码为空，请重新输入！");
        }
    }
}
//定义 CheckPassword()方法，用于检查密码是否符合规范
static bool CheckPassword(string password)
{
    if (password.Length >= 8)      //当密码长度大于等于 8 时
    {
        //判断密码中是否包含至少一个特殊字符
```

```
                return          password.Contains("@")          ||
password.Contains("#")          ||          password.Contains("$")          ||
password.Contains("%") || password.Contains("&");
            }
            else
            {
                return false;
            }
        }
    }
}
```

运行结果

运行程序，根据提示输入用户名、密码、验证码，程序运行结果如图 8-6 所示。

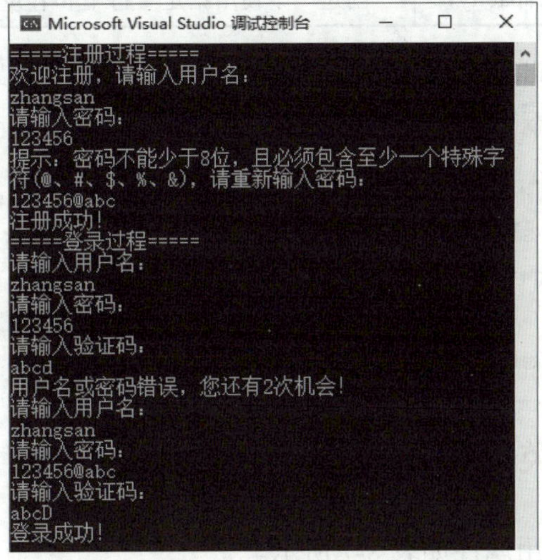

图 8-6 运行结果

任务二 模拟医院叫号系统

任务描述

本任务将利用 StringBuilder 类编写一个模拟医院叫号系统的 C#程序。在编写程序之前，先来学习一下 StringBuilder 类的基础知识、常用属性和常用方法。

一、StringBuilder 类

StringBuilder 类

由于字符串是不可变的，每次对字符串进行操作都需要为其分配新

的存储空间，在需要频繁修改字符串的情况下，这将极大地增加系统内存的开销。为解决这一问题，C#提供了一个可变字符串类 StringBuilder，它和 String 类一样也可用于操作字符串。

StringBuilder 类的操作都是对自身对象进行操作，而不是生成新的对象，所以在进行频繁修改操作时，不会生成大量临时对象而影响系统性能。

常用的 StringBuilder 类构造方法如表 8-6 所示。

表 8-6　常用的 StringBuilder 类构造方法

构造方法	功能描述
StringBuilder()	创建一个空的 StringBuilder 对象
StringBuilder(int capacity)	创建一个使用指定容量初始化的 StringBuilder 对象
StringBuilder(string str)	创建一个使用指定字符串初始化的 StringBuilder 对象
StringBuilder(string str, int capacity)	创建一个使用指定字符串和容量初始化的 StringBuilder 对象

使用常用的 StringBuilder 类构造方法创建 StringBuilder 类对象的示例代码如下。

```
string str = "Hello World!";
int capacity = 512;
//使用字符串 str 初始化 sb1，sb1 的值为“Hello World!”
StringBuilder sb1 = new StringBuilder(str);
/*使用字符串 str 和容量 capacity 初始化 sb2，sb2 的值为“Hello World!”*/
StringBuilder sb2 = new StringBuilder(str, capacity);
```

二、StringBuilder 类的常用属性

StringBuilder 类的常用属性如表 8-7 所示。

表 8-7　StringBuilder 类的常用属性

属性	功能描述
Capacity	获取或设置 StringBuilder 类对象所分配内存中可存储的最大字符数
Length	获取 StringBuilder 类对象的长度
MaxCapacity	获取 StringBuilder 类对象的最大容量

示例代码如下。

```
string str = "Hello C#";
int capacity = 180;
//使用字符串 str 和容量 capacity 初始化 sb
StringBuilder sb = new StringBuilder(str, capacity);
sb.Length;                                //返回值为 8
sb.Capacity;                              //返回值为 180
```

三、StringBuilder 类的常用方法

StringBuilder 类中常用的方法如表 8-8 所示。

表 8-8　StringBuilder 类中常用的方法

方法	功能描述
Append(string str)	将字符串 str 追加到 StringBuilder 类对象的末尾
AppendFormat(string format, object obj)	将带格式的字符串追加到 StringBuilder 类对象的末尾
Insert(int index, string str)	在 StringBuilder 类对象的 index 位置插入字符串 str
Remove(int startIndex, int length)	从 StringBuilder 类对象的 startIndex 位置开始移除 length 个字符
Replace(string str1, string str2)	使用字符串 str2 替换 StringBuilder 类对象中的字符串 str1
ToString()	将 StringBuilder 类型转换为 String 类型

示例代码如下。

```
StringBuilder sb = new StringBuilder("Hello");
sb.Append(" World");                  //返回值为“Hello World”
sb.AppendFormat("{0:C0}", 123);       //返回值为“Hello World¥123”
sb.Insert(11, "!");                   //返回值为“Hello World!¥123”
sb.Remove(12, sb.Length - 12);        //返回值为“Hello World!”
sb.Replace("World", "C#");            //返回值为“Hello C#!”
```

任务实施

本任务实施创建一个模拟医院叫号系统的 C#控制台应用程序。首先创建一个 StringBuilder 类对象，然后使用 Append()方法追加字符串，并输出排号信息，接着使用 Insert()方法在指定位置插入字符串，并输出新排号信息。

参考代码

```
namespace ch8_2
{
    class Program
    {
        static void Main(string[] args)
        {
            int capacity = 100;          //初始化容量变量 capacity
            //创建 StringBuilder 类对象 sb
            StringBuilder sb = new StringBuilder(capacity);
```

```
            //使用 Append()方法追加字符串
            sb.Append("45 号 张三 1 诊室; ");
            sb.Append("48 号 李四 2 诊室; ");
            //输出排号信息
            Console.WriteLine("排号信息: \n" + sb);
            //使用 Insert()方法插入字符串
            sb.Insert(11, "47 号 王五 3 诊室; ");
            //输出新排号信息
            Console.WriteLine("新排号信息: \n" + sb);
        }
    }
}
```

运行结果

程序运行结果如图 8-7 所示。

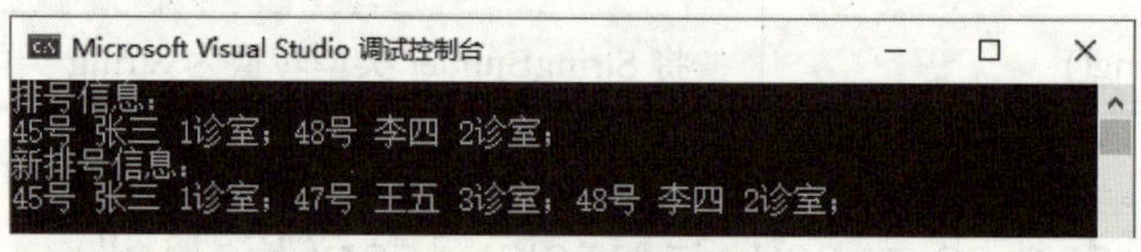

图 8-7 运行结果

项目实训

1. 实训目标

（1）练习创建 String 类对象。

（2）练习使用 String 类的方法。

2. 实训内容

编写 C#程序，统计汉字“君”在古诗《将进酒》中出现的次数。

3. 操作提示

（1）定义一个用于保存古诗《将进酒》内容的字符串 str 和一个用于保存指定汉字“君”的字符串 strCheck。

（2）使用 Contains()方法判断 str 中是否包含 strCheck，如果包含，则使用 IndexOf()方法查找 strCheck 在 str 中首次出现的索引位置，并将次数加 1，然后使用 Substring()方法从索引的后一位截取字符串，并继续查找。如此循环，直到查找到的索引位置为-1（不再包含“君”字）时，退出循环，并输出统计的次数。

项目考核

1. 选择题

（1）下列关于字符串的说法，错误的是（　　）。

A. 字符串具有不可变性

B. 可以通过索引访问字符串中的单个字符

C. 可以通过 Length 属性获取字符串的长度

D. 为 string 型变量指定字符串不会创建一个 String 类对象

（2）如果 string s ="ItCast"，那么 s.ToUpper()的返回结果是（　　）。

A. itcast　　B. ItCast

C. ITCAST　　D. iTcAST

（3）在使用 String 类的 IndexOf()方法时，如果没有找到指定的字符或字符串，则返回（　　）。

A. -1　　B. 0　　C. false　　D. null

（4）String.Compare("abc", "aaa")的返回结果是（　　）。

A. -1　　B. 0　　C. 1　　D. false

（5）String 类中的 Split()方法的返回值类型是（　　）。

A. string　　B. string[]

C. char[]　　D. char

（6）如果 string s ="abededcba"，那么 s.Substring(3, 2)的返回结果是（　　）。

A. ed　　B. de　　C. e　　D. d

（7）如果 StringBuilder sb = new StringBuilder("Beijing2008")，那么 sb.Insert(7, "@")的返回结果是（　　）。

A. Beijing@2008　　B. @ Beijing2008

C. Beijing2@008　　D. Beijing @2008

（8）已知字符串 str1、str2、str3 和 str4 的定义如下。

```
string str1 = "abc";
string str2 = "abc";
StringBuilder str3 = new StringBuilder("abc");
StringBuilder str4 = new StringBuilder("abc");
```

下列语句中，不能通过编译的是（　　）。

A. str1 == str2;　　B. str1.Equals(str2);

C. str3 == str4;　　D. str1 == str3;

2. 填空题

（1）执行下列语句后，s 的值为__________。

```
string s = "123";
s = s + "4";
```

（2）如果 string str1 ="A"，string str2 ="a"，那么 String.Concat(str1, str2)的返回结果是________。

（3）如果 string s = "hello world!"，那么在字符串 s 中，字符“w”的索引位置是________。

（4）____________类创建的字符串的长度是可变的。

（5）如果 StringBuilder sb = new StringBuilder("123")，那么 sb.Append("4")的返回结果是________。

3. 判断题

（1）String 类和 StringBuilder 类的字符串对象都可以修改。（　　）

（2）String 类的 Equals()方法用于比较两个字符串是否相同，如果相同，则返回 true。（　　）

（3）String 类的 Substring()方法用于截取一部分字符串。（　　）

（4）StringBuilder 类的 Capacity 属性可用于获取 StringBuilder 类对象的最大容量。（　　）

4. 程序题

（1）编写 C#程序，将用户输入的字符串反转后以小写形式输出。

（2）编写 C#程序，将字符串“小吴#1998-08-05#男#上海市浦东区|小李#2000-04-27#男#北京市海淀区|小张#1996-02-07#女#安徽省阜南县|小王#2000-12-13#女#北京市朝阳区”以如图 8-8 所示的效果输出到控制台。

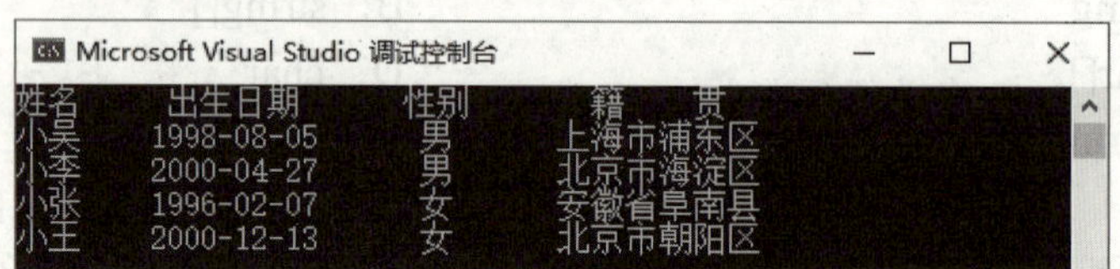

图 8-8　输出效果

（3）编写 C#程序，对用户发言进行监测，如果发现敏感词汇“有偿”“代练”“银行卡号”，则使用“**”进行屏蔽。

（4）分析下列代码能否编译通过，如果能通过，请列出运行结果，否则说明编译无法通过的原因并改正。

代码一：

```
class Program
{
    static void Main(string[] args)
    {
        string s = new string('a', 5);
        s[3] = 'b';
    }
}
```

代码二：

```
class Program
{
    static void Main(string[] args)
    {
        StringBuilder sb = new StringBuilder("aaaaa");
        String s = sb;
    }
}
```

项目评价

完成所有学习任务之后，请同学们按照以下要求完成学习成果评价。

全班同学每 4 人一组，各组成员结合课前、课中和课后的学习情况，以及项目实训和项目考核情况，按照表 8-9 的评价标准对本项目的学习成果进行自评和互评（组内成员互相打分），然后配合指导教师完成师评及总评。

表 8-9　学习成果评价表

<table>
<tr><th rowspan="2">评价项目</th><th rowspan="2">评价内容</th><th rowspan="2">分值</th><th colspan="3">评价得分</th></tr>
<tr><th>自评</th><th>互评</th><th>师评</th></tr>
<tr><td rowspan="3">知识
（50%）</td><td>String 类对象和 StringBuilder 类对象的创建方法</td><td>10 分</td><td></td><td></td><td></td></tr>
<tr><td>String 类的常用属性和常用方法</td><td>20 分</td><td></td><td></td><td></td></tr>
<tr><td>StringBuilder 类的常用属性和常用方法</td><td>20 分</td><td></td><td></td><td></td></tr>
<tr><td rowspan="2">能力
（30%）</td><td>利用 String 类编写实现用户注册和登录功能的 C# 程序</td><td>15 分</td><td></td><td></td><td></td></tr>
<tr><td>利用 StringBuilder 类编写模拟医院叫号系统的 C# 程序</td><td>15 分</td><td></td><td></td><td></td></tr>
<tr><td rowspan="2">素养
（20%）</td><td>培养系统思维，学会从全局出发来认识和把握事物</td><td>10 分</td><td></td><td></td><td></td></tr>
<tr><td>培养严谨、精益求精的学习态度</td><td>10 分</td><td></td><td></td><td></td></tr>
<tr><td colspan="2">合计</td><td>100 分</td><td></td><td></td><td></td></tr>
<tr><td>总评</td><td>自评（20%）+互评（20%）+师评（60%）=</td><td>综合等级：</td><td colspan="3">教师（签名）：</td></tr>
</table>

注：综合等级可以“优”（总评得分≥90 分）、“良”（80 分≤总评得分<90 分）、“中”（60 分≤总评得分<80 分）、“差”（总评得分<60 分）为标准进行评价。

项目九 异常处理与程序调试

项目目标

在程序运行过程中，出现异常是难以避免的。开发人员应了解异常处理机制，并能够检测和处理异常。此外，在编写程序的过程中，可能会出现一些错误，代码越复杂，出现错误的概率就越大，因此开发人员还需要对出现错误的程序进行调试。本项目主要介绍异常处理与程序调试的相关知识，包括异常类、异常处理语句、自定义异常类，以及在 Visual Studio 2022 中调试程序的方法。通过本项目的学习，读者应达到以下目标。

知识目标

- 了解 C#中的常用异常类。
- 掌握异常处理中 try…catch 语句、try…catch…finally 语句和 throw 语句的使用方法。
- 掌握自定义异常类的创建方法。
- 掌握断点调试、单步调试和设置条件断点的方法。
- 掌握在程序调试过程中查看变量的方法。

能力目标

- 能够编写捕获数学计算中的异常的 C#程序。
- 能够在 Visual Studio 2022 中对计算及格率的 C#程序进行调试。

素质目标

- 关注技术发展趋势和社会需求变化，合理制订个人职业规划。
- 强化责任意识，重视程序的安全性，采取有效措施降低程序异常引发的风险。

任务一　捕获数学计算中的异常

任务描述

本任务将编写一个捕获数学计算中的异常的 C#程序。在编写程序之前，先来学习一下异常类、异常处理语句，以及自定义异常类的相关知识。

一、异常类

异常是指程序在运行期间出现的错误或处于的不正常状态，如数组下标越界、将零作为除数、内存不足等。在 C#中，异常被封装为类，称为异常类。当程序出现异常时，会生成相应异常类的一个对象，通过该对象的属性可以获得异常的描述、异常产生的位置等信息。

C#预定义了大量的异常类来处理不同的异常，这些类都直接或间接地继承自 Exception 类，也就是说，Exception 类是所有异常类的基类，它包含在 System 命名空间中。表 9-1 列出了 C#中常用的预定义异常类。

表 9-1　C#中常用的预定义异常类

异常类	描述
System.IOException	处理 I/O 错误引发的异常
System.IndexOutOfRangeException	处理使用超出范围的数组索引引发的异常
System.ArrayTypeMismatchException	处理数组类型不匹配引发的异常
System.NullReferenceException	处理空引用引发的异常
System.DivideByZeroException	处理将零作为除数引发的异常
System.InvalidCastException	处理类型转换失败引发的异常
System.OutOfMemoryException	处理内存不足引发的异常
System.StackOverflowException	处理栈溢出引发的异常
System.FormatException	处理参数格式不符合要求引发的异常

例如，在使用数组时，如果索引超出取值范围，会出现如图 9-1 所示的“System.Index OutOfRangeException”异常提示。

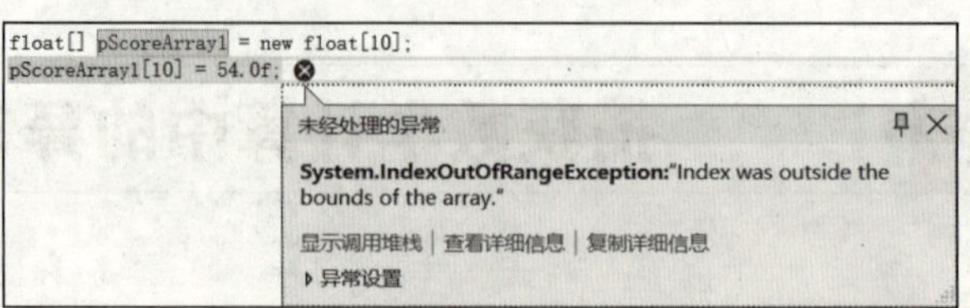

图 9-1 "System.IndexOutOfRangeException"异常提示

又如，当表达式中将零作为除数时会出现如图 9-2 所示的"System.DivideByZeroException"异常提示。

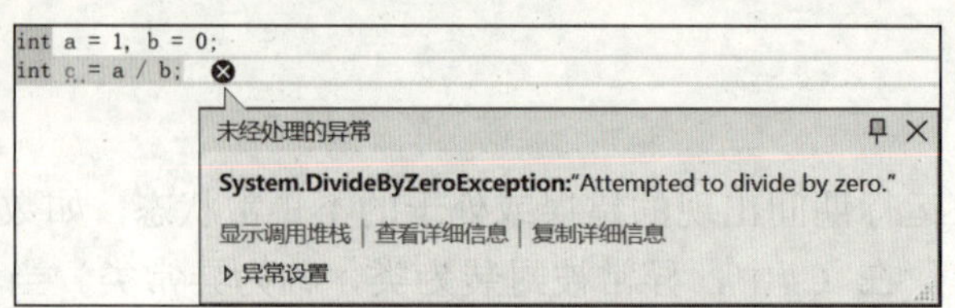

图 9-2 "System.DivideByZeroException"异常提示

二、异常处理语句

如果不对异常进行处理，程序就无法正常运行。C#提供了一种结构化的异常处理机制，即使用 try、catch、finally 和 throw 4 个关键字组成的语句来处理异常。

1. try…catch 语句

try…catch 语句由一个 try 语句和若干 catch 语句组成，其语法格式如下。

```
try
{
    可能出现异常的代码
}
catch [(ExceptionName e1)]
{
    处理异常的代码 1
}
catch [(ExceptionName e2)]
{
    处理异常的代码 2
}
…
catch [(Exception e)]
{
    处理异常的代码 n
}
```

其中，try 语句的作用是对可能出现异常的代码进行监控，如果出现异常，系统就会

自动抛出该异常，然后转到 catch 语句捕获并处理异常。每个 catch 语句对应一种特定的异常，如果没有匹配到对应的 catch 语句，就会给出“未经处理的异常”提示，同时停止程序的运行。

如果 try 语句没有抛出异常，则不会执行 catch 语句中的代码，而是继续执行 try…catch 语句后面的代码。

【实例 9-1】 try…catch 语句示例。

【参考代码】

```
namespace example9_1
{
    class Program
    {
        static void Main(string[] args)
        {
            int ret = 0;
            int[] pIntArray = {0, 1, 2, 3};
            //此处令 index 的值超出索引取值范围
            for (int index = 0; index <= pIntArray.Length; index++)
            {
                try                    //使用 try 语句监控可能出现异常的代码
                {
                    ret = 5 / pIntArray[index];
                    Console.WriteLine("{0}/{1}={2}", 5, pIntArray[index], ret);
                }
                /*使用 catch 语句捕获“System.DivideByZeroException”异常*/
                catch(DivideByZeroException e1)
                {
                    Console.WriteLine("除数不能为零！");
                }
                /*使用 catch 语句捕获“System.IndexOutOfRangeException”异常*/
                catch (IndexOutOfRangeException e2)
                {
                    Console.WriteLine("数组下标越界了！");
                }
            }
        }
    }
}
```

【运行结果】 程序运行结果如图 9-3 所示。

图 9-3 实例 9-1 运行结果

上述代码指定了异常的处理方法，而实际开发中往往会出现一些不可预知的异常，此时可以使用不带参数的 catch 语句捕获异常。

【实例 9-2】 修改实例 9-1 中的程序代码，使用无参数的 catch 语句捕获异常。

【参考代码】

```
namespace example9_2
{
    class Program
    {
        static void Main(string[] args)
        {
            int ret = 0;
            int[] pIntArray = {0, 1, 2, 3};
            //此处令 index 的值超出索引取值范围
            for (int index = 0; index <= pIntArray.Length; index++)
            {
                try                    //使用 try 语句监控可能出现异常的代码
                {
                    ret = 5 / pIntArray[index];
                    Console.WriteLine("{0}/{1}={2}", 5, pIntArray[index], ret);
                }
                catch                  //捕获异常
                {
                    Console.WriteLine("程序出现异常！");
                }
            }
        }
    }
}
```

【运行结果】 程序运行结果如图 9-4 所示。

图 9-4 实例 9-2 运行结果

上述代码中的无参数 catch 语句可以捕获各类异常，但是未能显示具体的异常信息，不利于进一步处理异常。如果无法预知会出现哪些异常，但又希望在捕获异常的同时能够显示具体的异常信息，这种情况下可以在 catch 语句中使用 Exception 类来捕获异常，然后通过 Exception 类的 Message 属性获取异常的描述信息。

【实例 9-3】　修改实例 9-2 中的程序代码，在 catch 语句中使用 Exception 类捕获异常并输出具体的异常信息。

【参考代码】

```
namespace example9_3
{
    class Program
    {
        static void Main(string[] args)
        {
            int ret = 0;
            int[] pIntArray = {0, 1, 2, 3};
            //此处令 index 的值超出索引取值范围
            for (int index = 0; index <= pIntArray.Length; index++)
            {
                try                    //使用 try 语句监控可能出现异常的代码
                {
                    ret = 5 / pIntArray[index];
                    Console.WriteLine("{0}/{1}={2}", 5, pIntArray[index], ret);
                }
                catch (Exception e)        //捕获异常
                {
                    //通过 Message 属性获取异常的描述信息
                    Console.WriteLine("异常信息: " + e.Message);
                }
            }
        }
    }
}
```

【运行结果】　程序运行结果如图 9-5 所示。

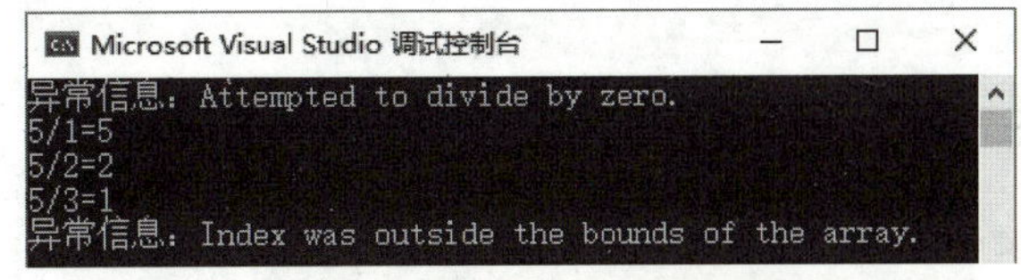
Microsoft Visual Studio 调试控制台
异常信息：Attempted to divide by zero.
5/1=5
5/2=2
5/3=1
异常信息：Index was outside the bounds of the array.

图 9-5　实例 9-3 运行结果

在使用 try...catch 语句时，需要注意以下几点。

（1）异常捕获的顺序与 catch 语句的顺序一致。

（2）Exception 类可以捕获所有类型的异常，所以可以放在最后一个 catch 语句中捕获所有未被前面的 catch 语句捕获的异常。

（3）try 语句中的变量要在 try 语句外赋初值，这样可以确保即使 try 语句的内部出现异常，变量仍可以正常使用。

2. try…catch…finally 语句

finally 语句用于执行特定的语句，无论程序是否出现异常，finally 语句中的代码最终都会执行。因此，finally 语句通常用于释放 try 语句中分配的资源，以确保无论程序是否出现异常，这些资源都能得到正确释放。

将 finally 语句与 try…catch 语句相结合可形成 try…catch…finally 语句。try…catch…finally 语句的语法格式如下。

```
try
{
    可能出现异常的代码
}
catch [(ExceptionName e)]
{
    处理异常的代码
}
…
finally
{
    必须执行的代码
}
```

需要注意的是，finally 语句的主要目的是使资源能够得到正确释放，应避免在 finally 语句中使用改变程序流程的语句，如 break 语句、continue 语句等，以免引起代码混乱或出现一些未知的错误。

【实例 9-4】 try…catch…finally 语句示例。

【参考代码】

```
namespace example9_4
{
    class Program
    {
        static void Main(string[] args)
        {
            int ret = 0;
```

```
            int[] pIntArray = {0, 1, 2, 3};
            //此处令 index 的值超出索引取值范围
            for (int index = 0; index <= pIntArray.Length; index++)
            {
                try                    //使用 try 语句监控可能出现异常的代码
                {
                    ret = 5 / pIntArray[index];
                    Console.WriteLine("{0}/{1}={2}", 5, pIntArray[index], ret);
                }
                catch (Exception e)  //捕获异常并输出异常的描述信息
                {
                    Console.WriteLine("异常信息: " + e.Message);
                }
                finally
                {
                    Console.WriteLine("无论是否出现异常，finally 语句中的代码都会执行。");
                }
            }
        }
    }
}
```

【运行结果】　程序运行结果如图 9-6 所示。

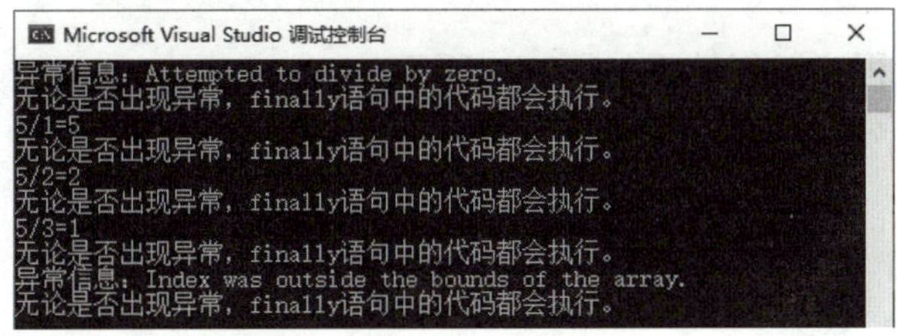

```
异常信息: Attempted to divide by zero.
无论是否出现异常，finally语句中的代码都会执行。
5/1=5
无论是否出现异常，finally语句中的代码都会执行。
5/2=2
无论是否出现异常，finally语句中的代码都会执行。
5/3=1
无论是否出现异常，finally语句中的代码都会执行。
异常信息: Index was outside the bounds of the array.
无论是否出现异常，finally语句中的代码都会执行。
```

图 9-6　实例 9-4 运行结果

3. throw 语句

C#程序在运行时可以自动抛出异常，也可以使用关键字 throw 来手动抛出异常。throw 语句的常用语法格式如下。

```
throw new 异常对象(异常信息);
```

其中，异常对象必须是 Exception 类的派生类对象，异常信息表示需要输出的信息。

通常情况下，throw 语句会与 try…catch 语句或 try…catch…finally 语句一起使用，用于在 try 语句中抛出异常。此外，throw 语句也可用于重新引发已经捕获的异常，即在 catch 语句中再次抛出异常。

【实例 9-5】 使用 throw 语句抛出除数为 0 的异常。

【参考代码】

```
namespace example9_5
{
    class Program
    {
        static void Main(string[] args)
        {
            int ret = 0, a = 5, b = 0;
            try                     //使用try语句监控可能出现异常的代码
            {
                if (b == 0)         //当除数为 0 时，手动抛出异常
                {
                    throw new DivideByZeroException("异常信息：除
数不能为 0！");
                }
                ret = a / b;
                Console.WriteLine("ret = " + ret);
            }
            catch (Exception e)                     //捕获异常
            {
                Console.WriteLine(e.Message);//输出异常信息
            }
        }
    }
}
```

【运行结果】 程序运行结果如图 9-7 所示。

图 9-7　实例 9-5 运行结果

三、自定义异常类

系统预定义的异常类通常可以满足开发过程中的大部分异常情况，但有时程序会有一些特殊要求，如用户年龄不能小于 0、手机号长度不能大于 11 位等。从语法上来讲，变量在赋值时未满足特定要求是不会出现异常的。这种情况下，就需要创建自定义异常类，使系统能够识别特定异常并进行处理。

自定义异常类必须直接或间接地继承自 Exception 类，其常用的语法格式如下。

```
class 自定义异常类类名 : Exception
{
    //定义构造方法，参数 message 用于为 Message 属性赋值
```

```
        public 自定义异常类类名(string message) : base(message)
        {
        }
    }
```

通常会在自定义异常类的构造方法中调用基类的构造方法来设置 Message 属性。此外，由于异常属于不可预知事件，并不总是发生，所以在使用 throw 语句抛出异常前，一般会先使用 if 语句来判断是否满足抛出异常的条件。

【实例 9-6】 创建自定义异常类，用于验证用户输入的年龄是否合理。

【参考代码】

使用创建类的方式创建自定义异常类 AgeLowerThanZeroException，AgeLowerThanZeroException.cs 文件中的代码如下。

```
namespace example9_6
{
    //自定义异常类 AgeLowerThanZeroException 类
    public class AgeLowerThanZeroException : Exception
    {
        public  AgeLowerThanZeroException(string  message)  :
base(message)
        {
        }
    }
}
```

Program.cs 文件中的代码如下。

```
namespace example9_6
{
    class Program
    {
        static void Main(string[] args)
        {
            Console.Write("请输入年龄: ");
            int age = int.Parse(Console.ReadLine());
            try
            {
                if (age < 0)          //当年龄小于 0 时，手动抛出异常
                {
                    throw new AgeLowerThanZeroException("年龄不能
小于 0! ");
                }
                Console.WriteLine("用户年龄: " + age);
            }
            catch (AgeLowerThanZeroException e)
            {
```

```
                Console.WriteLine("异常信息: " + e.Message);
            }
        }
    }
}
```

【运行结果】 运行程序，根据提示输入年龄（如合理年龄“23”和不合理年龄“-3”），程序运行结果如图 9-8 所示。

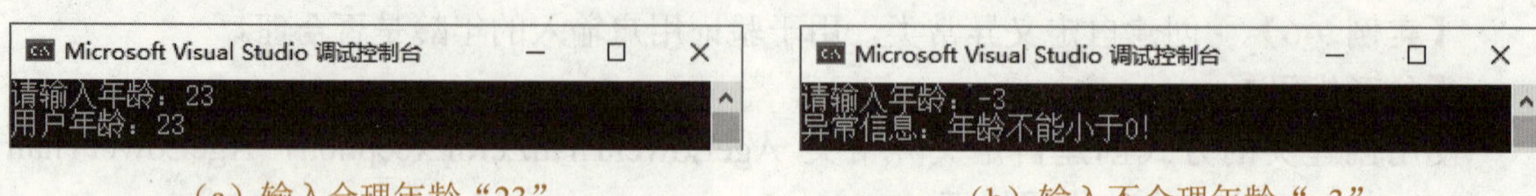

（a）输入合理年龄“23”　　（b）输入不合理年龄“-3”

图 9-8 实例 9-6 运行结果

在程序开发过程中，难免会出现一些异常，正如人生的道路上不会一帆风顺。我们要永远保持头脑清醒，继续发扬筚路蓝缕、以启山林的精神，继续保持空谈误国、实干兴邦的警醒，敢于战胜前进道路上的一切困难和挑战。

任务实施

捕获数学计算中的异常

本任务实施创建一个捕获数学计算中异常的 C#控制台应用程序。计算规则：用户输入 x 和 y 的值，然后根据公式 $z=1+\sqrt{x^2-y^2}/(x-y)$ 计算 z 的值并将其保留两位小数后输出。

由公式可以看出，程序在运行时可能出现的异常有 3 种：一种是输入了非数值型数据；另一种是输入的 x 和 y 的值相同，导致除数为 0；还有一种是输入的 x 的绝对值小于 y 的绝对值，导致不能进行开平方运算。其中，第 1 种异常可使用系统预定义的 FormatException 类捕获；第 2 种异常可使用系统预定义的 DivideByZeroException 类捕获；第 3 种异常可使用自定义异常类捕获。

参考代码

创建自定义异常类 DivSqrtException 类，DivSqrtException.cs 文件中的代码如下。

```
namespace ch9_1
{
    //自定义异常类 DivSqrtException 类
    public class DivSqrtException : Exception
    {
        public DivSqrtException(string message) : base(message)
        {
        }
    }
}
```

Program.cs 文件中的代码如下。

```
namespace ch9_1
{
    class Program
    {
        static void Main(string[] args)
        {
            double x, y, z;
            try                   //使用 try 语句监控可能出现异常的代码
            {
                Console.Write("请输入 x 的值: ");
                x = double.Parse(Console.ReadLine());
                Console.Write("请输入 y 的值: ");
                y = double.Parse(Console.ReadLine());
                if (x == y)  //当 x 与 y 相等时，抛出异常
                {
                    throw new DivideByZeroException("x 与 y 相等，
除数为 0! ");
                }
                //当 x 的绝对值小于 y 的绝对值时，抛出异常
                //Math.Abs()方法用于求绝对值
                else if (Math.Abs(x) < Math.Abs(y))
                {
                    throw new DivSqrtException("x 的绝对值小于 y 的
绝对值，不能开平方! ");
                }
                else
                {
                    //计算 z 的值，Math.Sqrt()方法用于开平方运算
                    z = 1 + Math.Sqrt(x * x - y * y) / (x - y);
                    Console.WriteLine("z 的值: "+Math.Round(z, 2));
                }
            }
            catch (FormatException e1)
            {
                Console.WriteLine("异常信息:输入的数据类型不正确!");
            }
            catch (DivideByZeroException e2)
            {
                Console.WriteLine("异常信息: " + e2.Message);
            }
            catch (DivSqrtException e)
            {
```

```
                Console.WriteLine("异常信息: " + e.Message);
            }
        }
    }
}
```

运行结果

运行程序，根据提示依次输入 x 和 y 的值（如非数值型数据“a”；符合条件的数据“4”“1”；令 x 和 y 的值相等的数据“4”“4”；令 x 的绝对值小于 y 的绝对值的数据“-1”“-4”），程序运行结果如图 9-9 所示。

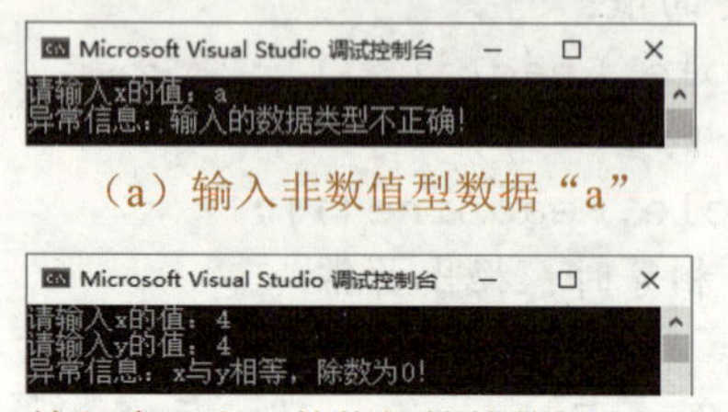

（a）输入非数值型数据“a”

（b）输入符合条件的数据“4”“1”

（c）输入令 x 和 y 的值相等的数据“4”“4”

（d）输入令 x 的绝对值小于 y 的绝对值的数据“-1”“-4”

图 9-9　运行结果

任务二　调试计算及格率的 C#程序

任务描述

本任务将在 Visual Studio 2022 中对计算及格率的 C#程序进行调试。在调试程序之前，先来学习一下断点调试、单步调试和设置条件断点的方法，以及在程序调试过程中查看变量的方法。

一、断点调试

在编程过程中，除了常见的语法错误和异常外，还可能会出现一些逻辑错误，这些逻辑错误通常不会产生异常，但是会导致程序的运行结果不正确，此时可以借助 Visual Studio 自带的程序调试功能快速定位错误。

断点是可靠调试的一个重要特性，通常用于在程序调试时定位错误或查找程序的执行路径。当程序执行到断点处会自动中断，以便查看程序的状态，包括变量的值、内存情况及程序的执行路径等，这种调试方式就称为断点调试。

在 Visual Studio 2022 中，为程序设置断点的方法有以下 4 种。

（1）单击需要设置断点的代码行左侧的灰色区域。

（2）单击需要设置断点的代码行的任意位置，然后按“F9”快捷键。

（3）单击需要设置断点的代码行的任意位置，然后在菜单栏中选择“调试”→“切换断点”菜单项，如图 9-10 所示。

（4）右击需要设置断点的代码行的任意位置，在打开的快捷菜单中选择“断点”→“插入断点”选项，如图 9-11 所示。

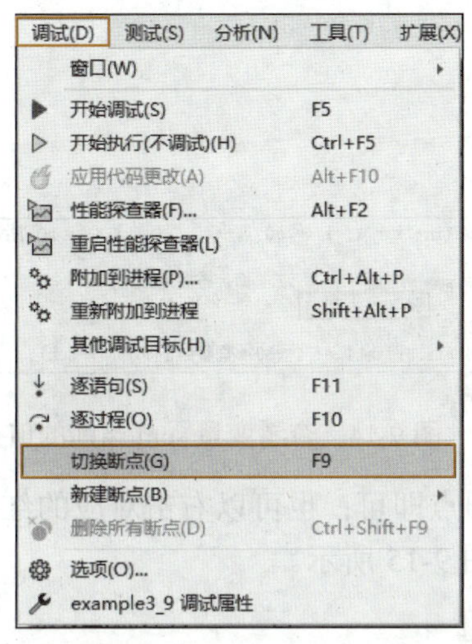

图 9-10　选择“调试”→“切换断点”菜单项

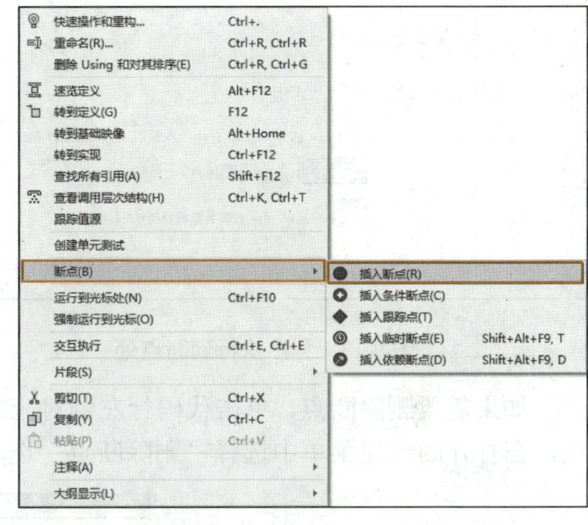

图 9-11　选择“断点”→“插入断点”选项

断点设置成功后，代码行左侧灰色区域的对应位置会出现一个红色圆点（断点标记），并且该行代码会呈高亮显示。例如，在使用 for 语句求 1～50 所有整数和的 C#程序中，为语句“sum += i;”设置断点，效果如图 9-12 所示。

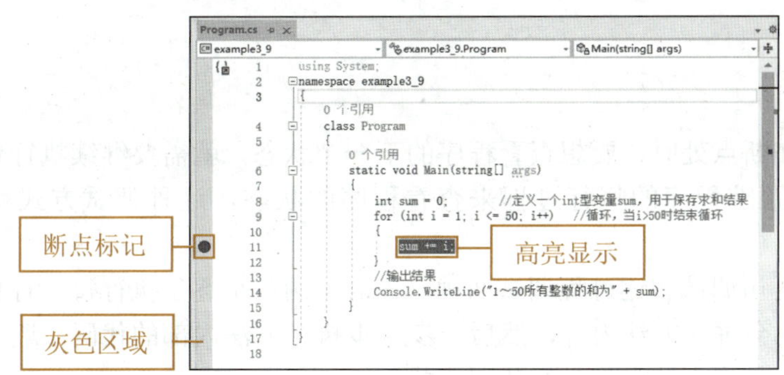

图 9-12　设置断点后的效果

设置好断点后，就可以进入调试模式调试程序了。常用的进入调试模式的方法有以下 3 种。

（1）单击工具栏中的启动按钮▶。

（2）按“F5”快捷键。

（3）在菜单栏中选择“调试”→“开始调试”菜单项。

进入调试模式后，程序开始执行，当执行到断点处会自动中断，红色圆点上会出现黄色箭头，且该行代码的底色会变为黄色（见图 9-13），程序中未执行到的断点仍是红色圆点标识。此时可以查看程序的状态，如将鼠标指针放在相应的变量上，会显示变量当前的值，如图 9-14 所示。

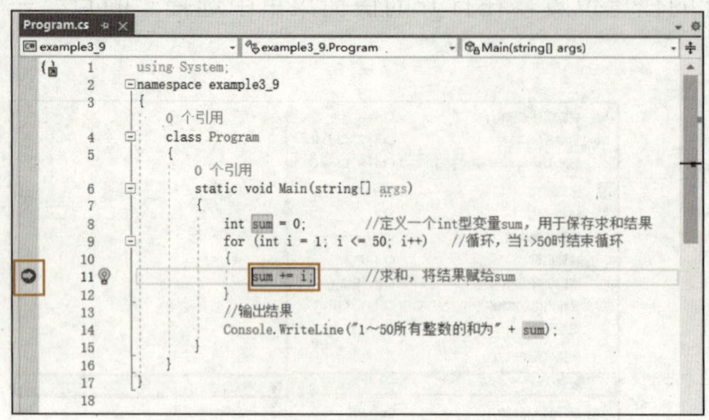

图 9-13　程序执行到断点处

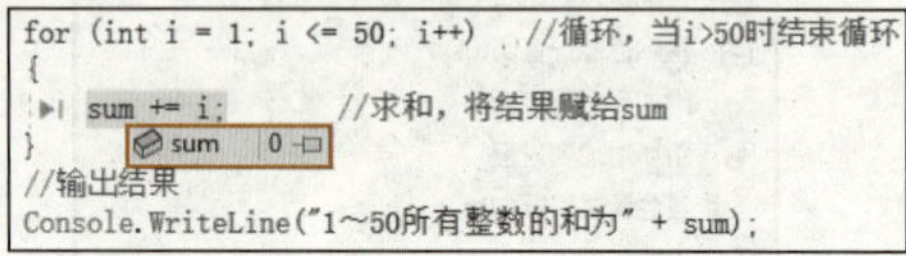

图 9-14　查看变量 sum 当前的值

如果需要删除断点，单击代码行左侧对应的红色圆点即可；也可以右击对应的红色圆点，在打开的快捷菜单中选择“删除断点”选项，如图 9-15 所示。

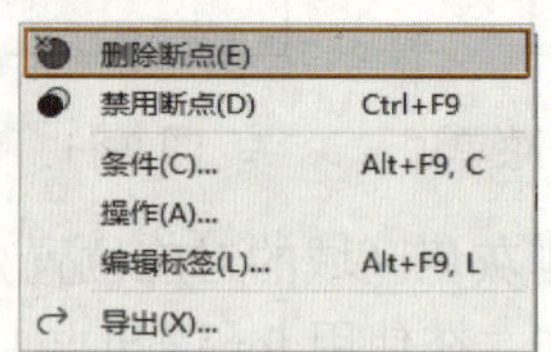

图 9-15　选择“删除断点”选项

二、单步调试

当程序执行停留在断点处时，要想查看程序的下一个状态，就需要继续执行代码。开发人员可以通过逐步跟踪程序的执行过程来查看程序的状态，这种调试方式称为单步调试。

单步调试分为逐语句调试和逐过程调试两种。逐语句调试是逐条执行每一行代码，如果遇到调用的方法，则会进入方法内部，然后一步一步执行方法内部的代码；逐过程调试则不进入方法内部，而是将方法当作一行代码来执行。

在进入调试模式后，工具栏中会出现调试按钮，如图 9-16 所示。

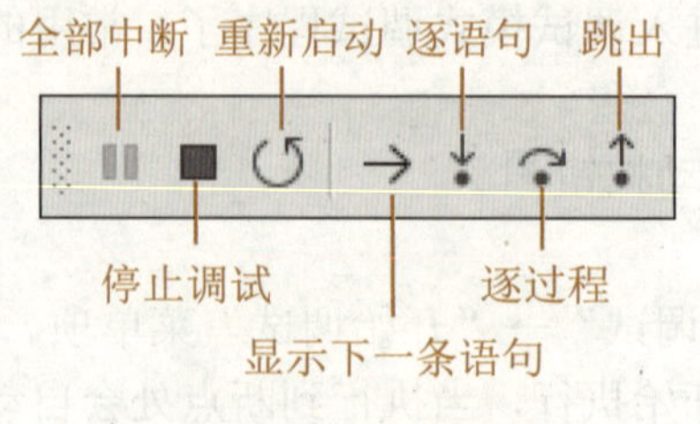

图 9-16　调试按钮

（1）“全部中断”按钮：单击该按钮可将正在执行的程序全部中断，快捷键为“Ctrl+Alt+Break”。

（2）“停止调试”按钮：单击该按钮可停止调试程序，快捷键为“Shift+F5”。

（3）“重新启动”按钮：单击该按钮可重新启动程序调试，快捷键为“Ctrl+Shift+F5”。

（4）“显示下一条语句”按钮：单击该按钮可突出显示下一条执行的语句，快捷键为“Alt+数字键区中的*”。

（5）“逐语句”按钮：单击该按钮可逐语句调试程序，快捷键为“F11”。

（6）“逐过程”按钮：单击该按钮可逐过程调试程序，快捷键为“F10”。

（7）“跳出”按钮：单击该按钮可跳出正在执行的程序，快捷键为“Shift+F11”。

三、条件断点

在程序开发中，如果代码的循环次数比较多，使用单步调试就会比较烦琐。例如，在使用 for 语句求 1～50 所有整数的和时，要想查看第 42 次循环的求和结果，使用单步调试就要不停地按“F11”快捷键。要改善这种情况，就可以通过设置条件断点来进行调试。

在 Visual Studio 2022 中设置条件断点的具体方法是，右击设置的断点，在打开的快捷菜单中选择“条件”选项，然后在打开的“断点设置”面板中进行条件设置，如图 9-17 所示。

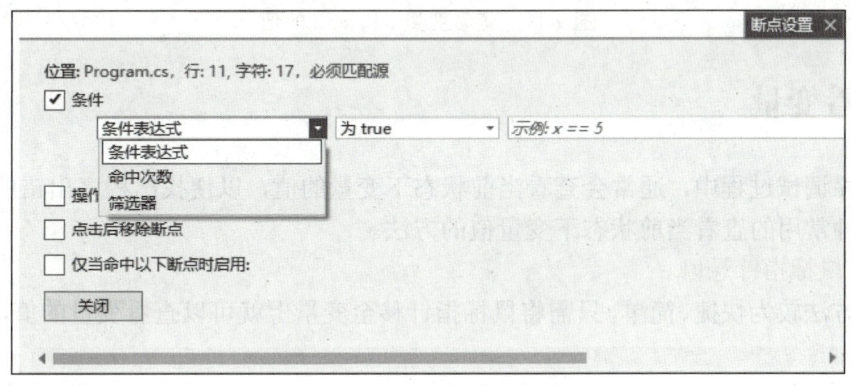

图 9-17　“断点设置”面板

从图 9-17 可以看出，断点条件可以选择“条件表达式”“命中次数”“筛选器”中的一种。其中，条件表达式最为常用。如果选择条件表达式，意味着当表达式为真或值发生更改时才会中断程序。

【实例 9-7】　查看使用 for 语句求 1～50 所有整数的和时第 42 次循环的求和结果。

【参考步骤】

步骤 1　首先在“sum += i;”语句处设置断点，然后右击该断点，在打开的快捷菜单中选择“条件”选项，接着在打开的“断点设置”面板中保持其他设置不变，输入程序中断的条件表达式“i == 42”，最后单击“关闭”按钮完成条件设置，如图 9-18 所示。

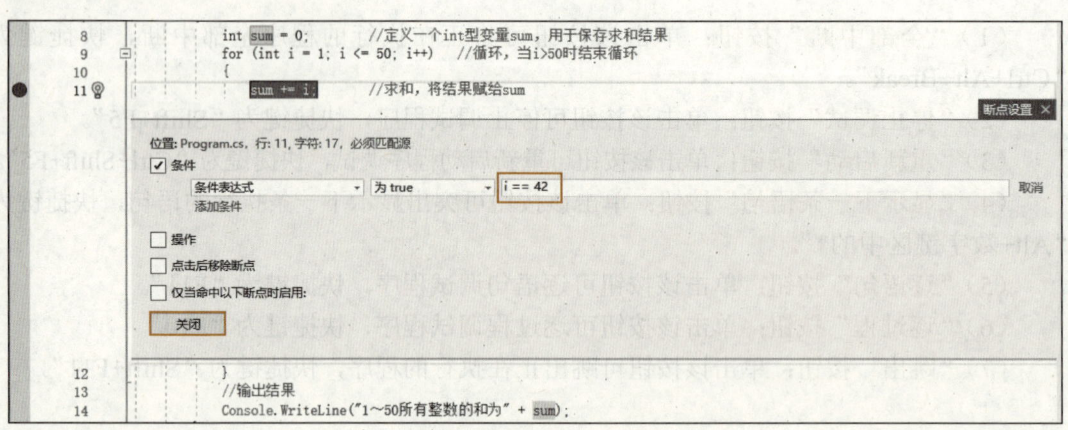

图 9-18　设置程序中断的条件

步骤 2　按“F5”快捷键进入调试模式，将鼠标指针分别移至变量 i 和 sum 上，可以查看当前状态下变量 i 和 sum 的值，如图 9-19 所示。可以看出，使用 for 语句求 1～50 所有整数的和时第 42 次循环的求和结果为 861。

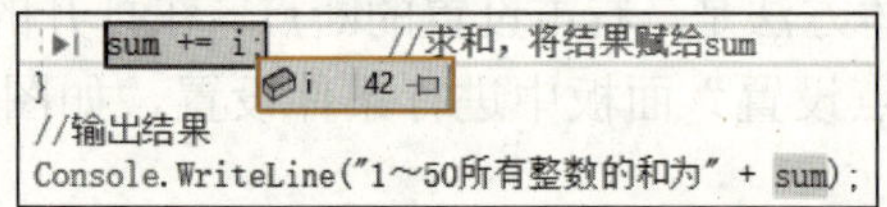

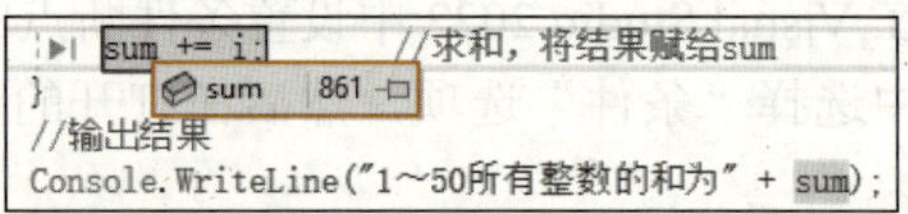

图 9-19　查看变量 i 和 sum 的值

四、查看变量

在程序调试过程中，通常会查看当前状态下变量的值，以便找出程序出错的原因。下面介绍几种常用的查看当前状态下变量值的方法。

（1）鼠标指针悬停。

这种方法较为快捷、简单，只需将鼠标指针移至变量上就可以查看变量的值，如图 9-19 所示。

（2）利用自动窗口或局部变量窗口。

进入调试模式后，会自动打开自动窗口（见图 9-20），在该窗口中可以查看当前执行的代码中变量的信息，包括名称、值和类型。单击下方的“局部变量”标签，会切换到局部变量窗口（见图 9-21），在该窗口中可以查看当前执行的方法或代码块中变量的信息。

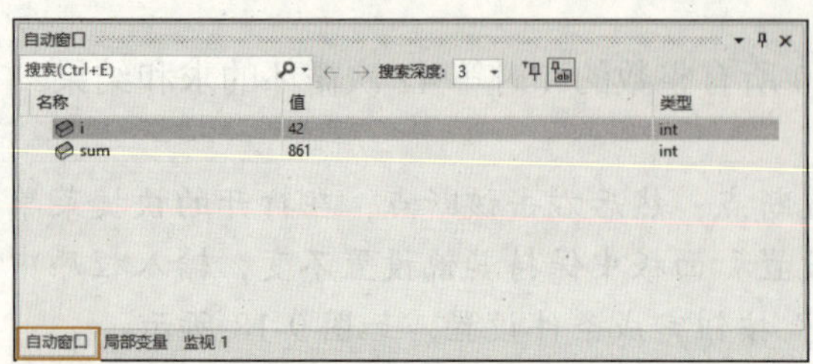

图 9-20　自动窗口

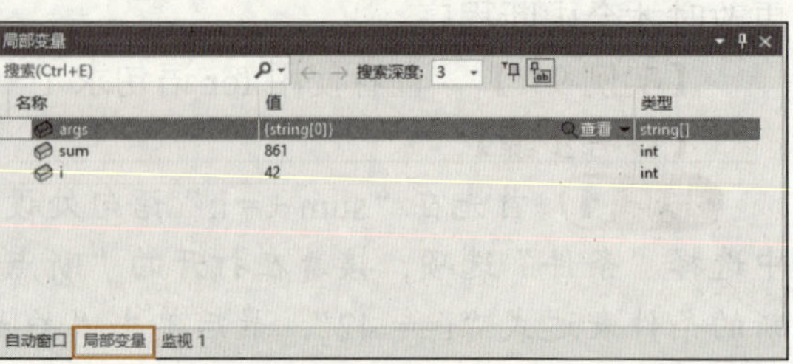

图 9-21　局部变量窗口

（3）利用监视窗口。

在实际开发中，变量可能有很多，而自动窗口和局部变量窗口会给出所有变量的信息，不利于查看某一变量的信息，此时可以使用监视窗口查看指定变量的信息。在自动窗口或局部变量窗口中单击“监视 1”标签切换到监视窗口，然后单击“添加要监视的项”文字，并在编辑框中输入要查看的变量名，即可查看该变量的信息，如图 9-22 所示。

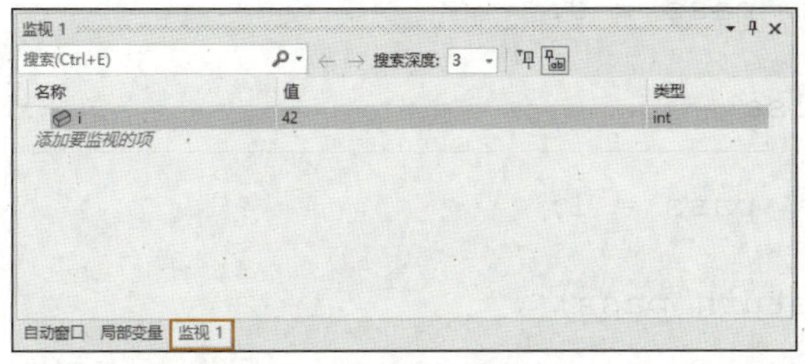

图 9-22　监视窗口

（4）利用即时窗口。

进入调试模式后，输出窗口的位置会出现许多标签，如“调用堆栈”“断点”“异常设置”“命令窗口”“即时窗口”等。单击“即时窗口”标签切换到即时窗口，直接输入变量名并按“Enter”键，即可查看相应变量的值，如图 9-23 所示。

图 9-23　即时窗口

任务实施

本任务实施在 Visual Studio 2022 中对计算及格率的 C#程序进行调试。其中，计算及格率的 C#程序的具体描述如下。

调试计算及格率的 C#程序

依次输入学生成绩，程序会分别统计及格学生和不及格学生的人数（成绩大于等于 60 分为及格，否则为不及格），并计算及格率。当输入非数值型数据时，输出“输入的数据类型不正确！”提示信息并退出程序；当输入小于 0 或大于 100 的数据时，输出“无效成绩！”提示信息并退出程序。

根据上述程序描述，给出参考代码如下。

```
namespace ch9_2
{
    class Program
```

```
    {
        static int Count(double x)
        {
            int pass;
            if (x < 60)
            {
                pass = 0;
            }
            else
            {
                pass = 1;
            }
            return pass;
        }
        static void PassRate()
        {
            int passNumber = 0;
            int failNumber = 0;
            double number;
            int flag;
            Console.WriteLine("请输入学生成绩(0～100分),每个成绩按
“Enter”键确认（输入完毕后，再次按“Enter”键）：");
            do
            {
                try
                {
                    string input = Console.ReadLine();
                    if (string.IsNullOrEmpty(input))
                    {
                        break;
                    }
                    double score = double.Parse(input);
                    if (score >= 0 && score <= 100)
                    {
                        flag = Count(score);
                        passNumber += flag;
                        failNumber = (flag == 1) ? 1 : 0;
                    }
                    else
                    {
                        Console.WriteLine("无效成绩！");
                        break;
                    }
                }
                catch
```

```
            {
                Console.WriteLine("输入的数据类型不正确！");
                break;
            }
        } while (true);
        if (passNumber + failNumber != 0)
        {
            Console.WriteLine("及格人数:{0}\t 不及格人数:{1}\n", passNumber, failNumber);
            Console.WriteLine("及格率:{0}%", (float)passNumber / (passNumber + failNumber) * 100);
        }
    }
    static void Main(string[] args)
    {
        PassRate();
    }
  }
}
```

上述代码能够通过编译，但运行结果不正确。下面在 Visual Studio 2022 中通过调试来排查程序中的错误。

步骤 1 启动 Visual Studio 2022 并新建项目，然后在 Program.cs 文件中输入要调试的程序代码。

步骤 2 按“F5”快捷键运行程序，然后根据提示输入测试数据“80”“56”“89”“90”“51”，程序运行结果如图 9-24 所示。从图 9-24 可以看出，不及格人数统计有误，进而导致及格率的计算也出现错误。

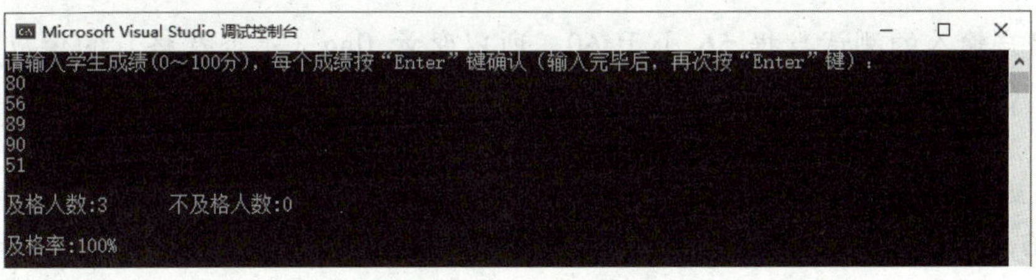

图 9-24　运行结果

步骤 3 为了查看变量值的变化情况，在计算不及格人数的语句前（if 语句处）设置断点，如图 9-25 所示。

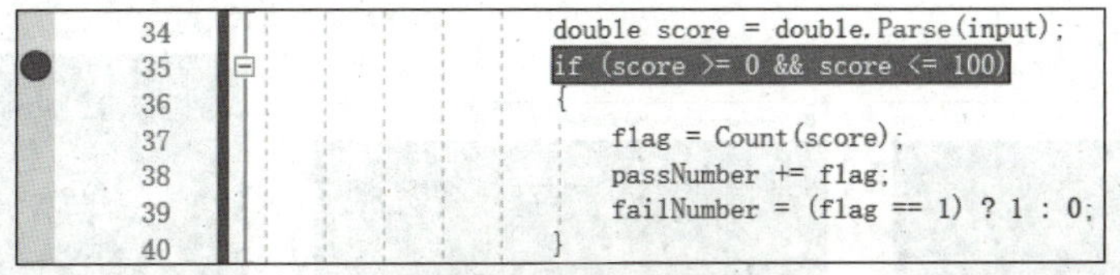

图 9-25　设置断点

步骤 4 按"F5"快捷键运行程序，然后输入测试数据"56"并按"Enter"键，接着单击自动窗口中的"监视 1"标签，切换到监视窗口，最后将变量 flag 和 failNumber 添加到监视窗口，如图 9-26 所示。

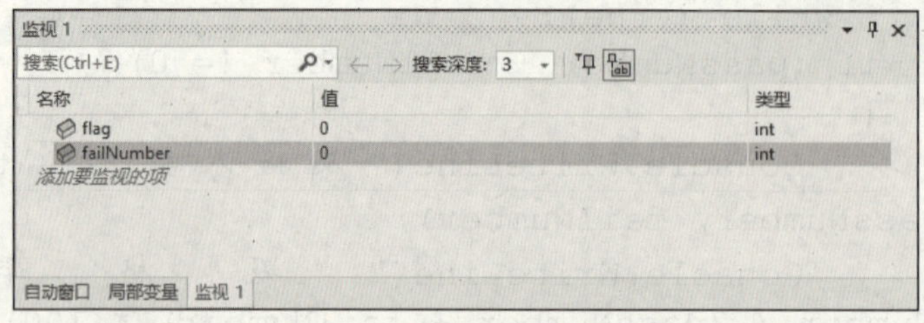

图 9-26 在监视窗口中添加变量 flag 和 failNumber

步骤 5 单击工具栏中的"逐过程"按钮，当计算变量 failNumber 的语句执行完毕时，可以发现监视窗口中变量 flag 和 failNumber 的值均为 0，如图 9-27 所示。

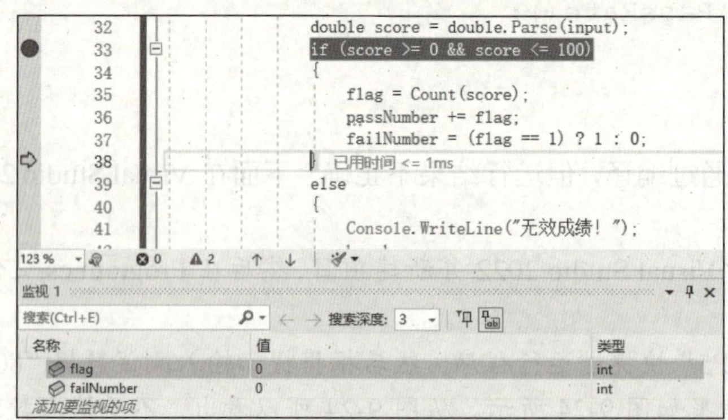

图 9-27 在监视窗口中查看变量 flag 和 failNumber 的变化情况

由于用户输入的测试数据 56 小于 60，所以变量 flag（是否及格）的值应为 0，变量 failNumber（不及格人数）应在变量 flag 为 0 时加 1。因此，应修改变量 failNumber 的计算语句，修改如下。

```
failNumber += (flag == 0) ? 1 : 0;
```

步骤 6 单击工具栏中的"停止调试"按钮■，按"F5"快捷键再次运行程序，并输入测试数据"56"，参照步骤 5 的方法查看变量 flag 和 failNumber 的变化情况，可以发现变量 failNumber 的值为 1，证明修改后的代码是正确的。

步骤 7 单击工具栏中的"停止调试"按钮■，并单击断点处的红色圆点删除断点。

步骤 8 按"F5"快捷键运行程序，不同情况下程序的运行结果如图 9-28 所示。

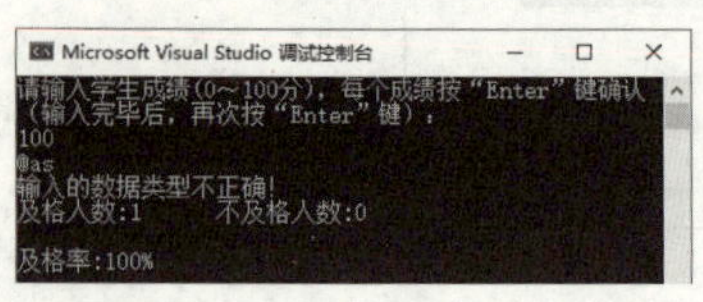

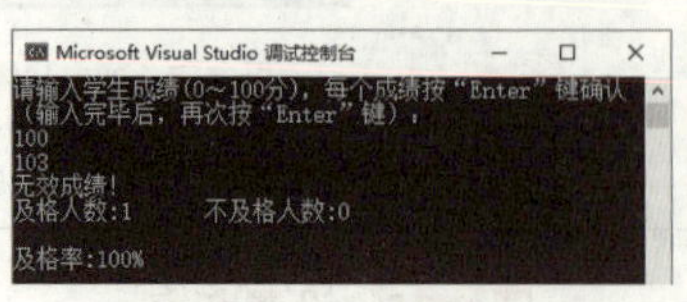

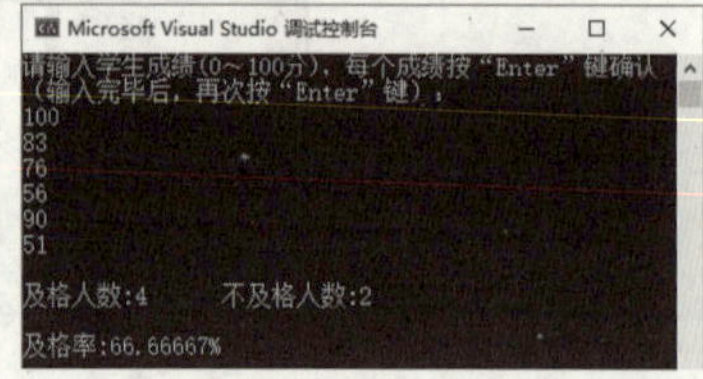

图 9-28 运行结果

项目实训

1. 实训目标

（1）练习异常的捕获与处理方法。

（2）练习使用 Visual Studio 2022 调试程序。

2. 实训内容

下列 C#程序用于判断用户输入的年份是否为闰年，具体描述如下。

（1）能够捕获用户输入非法数据（如字母、特殊符号）时产生的异常，且在用户输入非法数据时退出程序。

（2）当用户输入的年份超出合理范围（1—9999）时提示用户重新输入。

```
namespace ch9_3
{
    class Program
    {
        static void Main(string[] args)
        {
            while (true)
            {
                Console.Write("请输入年份: ");
                string input = Console.ReadLine();
                try
                {
                    int year = int.Parse(input);
                    if (year < 1 && year > 9999)
                    {
                        Console.WriteLine("年份超出合理范围（1—9999)，请重新输入: ");
                        break;
                    }
                    else if ((year % 4 == 0 && year % 100 != 0) || year % 400 == 0)
                    {
                        Console.WriteLine("{0}年是闰年。", year);
                    }
                    else
                    {
                        Console.WriteLine("{0}年不是闰年。", year);
                    }
                }
```

```
                    catch (DivideByZeroException e)
                    {
                        Console.WriteLine("异常信息: " + e.Message);
                        break;
                    }
                }
            }
        }
    }
```

上述代码能够通过编译，但不能按预想的方式运行，要求在 Visual Studio 2022 中通过调试来排查程序中的错误。

3. 操作提示

（1）输入非数值型数据时，出现“System.FormatException”异常提示，可知程序没有对该异常进行处理，而“catch (DivideByZeroException e)”用于捕获除数为 0 时产生的异常（本例不涉及），应将其修改为“catch (FormatException e)”或“catch (Exception e)”。

（2）输入超出合理范围（1—9999）的数据时，发现程序并未提示用户重新输入。首先在判断输入的年份是否超出合理范围的语句前（if 语句处）设置断点，然后运行程序并输入一个超出合理范围的数据，接着将变量 year（年份）添加到监视窗口，最后使用“逐语句”按钮进行调试。

项目考核

1. 选择题

（1）在 C#中，可以使用异常处理机制来处理程序中出现的（　　）错误。

A．运行　　B．语法　　C．逻辑　　D．拼写

（2）下列关于 try…catch…finally 语句的说法，错误的是（　　）。

A．try 语句只能有一个

B．catch 语句可以有多个

C．无论程序是否发生异常，最终都会执行 finally 语句

D．异常捕获的顺序与 catch 语句的顺序无关

（3）在程序开发中，如果除数为 0 会抛出（　　）异常。

A．IndexOutOfRangeException　　B．DivideByZeroException

C．OutOfMemoryException　　D．StackOverflowException

（4）在无法预知异常的情况下，可以在 catch 语句中使用（　　）类来捕获异常。

A．Exception　　B．DivideByZeroException

C．IndexOutOfRangeException　　D．以上 3 个都可以

（5）下列选项中，无法为程序设置断点的是（　　）。

A．单击代码行左侧的灰色区域

B．在菜单栏中选择“调试”→“切换断点”菜单项

C．使用“F11”快捷键

D．在打开的右键快捷菜单中选择“断点”→“插入断点”选项

2．填空题

（1）在C#中，__________类是所有异常类的基类。

（2）_______语句的作用是对可能出现异常的代码进行监控。

（3）在C#中，可以使用关键字_________来手动抛出异常。

（4）在程序调试过程中，通常需要设置________来定位错误或查找程序的执行路径。

3．判断题

（1）在try…catch语句中，如果try语句没有抛出异常，则不会执行catch语句中的代码。（　　）

（2）在程序开发过程中，应尽可能地监控所有可能引发异常的代码。（　　）

（3）逐过程调试会进入方法内部，然后一步一步执行方法内部的代码。（　　）

（4）在Visual Studio 2022中，使用监视窗口可以查看指定变量的信息。（　　）

4．程序题

（1）编写C#程序，将用户输入的数据转换为double类型，如果无法转换为double类型（如输入非数值型数据），则抛出异常并输出异常信息。

（2）下列C#程序用于将输入的整数翻转，如输入“1234”，则输出其翻转数“4321”。要求在Visual Studio 2022中通过调试来排查代码中的错误。

```
namespace exercise9_2
{
    class Program
    {
        static void Main(string[] args)
        {
            Console.Write("请输入1个整数：");
            string input = Console.ReadLine();
            try
            {
                int number = int.Parse(input);
                Console.WriteLine(" 翻 转 后 的 整 数 ： " + 
ReverseNumber(number));
            }
            catch(IndexOutOfRangeException e)
            {
                Console.WriteLine("异常信息：" + e.Message);
            }
        }
        static int ReverseNumber(int num)
        {
            int reversedNum = 0;
            int remainder = num % 10;
```

```
                reversedNum = reversedNum * 10 + remainder;
                num = num / 10;
                return num;
            }
        }
    }
```

项目评价

完成所有学习任务之后，请同学们按照以下要求完成学习成果评价。

全班同学每 4 人一组，各组成员结合课前、课中和课后的学习情况，以及项目实训和项目考核情况，按照表 9-2 的评价标准对本项目的学习成果进行自评和互评（组内成员互相打分），然后配合指导教师完成师评及总评。

表 9-2　学习成果评价表

评价项目	评价内容	分值	评价得分		
			自评	互评	师评
知识（50%）	C#中的常用异常类	5 分			
	异常处理中 try…catch 语句、try…catch…finally 语句和 throw 语句的使用方法	15 分			
	自定义异常类的创建方法	10 分			
	断点调试、单步调试和设置条件断点的方法	10 分			
	在程序调试过程中查看变量的方法	10 分			
能力（30%）	编写捕获数学计算中的异常的 C#程序	15 分			
	在 Visual Studio 2022 中对计算及格率的 C#程序进行调试	15 分			
素养（20%）	关注技术发展趋势和社会需求变化，合理制订个人职业规划	10 分			
	强化责任意识，重视程序的安全性，采取有效措施降低程序异常引发的风险	10 分			
合计		100 分			
总评	自评（20%）+互评（20%）+师评（60%）=	综合等级：	教师（签名）：		

注：综合等级可以“优”（总评得分≥90 分）、“良”（80 分≤总评得分<90 分）、“中”（60 分≤总评得分<80 分）、“差”（总评得分<60 分）为标准进行评价。

项目十 文件操作

项目目标

文件操作是常见的I/O操作，它在程序开发中占据着重要的地位。在C#中，System.IO命名空间提供了多种用于文件操作的类，只要掌握这些类的方法，就可以轻松实现对文件和目录的操作。本项目主要介绍File类与FileInfo类、Directory类与DirectoryInfo类，以及FileStream类、StreamReader类与StreamWriter类的相关知识。通过本项目的学习，读者应达到以下目标。

知识目标

- 掌握File类的常用方法，以及FileInfo类的常用属性和常用方法。
- 掌握Directory类的常用方法，以及DirectoryInfo类的常用属性和常用方法。
- 熟悉FileStream类对象的创建方法。
- 掌握FileStream类的常用方法。
- 掌握StreamReader类与StreamWriter类的常用方法。

能力目标

- 能够编写管理文件和目录的C#程序。
- 能够编写对文本文件进行读写操作的C#程序。

素质目标

- 提升问题分析能力，能够对复杂的问题进行分解，以便更快地解决问题。
- 培养严谨的学习态度，增强主动寻求问题解决方法的意识。

任务一 管理文件和目录

任务描述

本任务将编写一个管理文件和目录的 C#程序。在编写程序之前，先来学习一下 File 类与 FileInfo 类、Directory 类与 DirectoryInfo 类的相关知识。

一、File 类与 FileInfo 类

File 类与 FileInfo 类

在 C#中，File 类和 FileInfo 类用于对文件进行操作。

1. File 类

File 类是文件类，它是一个静态类，不需要实例化就可以调用其静态方法对文件进行创建、打开、移动、复制、删除等操作。File 类的常用方法如表 10-1 所示。

表 10-1　File 类的常用方法

方法	功能描述
Create()	在指定路径中创建文件
Exists()	判断指定文件是否存在
Copy()	将指定文件复制到新文件，可以指定是否覆盖同名文件
Move()	将文件移动到指定路径，可以为文件重新命名
Open()	按指定方式打开文件
AppendText()	将 UTF-8 编码文本追加到文件
WriteAllText()	将指定内容写入文件
Delete()	删除指定文件

下面按功能对 File 类的常用方法进行介绍。

（1）创建文件。

Create()方法用于在指定路径中创建文件，其常用的语法格式如下。

```
Create(string path);
```

其中，path 表示要创建的文件（包括文件路径和文件名称）。该方法会返回一个 FileStream 类对象，该对象可用于对文件进行读写操作（具体内容将在任务二中介绍）。示例代码如下。

```
File.Create("./data.txt");
```

上述代码的作用是在当前目录中创建一个名为“data.txt”的文件。其中，“./”属于相对路径，表示当前目录。

提 示

相对路径是描述文件或目录相对于当前工作目录或当前文件位置的路径。它不是从文件系统的根目录开始，而是从当前位置或某个特定点开始。在相对路径中，“./”表示的是当前目录，“../”表示的是上一级目录，“../../”表示的是上两级目录，依此类推。相对路径可以根据当前位置灵活地描述文件或目录的位置，而不需要提供完整的路径信息。

本书使用的 Visual Studio 2022 版本中，相对路径“./”是指项目文件夹中的“bin\Debug\net6.0”目录。

创建文件时，也可以使用绝对路径，示例代码如下。

```
File.Create("C:\\data1.txt");           //借助转义符“\”实现
File.Create(@"C:\data2.txt");           //借助字符“@”实现
```

上述代码使用了两种绝对路径的表示方法创建文件。第一行代码借助转义符“\”实现反斜杠，在 C 盘中创建了一个名为“data1.txt”的文件；第二行代码借助字符“@”表示不需要对反斜杠进行转义，在 C 盘中创建了一个名为“data2.txt”的文件。

提 示

绝对路径是描述文件或目录在文件系统中完整位置的路径。它从文件系统的根目录开始，一直指向目标文件或目录，包括所有中间目录的名称。绝对路径可以唯一确定文件或目录的位置，不受当前工作目录的影响。

使用 Create()方法创建文件时，需要注意以下两点。

① 如果路径中已有同名文件，则会覆盖原文件。

② 必须在已经存在的路径下创建文件，否则程序会抛出异常。因此，在创建文件前，通常需要先进行路径检验。

（2）判断文件是否存在。

Exists()方法用于判断文件是否存在，其语法格式如下。

```
Exists(string path);
```

其中，path 表示需要判断的文件。该方法的返回值为 bool 型，true 表示文件存在，false 表示文件不存在。Exists()方法不能进行路径验证，仅用于判断指定文件是否存在。示例代码如下。

```
string str = File.Exists(@"C:\data1.txt") ? "文件存在" : "文件不存在";
```

（3）复制文件。

Copy()方法用于复制文件，其常用的语法格式如下。

```
Copy(string source, string dest, bool overwrite);
```

其中，source 表示源文件；dest 表示目标文件；overwrite 表示是否覆盖同名文件，取值为 true 表示覆盖，取值为 false 表示不覆盖。在使用 Copy()方法时，源文件必须存在，否则会抛出异常。

例如，将 C 盘中的 data1.txt 文件复制到 D 盘，同时修改文件名为“newdata.txt”，并且不覆盖同名文件，代码如下。

```
string sourceFile = @"C:\data1.txt";
string destFile = @"D:\newdata.txt";
File.Copy(sourceFile, destFile, false);
```

（4）移动文件。

Move()方法用于移动文件，其常用的语法格式如下。

```
Move(string source, string dest);
```

其中，source 表示源文件；dest 表示目标文件。在使用 Move()方法时，源文件必须存在，且目标文件不能存在，否则会抛出异常。

例如，将 C 盘中的 data1.txt 文件移动到 D 盘，同时修改文件名为“data2.txt”，代码如下。

```
string sourceFile = @"C:\data1.txt";
string destFile = @"D:\data2.txt";
File.Move(sourceFile, destFile);
```

（5）打开文件。

Open()方法用于按指定方式打开文件，其常用的语法格式如下。

```
Open(string path, FileMode mode);
```

其中，path 表示要打开的文件；mode 用于设置文件的打开方式，它是枚举类型，取值有 Append、Create、CreateNew、Open、OpenOrCreate、Truncate 6 种。Open()方法会返回一个 FileStream 类对象。

例如，以 OpenOrCreate 方式打开 C 盘中的 data.txt 文件，代码如下。

```
File.Open(@"C:\data.txt", FileMode.OpenOrCreate);
```

提 示

FileMode 枚举类型中各取值的含义如下。

（1）Append：打开文件并查找到文件末尾，如果文件不存在，则创建文件。

（2）Create：创建文件，如果文件已经存在，则覆盖原文件。

（3）CreateNew：创建新文件，如果文件已经存在，则抛出异常。

（4）Open：打开文件，如果文件不存在，则抛出异常。

（5）OpenOrCreate：打开文件，如果文件不存在，则创建文件。

（6）Truncate：打开文件并清空文件中的内容，如果文件不存在，则抛出异常。

（6）将 UTF-8 编码文本追加到文件。

AppendText()方法用于将 UTF-8 编码的文本追加到文件，其语法格式如下。

```
AppendText(string path);
```

其中，path 表示要追加文本的文件。如果指定文件不存在，则先创建该文件。AppendText()方法会返回一个 StreamWriter 类对象，该对象可用于对文件进行写操作（具体内容将在任务二中介绍）。示例代码如下。

```
File.AppendText(@"C:\data.txt");
```

UTF-8 是一种通用的字符编码，能够表示世界上几乎所有的字符，是当前互联网和计算机系统中广泛使用的字符编码方式。

（7）将指定内容写入文件。

WriteAllText()方法用于创建一个文件，然后将指定内容写入该文件并将其关闭，其常用语法格式如下。

```
WriteAllText(string path, string contents);
```

其中，path 表示要写入的文件；contents 表示要写入的内容。如果文件已经存在，则原有文件中的内容会被覆盖。

例如，在 C 盘中的 data.txt 文件中写入“Hello World!”，代码如下。

```
string filePath = @"C:\data.txt";
string contents = "Hello World!";
File.WriteAllText(filePath, contents);
```

（8）删除文件。

如果不再需要某个文件，可以使用 Delete()方法将其删除，其语法格式如下。

```
Delete(string path);
```

其中，path 表示要删除的文件。例如，删除 C 盘中的 data1.txt 文件，代码如下。

```
File.Delete(@"C:\data1.txt");
```

2. FileInfo 类

FileInfo 类是文件信息类，与 File 类类似，也用于实现文件的创建、复制、删除、移动、打开等。与 File 类不同的是，FileInfo 类是实例类，只能通过实例对象调用方法来实现相应的功能。

创建 FileInfo 类的实例对象时，必须传入一个文件作为参数，示例代码如下。

```
FileInfo fileInfo = new FileInfo(@"C:\data.txt");
```

从上述代码可以看出，FileInfo 类的实例对象从创建时就带有文件信息，因此不需要像 File 类一样在方法中不断地指定文件。

FileInfo 类的常用属性如表 10-2 所示。

表 10-2　FileInfo 类的常用属性

属性	功能描述
Name	获取文件名
CreationTime	获取文件的创建时间
Exists	判断文件是否存在
Length	获取文件的大小（以字节为单位）
DirectoryName	获取文件的目录
IsReadOnly	判断文件是否只读
FullName	获取文件的完整路径

FileInfo 类的常用方法如表 10-3 所示。

表 10-3　FileInfo 类的常用方法

方法	功能描述
Create()	创建指定文件
CopyTo()	将现有文件复制到新文件
MoveTo()	将文件移动到指定路径
Open()	按指定方式打开文件
Delete()	删除指定文件

二、Directory 类与 DirectoryInfo 类

除文件外，程序开发时经常也需要对目录进行操作。为此，C#提供了 Directory 类和 DirectoryInfo 类，两者的关系如同 File 类和 FileInfo 类。

1．Directory 类

Directory 类是目录类，与 File 类类似，Directory 类也是一个静态类，不需要实例化即可调用其静态方法对目录进行创建、删除、移动等操作。Directory 类的常用方法如表 10-4 所示。

表 10-4　Directory 类的常用方法

方法	功能描述
CreateDirectory()	在指定路径中创建所有目录
Exists()	判断指定目录是否存在
Move()	将目录及其内容移动到指定路径
Delete()	删除指定的空目录
GetDirectories()	获取指定目录中子目录的名称（包括子目录路径）
GetFiles()	获取指定目录中文件的名称（包括文件路径）
GetParent()	获取指定目录的父目录

其中，创建目录、判断目录是否存在、移动目录、删除目录对应方法的使用可参考 File 类中相应的方法。下面仅对获取子目录名称、获取目录中文件名称和获取父目录的方法进行介绍。

（1）获取子目录的名称。

GetDirectories()方法用于获取指定目录中子目录的名称，其常用的语法格式如下。

```
GetDirectories(string path);
```

其中，path 表示指定目录。该方法的返回值为字符串数组，如果指定目录中不包含任

何子目录，则返回空数组。需要注意的是，传入 GetDirectories()方法的目录必须是存在的，否则会抛出异常。

【实例 10-1】　编写 C#程序，输出图 10-1 中 specify_folder 文件夹中子目录的个数和名称。

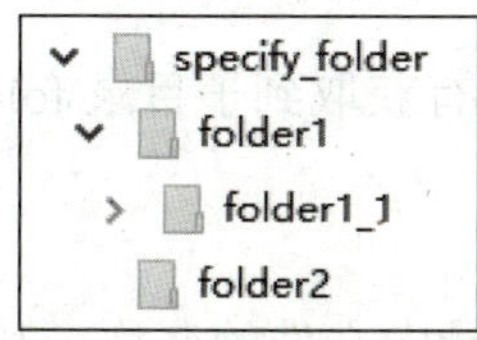

图 10-1　目录结构

【参考代码】

```
namespace example10_1
{
    class Program
    {
        static void Main(string[] args)
        {
            string path = "./specify_folder";
            if (Directory.Exists(path))    //判断目录是否存在
            {
                //如果目录存在，则获取子目录的名称
                string[] subDirNames = Directory.GetDirectories(path);
                //输出数组 subDirNames 的长度，即子目录的个数
                Console.WriteLine("子目录的个数：" +
subDirNames.Length);
                Console.Write("子目录的名称：");
                //遍历数组 subDirNames，输出子目录的名称
                foreach (string str in subDirNames)
                {
                    Console.Write(str + "\t");
                }
            }
            else
            {
                //如果目录不存在，则输出提示信息
                Console.WriteLine("“{0}”目录不存在，无法访问其子目
录。", path);
            }
        }
    }
}
```

【运行结果】 程序运行结果如图 10-2 所示。

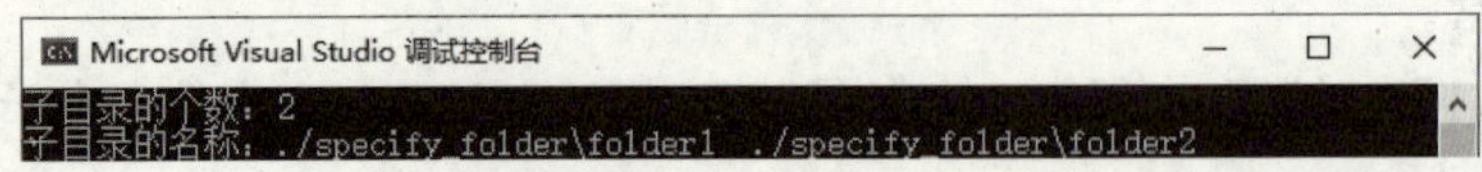

图 10-2 实例 10-1 运行结果

从图 10-2 可以看出，程序并没有获取到子目录 folder1_1，这是因为 folder1_1 并不是 specify_folder 的一级子目录。

（2）获取目录中文件的名称。

GetFiles()方法用于获取指定目录中文件的名称，其常用的语法格式如下。

```
GetFiles(string path);
```

其中，path 表示指定目录。该方法的返回值为字符串数组，如果指定目录中不包含文件，则返回空数组。需要注意的是，传入 GetFiles()方法的目录必须是存在的，否则会抛出异常。GetFiles()与 GetDirectories()的使用方法类似，并且只能获取一级文件的名称，此处不再举例说明。

（3）获取父目录。

GetParent()方法用于获取指定目录的父目录，其语法格式如下。

```
GetParent(string path);
```

其中，path 表示指定目录。该方法会返回一个 DirectoryInfo 类对象，如果传入的目录为根目录，则返回 null。需要注意的是，使用 GetParent()方法返回的父目录路径为绝对路径。示例代码如下。

```
string path1 = "./specify_folder/folder1/folder1_1";
Directory.GetParent(path1);
```

上述代码的作用是获取目录 folder1_1 的父目录，结果为 folder1_1 上一级目录（folder1）的绝对路径。

2. DirectoryInfo 类

DirectoryInfo 类是目录信息类，与 Directory 类类似，也用于实现目录的创建、删除、移动等。与 FileInfo 类一样，DirectoryInfo 类也是实例类，只能通过实例对象调用方法来实现相应的功能。

创建 DirectoryInfo 类实例对象时，必须传入一个目录作为参数，示例代码如下。

```
DirectoryInfo dirInfo = new DirectoryInfo("./specify_folder");
```

DirectoryInfo 类的常用属性如表 10-5 所示。

表 10-5 DirectoryInfo 类的常用属性

属性	功能描述
Name	获取目录的名称
CreationTime	获取目录的创建时间
Exists	判断目录是否存在

（续表）

属性	功能描述
Root	获取目录的根目录
Parent	获取指定目录的父目录
FullName	获取目录的完整路径

DirectoryInfo 类的常用方法如表 10-6 所示。

表 10-6　DirectoryInfo 类的常用方法

方法	功能描述
Create()	创建目录
CreateSubdirectory()	在指定目录中创建一个或多个子目录
Delete()	删除指定空目录
MoveTo()	将目录及其内容移动到指定目录
GetDirectories()	获取指定目录中子目录的名称（包括子目录路径）
GetFiles()	获取指定目录中文件的名称

任务实施

本任务实施创建一个管理文件和目录的 C#控制台应用程序。具体管理操作如下。

（1）输出当前目录的信息。
（2）输出当前目录中所有子目录和文件的信息。
（3）在当前目录中创建 file.txt 文件。
（4）输出 file.txt 文件的信息。
（5）将 D 盘中的 myfile.txt 文件复制到当前目录，并修改文件名为“myfile_copy.txt”。
（6）将 D 盘中的 myfile.txt 文件移动到当前目录，并修改文件名为“myfile_move.txt”。
（7）再次输出当前目录中所有文件的信息。

参考代码

```
namespace ch10_1
{
    class Program
    {
        static void Main(string[] args)
        {
            //创建 DirectoryInfo 类对象 directoryInfo，表示当前目录
```

```
            DirectoryInfo      directoryInfo      =      new
DirectoryInfo("./");
            //输出当前目录的信息
            Console.WriteLine(" 当 前 目 录 的 名 称 : " +
directoryInfo.Name);
            Console.WriteLine(" 当 前 目 录 的 创 建 时 间 : " +
directoryInfo.CreationTime);
            Console.WriteLine(" 当 前 目 录 的 根 目 录 : " +
directoryInfo.Root);
            Console.WriteLine(" 当 前 目 录 的 父 目 录 : " +
directoryInfo.Parent);
            Console.WriteLine(" 当 前 目 录 的 完 整 路 径 : " +
directoryInfo.FullName);
            Console.WriteLine();
            //输出当前目录中所有子目录的信息
            DirectoryInfo[]            subDirectories            =
directoryInfo.GetDirectories();
            Console.WriteLine("当前目录中子目录的数量: " +
subDirectories.Length);
            foreach (DirectoryInfo subDirectory in subDirectories)
            {
                Console.WriteLine("当前目录中子目录的名称: " +
subDirectory.Name);
            }
            //输出当前目录中所有文件的信息
            FileInfo[] files = directoryInfo.GetFiles();
            Console.WriteLine(" 当 前 目 录 中 文 件 的 数 量 : " +
files.Length);
            Console.WriteLine("当前目录中文件的名称: ");
            foreach (FileInfo file in files)
            {
                Console.Write(file.Name + "\t");
            }
            Console.WriteLine("\n");
            //在当前目录中创建 file.txt 文件
            string filePath = "./file.txt";
            //创建 FileInfo 类对象 fileInfo，并传入参数 filePath
            FileInfo fileInfo = new FileInfo(filePath);
            if (fileInfo.Exists)            //判断文件是否存在
            {
                Console.WriteLine(@"“./file.txt”存在");
            }
```

```
            else
            {
                fileInfo.Create();          //创建文件
                Console.WriteLine(@"“./file.txt”文件创建成功");
            }
            //输出 file.txt 文件的信息
            Console.WriteLine("file.txt 文件的大小: " + fileInfo.Length);
            Console.WriteLine("file.txt 文件是否只读: " + fileInfo.IsReadOnly);
            Console.WriteLine();
            string myFileInfo = @"D:\myfile.txt";
            //复制 myfile.txt 文件
            File.Copy(myFileInfo, "./myfile_copy.txt");
            //移动 myfile.txt 文件
            File.Move(myFileInfo, "./myfile_move.txt");
            //输出当前目录中所有文件的信息
            FileInfo[] filesNew = directoryInfo.GetFiles();
            Console.WriteLine("当前目录中文件的数量: " + filesNew.Length);
            Console.WriteLine("当前目录中文件的名称: ");
            foreach (FileInfo file in filesNew)
            {
                Console.Write(file.Name + "\t");
            }
        }
    }
}
```

运行结果

运行程序，程序运行结果如图 10-3 所示。

```
Microsoft Visual Studio 调试控制台
当前目录的名称: net6.0
当前目录的创建时间: 2024/2/21 16:51:20
当前目录的根目录: D:\
当前目录的父目录: D:\VisualStudio\项目十\任务实施\ch10_1\ch10_1\bin\Debug
当前目录的完整路径: D:\VisualStudio\项目十\任务实施\ch10_1\ch10_1\bin\Debug\net6.0\

当前目录中子目录的数量:  0
当前目录中文件的数量: 5
当前目录中文件的名称:
ch10_1.deps.json        ch10_1.dll      ch10_1.exe      ch10_1.pdb      ch10_1.runtimeconfig.json

“./file.txt”文件创建成功
file.txt文件的大小: 0
file.txt文件是否只读: False

当前目录中文件的数量: 8
当前目录中文件的名称:
ch10_1.deps.json        ch10_1.dll      ch10_1.exe      ch10_1.pdb      ch10_1.runtimeconfig.json
file.txt        myfile_copy.txt myfile_move.txt
```

图 10-3　运行结果

提　示

在对 myfile.txt 文件进行复制和移动操作前，需要 myfile.txt 文件已存在。此外，在对文件和目录进行操作时，不要同时执行可能会引发异常的操作，如删除某文件后再复制该文件。

任务二　读写文本文件

任务描述

本任务将编写一个对文本文件进行读写操作的 C#程序。在编写程序之前，先来了解一下流的概念，然后学习 FileStream 类、StreamReader 类与 StreamWriter 类的相关知识。

一、流的概念

流是面向对象中一个抽象的概念，用于表示数据的序列，它允许程序以连续的方式处理数据。流可以看作一个数据的通道，数据可以在这个通道中流动，无论是从数据源流向程序，还是从程序流向数据目标。

在 C#中，使用流可以读取和写入文件。Stream 类是 C#中所有流的抽象基类，它不能直接实例化。但是，C#提供了多种 Stream 类的派生类，如 FileStream 类、StreamReader 类和 StreamWriter 类，以便对不同的数据源和目标执行流操作。

二、FileStream 类

FileStream 类是文件流类，它提供了在文件中读写字节的方法，通过 FileStream 类对象调用这些方法，可以对任意类型的文件（如文本文件、二进制文件、图像文件、音频文件等）进行读取和写入操作。

1. 创建 FileStream 类对象

在对文件进行读写操作前，首先需要创建 FileStream 类对象。从前面的学习可以知道，使用 File 类的 Create()和 Open()方法都可以创建 FileStream 类对象。当然，也可以采用 FileStream 类的构造方法创建对象。

FileStream 类提供了多种重载的构造方法，常用的构造方法有以下两种。

```
FileStream(string path, FileMode mode)
FileStream(string path, FileMode mode, FileAccess access)
```

其中，path 表示文件；mode 是枚举类型，用于设置文件的打开方式；access 是枚举类

型，用于设置文件的访问方式，其取值有 Read（只读）、Write（只写）和 ReadWrite（读写）3 种。

例如，创建一个 FileStream 类对象 fs，用于打开 C:\temp 目录下的 data.txt 文件，并指定文件的打开方式为 OpenOrCreate，文件的访问方式为 Write，代码如下。

```
FileStream fs = new FileStream(@"C:\temp\data.txt",
FileMode.OpenOrCreate, FileAccess.Write);
```

2. FileStream 类的常用方法

FileStream 类的常用方法如表 10-7 所示。

表 10-7 FileStream 类的常用方法

方法	功能描述
Read()	从文件流中读取字节，并将读取位置前进读取的字节数
ReadByte()	从文件流中读取一个字节，并将读取位置前进一个字节
Write()	将字节写入文件流
WriteByte()	将一个字节写入文件流的当前位置
Seek()	将文件流的当前位置设置为指定值

（1）读取文件。

Read()方法用于读取文件，其语法格式如下。

```
Read(byte[] array, int offset, int count);
```

其中，array 表示字节数组，用于接收 FileStream 类对象中的数据；offset 表示字节数组中开始存储的位置；count 表示读取的字节数。该方法会返回读取的总字节数。

（2）写入文件。

Write()方法用于写入文件，其语法格式如下。

```
Write(byte[] array, int offset, int count);
```

其中，array 表示要写入的字节数组；offset 表示字节数组中开始写入的位置；count 表示写入的字节数。

提 示

ReadByte()方法、WriteByte()方法的作用和使用方法分别与 Read()方法和 Write()方法类似，此处不再详细介绍，感兴趣的读者可以自行查阅相关资料。

（3）设置当前位置。

打开文件时，FileStream 类对象会创建一个内部文件指针，该指针默认指向文件的开始位置，如果要修改指针的位置，可以使用 Seek()方法。Seek()方法的语法格式如下。

```
Seek(long offset, SeekOrigin origin);
```

其中，offset 表示指针从起始位置移动的距离；origin 是枚举类型，用于指定起始位置，其取值有 Begin（文件开始位置）、Current（文件当前位置）和 End（文件结束位置）3 种。

例如，将文件指针移至当前位置的 8 个字节后，代码如下。

```
fs.Seek(8, SeekOrigin.Current);
```

【实例 10-2】 利用 FileStream 类读写文件。

【参考代码】

```
namespace example10_2
{
    class Program
    {
        static void Main(string[] args)
        {
            string filePath = "./example.txt";
            //写入文件
            /*创建 FileStream 类对象 fs，并将其包装在 using 语句中，文件的打开方式为 OpenOrCreate*/
            using (FileStream fs = new FileStream(filePath, FileMode.OpenOrCreate))
            {
                //使用 UTF-8 编码方式将要写入的字符串转换为字节数组
                byte[] contentToWrite = Encoding.UTF8.GetBytes("Hello, World!");
                //将文件指针指向文件的结束位置
                fs.Seek(0, SeekOrigin.End);
                //使用 Write()方法写入数据
                fs.Write(contentToWrite, 0, contentToWrite.Length);
            }
            Console.WriteLine("内容已写入文件。");
            Console.WriteLine("======================");
            //读取文件并输出文件内容
            /*创建 FileStream 类对象 fs，并将其包装在 using 语句中，文件的打开方式为 Open*/
            using (FileStream fs = new FileStream(filePath, FileMode.Open))
            {
                //定义并初始化一个字节数组 buffer，用于保存读取的数据
                byte[] buffer = new byte[1024];
                //定义 int 型变量 bytesRead，用于保存读取的字节数
                int bytesRead;
                //使用 Read()方法读取数据，直到没有数据可以读取
                while ((bytesRead = fs.Read(buffer, 0, buffer.Length)) != 0)
                {
                    Console.WriteLine("文件内容：");
```

```
                    /*使用 UTF-8 编码方式将读取的字节数组中的所有字节转
换为字符串，并输出字符串*/
                    Console.WriteLine(Encoding.UTF8.GetString
(buffer, 0, bytesRead));
                }
            }
            Console.WriteLine("文件读取完成。");
            Console.WriteLine("======================");
        }
    }
}
```

【运行结果】 程序运行结果如图 10-4 所示。

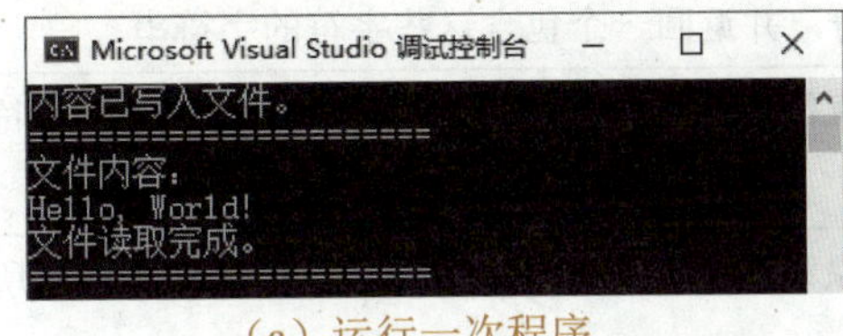

（a）运行一次程序

（b）运行两次程序

图 10-4 实例 10-2 运行结果

上述代码中，在创建 FileStream 类对象时使用了 using 语句，这样可以确保当前文件流对象在使用完毕后能够正确关闭并释放资源。此外，在创建 FileStream 类对象时，使用了 Seek()方法设置文件指针指向文件的结束位置，因此每运行一次程序，就向文件中写入一遍“Hello, World!”。

提 示

File 类的 Write()方法和 Read()方法中的 array 参数均为字节数组，要想在文件中写入字符串或将文件中的内容以字符串形式输出，就需要进行类型转换。其中，Encoding.UTF8.GetBytes()方法可以使用 UTF-8 编码方式将字符串转换为字节数组；Encoding.UTF8.GetString()方法可以使用 UTF-8 编码方式将字节数组转换为字符串。

三、StreamReader 类与 StreamWriter 类

StreamReader 类与 StreamWriter 类

FileStream 类虽然可以对任意类型的文件进行读取和写入操作，但如果是文本文件，还需要在字节与字符或字符串之间进行转换，程序代码会比较烦琐。此时，使用 C#提供的专门处理文本文件的 StreamReader 类和 StreamWriter 类就会更加方便。

1．StreamReader 类

StreamReader 类的作用是从文本文件中读取字符，同时能够自动检测文件所使用的编码。

（1）创建 StreamReader 类对象。

StreamReader 类提供了多种重载的构造方法，常用的构造方法如下。

```
StreamReader(string path)
```

其中，path 表示要读取的文本文件。示例代码如下。

```
StreamReader sr = new StreamReader(@"C:\temp\data.txt");
```

（2）StreamReader 类的常用方法。

StreamReader 类的常用方法如表 10-8 所示。

表 10-8 StreamReader 类的常用方法

方法	功能描述
Read()	从当前流中读取一个字符，并将读取位置前进一个字符
ReadLine()	从当前流中读取一行字符，并返回一个包含这些字符的字符串
ReadToEnd()	读取流中当前位置到结束位置的所有字符，并返回一个包含这些字符的字符串
Close()	关闭 StreamReader 类对象和基础流，并释放与 StreamReader 关联的所有系统资源

例如，使用 StreamReader 类对文本文件进行读操作，代码如下。

```
string filePath = "./myfile.txt";
//创建 StreamReader 类对象 sr
StreamReader sr = new StreamReader(filePath);
//读取文件内容，并保存在字符串 fileContent 中
string fileContent = sr.ReadToEnd();
Console.WriteLine(fileContent);  //输出文件内容
sr.Close();                      //关闭当前流对象并释放资源
```

也可以使用 using 语句来自动关闭 StreamReader 类对象并释放资源，代码如下。

```
//创建 StreamReader 类对象 sr，并将其包装在 using 语句中
using (StreamReader sr = new StreamReader(filePath))
{
    string fileContent = sr.ReadToEnd();
    Console.WriteLine(fileContent);
}
```

2. StreamWriter 类

StreamWriter 类的作用是将字符或字符串直接写入文本文件中，并且如果文件不存在，会创建文件。

（1）创建 StreamWriter 类对象。

StreamWriter 类提供了多种重载的构造方法，常用的构造方法如下。

```
StreamWriter(string path)
```

其中，path 表示要写入的文本文件。示例代码如下。

```
StreamWriter sw = new StreamWriter(@"C:\temp\data.txt");
```

（2）StreamWriter 类的常用方法。

StreamWriter 类的常用方法如表 10-9 所示。

表 10-9 StreamWriter 类的常用方法

方法	功能描述
Write()	将字符或字符串写入当前流
WriteLine()	将字符或字符串写入当前流，并自动追加一个换行符
Close()	关闭 StreamWriter 类对象和基础流

例如，使用 StreamWriter 类对文本文件进行写操作，代码如下。

```
string filePath = "./myfile.txt";
//创建 StreamWriter 类对象 sw
StreamWriter sw = new StreamWriter(filePath);
string fileContent = "Hello World!";     //要写入的字符串
sw.Write(fileContent);                   //将字符串写入当前流
sw.Close();                              //关闭当前流对象
```

也可以使用 using 语句来自动关闭 StreamWriter 类对象，代码如下。

```
//创建 StreamWriter 类对象 sw，并将其包装在 using 语句中
using (StreamWriter sw = new StreamWriter(filePath))
{
    string fileContent = "Hello World!";
    sw.Write(fileContent);
}
```

任务实施

本任务实施创建一个对文本文件进行读写操作的 C#控制台应用程序。首先使用 StreamWriter 类将如下内容写入当前目录中名为“example”的文本文件中，然后使用 StreamReader 类读取文件内容并按照如下格式输出到控制台窗口。

富强 民主 文明 和谐
自由 平等 公正 法治
爱国 敬业 诚信 友善

参考代码

```
namespace ch10_2
{
    class Program
    {
        static void Main(string[] args)
```

```
        {
            //要写入内容的文件
            string filePath = "./example.txt";
            //要写入的字符串数组
            string[] contentToWrite = new string[]{"富强 民主 文明 和谐", "自由 平等 公正 法治", "爱国 敬业 诚信 友善"};
            //创建 StreamWriter 类对象 writer，并将其包装在 using 语句中
            using (StreamWriter writer = new StreamWriter(filePath))
            {
                foreach (string s in contentToWrite)
                {
                    writer.WriteLine(s);  //将字符串数组写入当前流
                }
            }
            Console.WriteLine("内容已写入文件。");
            Console.WriteLine("====================");
            //创建 StreamReader 类对象 reader，并将其包装在 using 语句中
            using (StreamReader reader = new StreamReader(filePath))
            {
                string line;    //字符串 line 用于保存读取的文件内容
                Console.WriteLine("文件内容：");
                //逐行读取并输出文件内容
                while ((line = reader.ReadLine()) != null)
                {
                    Console.WriteLine(line);  //输出文件内容
                }
            }
            Console.WriteLine("文件读取完成。");
            Console.WriteLine("====================");
        }
    }
}
```

运行结果

程序运行结果如图 10-5 所示。

图 10-5　运行结果

拓展阅读

一个国家的强盛，离不开精神的支撑；一个社会的发展，有赖于文明的推动；一个个人的进步，需要文化的哺育。党的十八大提出，倡导富强、民主、文明、和谐，倡导自由、平等、公正、法治，倡导爱国、敬业、诚信、友善，积极培育和践行社会主义核心价值观。

对于个人来说，践行社会主义核心价值观，首先要传承中华优秀传统文化，激发投身中华民族伟大复兴的精神力量，增强历史责任感；要弘扬日用而不觉的中华优秀传统美德，塑造向上向善的思想道德观念；要从现在做起，从身边做起，从小事做起，在生活的细微点滴之中积极践行。

项目实训

1. 实训目标

（1）练习 File 类与 FileInfo 类、Directory 类与 DirectoryInfo 类的使用。

（2）练习 StreamReader 类与 StreamWriter 类的使用。

2. 实训内容

编写 C#程序，要求实现如下功能。

（1）判断 D 盘中名为“example”的文件夹是否存在，如果不存在，则创建该文件夹。

（2）在 example 文件夹中创建 file.txt 文件，并在其中写入如下内容。

床前明月光，疑是地上霜。

举头望明月，低头思故乡。

（3）将 file.txt 文件中的内容按照上述格式输出到控制台窗口。

（4）输出 file.txt 文件的名称、大小和创建时间。

（5）判断当前目录中是否存在 filecopy.txt 文件，如果不存在，则将 file.txt 文件复制到当前目录，并修改文件名为“filecopy.txt”。

3. 操作提示

（1）使用 Directory 类的 Exists()方法判断 D 盘中的 example 文件夹是否存在，如果不存在，则使用 CreateDirectory()方法创建该文件夹。

（2）使用 StreamWriter 类的 WriteLine()方法将指定内容写入 file.txt 文件。

（3）使用 StreamReader 类的 ReadLine()方法从 file.txt 文件中逐行读取内容。

（4）使用 FileInfo 类的相应属性获取 file.txt 文件的名称、大小和创建时间。

（5）使用 File 类的 Exists()方法判断当前目录中是否存在 filecopy.txt 文件，如果不存在，则使用 FileInfo 类的 CopyTo()方法将 file.txt 文件复制到 filecopy.txt 文件。

项目考核

1. 选择题

（1）在C#中，File类的（　　）方法可以按指定方式打开文件。

A. Exists()　　B. Open()　　C. Move()　　D. Create()

（2）在C#中，FileInfo类的（　　）属性可以获取文件的完整路径。

A. Attributes　　B. DirectoryName

C. IsReadOnly　　D. FullName

（3）在C#中，Directory类的（　　）方法可以获取指定目录中文件的名称。

A. GetDirectories()　　B. CreateDirectory()

C. GetFiles()　　D. GetParent()

（4）针对以下代码，下列说法正确的是（　　）。

```
FileStream fs = new Filestream ("C:\\test.txt", FileMode.Create, FileAccess.ReadWrite);
```

A. 如果C盘中存在test.txt文件，则抛出异常

B. 如果C盘中存在test.txt文件，则不做任何操作

C. 如果C盘中不存在test.txt文件，则创建test.txt文件

D. 如果C盘中存在test.txt文件，则以只读方式访问该文件

（5）在C#中，StreamReader类的（　　）方法可以读取流中当前位置到结束位置的所有字符。

A. ReadToEnd()　　B. ReadLine()　　C. Read()　　D. WriteLine()

2. 填空题

（1）在C#中，使用File类的Create()方法时会返回一个__________对象。

（2）在C#中，DirectoryInfo类的__________属性可以获取目录的创建时间。

（3）在C#中，当FileMode枚举类型的取值为__________时，表示打开文件，如果文件不存在，则创建文件。

3. 判断题

（1）在C#中，File类的MoveTo()方法可以将文件移动到指定路径。（　　）

（2）在C#中，FileStream类仅用于对文本类型的文件进行读写操作。（　　）

（3）在C#中，FileAccess枚举类型用于设置文件的访问方式。（　　）

（4）在C#中，利用StreamWriter类将数据写入文本文件时，如果文件不存在，则创建该文件。（　　）

4. 程序题

（1）编写C#程序，在当前目录中创建一个名为“mydirectory”的文件夹，然后在该文件夹中创建一个名为“myfile.txt”的文件，接着将当前目录中名为“picture.png”的图

片文件复制到 D 盘并修改文件名为“picturecopy.png”，如果 D 盘中存在同名文件，则覆盖该同名文件。

（2）编写 C#程序，在当前目录中的 test.txt 文件中写入如下内容，并按如下格式将其输出到控制台窗口。

相思
唐・王维
红豆生南国，春来发几枝。
愿君多采撷，此物最相思。

项目评价

完成所有学习任务之后，请同学们按照以下要求完成学习成果评价。

全班同学每 4 人一组，各组成员结合课前、课中和课后的学习情况，以及项目实训和项目考核情况，按照表 10-10 的评价标准对本项目的学习成果进行自评和互评（组内成员互相打分），然后配合指导教师完成师评及总评。

表 10-10　学习成果评价表

评价项目	评价内容	分值	评价得分		
			自评	互评	师评
知识（50%）	File 类的常用方法，以及 FileInfo 类的常用属性和常用方法	10 分			
	Directory 类的常用方法，以及 DirectoryInfo 类的常用属性和常用方法	15 分			
	FileStream 类对象的创建方法	5 分			
	FileStream 类的常用方法	5 分			
	StreamReader 类与 StreamWriter 类的常用方法	15 分			
能力（30%）	编写管理文件和目录的 C#程序	15 分			
	编写对文本文件进行读写操作的 C#程序	15 分			
素养（20%）	能够对复杂的问题进行分解，以便更快地解决问题	10 分			
	增强主动寻求问题解决方法的意识	10 分			
合计		100 分			
总评	自评（20%）+互评（20%）+师评（60%）=	综合等级：	教师（签名）：		

注：综合等级可以“优”（总评得分≥90 分）、“良”（80 分≤总评得分<90 分）、“中”（60 分≤总评得分<80 分）、“差”（总评得分<60 分）为标准进行评价。

综合案例——个人通讯录管理系统

项目目标

前面几个项目介绍了C#的语法基础、类与对象、文件操作、异常处理、程序调试等相关知识，本项目结合前面所讲知识，详细介绍个人通讯录管理系统的设计与实现。通过本项目的学习，读者应达到以下目标。

知识目标 

- 熟悉C#项目的开发过程。
- 掌握C#项目需求分析的方法。
- 掌握C#项目功能模块设计的方法。

能力目标 

- 能够分析项目需求，设计功能模块并完成C#项目的开发。

素质目标 

- 学会化繁为简，模块化处理问题。
- 增强运用理论知识解决实际问题的意识和能力。

一、需求分析

随着现代社会的发展，人们的社交圈越来越广，联系人数量也越来越多，因此需要一个方便、高效的个人通讯录管理系统来帮助用户查询和管理联系人信息。下面从用户界面、功能、数据存储、性能、可用性和可维护性等方面对个人通讯录管理系统进行具体需求分析。

1．用户界面需求

（1）用户进入系统后，应能够看到主菜单界面，其中应列出所有的用户操作选项。

（2）用户可以通过键盘输入选择想要执行的选项。

（3）对于用户的不同操作，系统应提供相应的反馈。

2．功能需求

个人通讯录管理系统主要实现联系人的显示、添加、搜索、编辑和删除功能，具体如下。

（1）显示所有联系人：用户能够查看通讯录中的所有联系人信息。

（2）添加联系人：用户能够添加新的联系人信息到通讯录中。

（3）搜索联系人：用户能够根据姓名或手机号码搜索通讯录中的联系人信息。

（4）编辑联系人：用户能够修改通讯录中联系人的手机号码。

（5）删除联系人：用户能够删除通讯录中的联系人信息。

（6）退出：用户能够退出并关闭系统。

3．数据存储需求

（1）系统需要存储联系人信息，包括序号、姓名、性别、手机号码。

（2）为防止程序关闭后数据丢失，联系人信息应存储在文件中，并使用特定的分隔符（如逗号）来分隔不同的字段。

4．性能需求

（1）对于频繁的文件读取和写入操作，系统应提供合理的响应时间。

（2）在处理大量的数据时，系统应保持良好的性能。

5．可用性和可维护性需求

（1）系统应具有直观的提示信息，便于用户使用。

（2）系统应能捕获和处理各种异常，以提供更好的用户体验。

（3）代码应遵循统一的命名规范，并且具有良好的注释，以便于未来的维护和扩展。

二、功能模块设计

根据面向对象开发思想及模块化结构设计理念，可以将个人通讯录管理系统的主菜单、联系人信息结构及要实现的通讯录管理功能作为各自独立的模块实现，如图 11-1 所示。

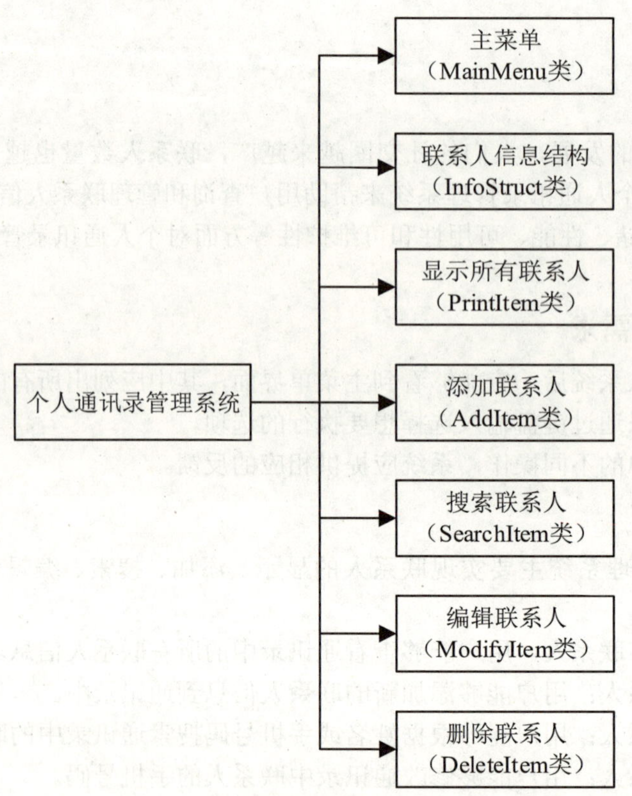

图 11-1　个人通讯录管理系统功能模块设计

各功能模块的具体介绍如下。

（1）主菜单（MainMenu 类）：用于显示主菜单界面及处理用户输入的操作选项。

（2）联系人信息结构（InfoStruct 类）：包含联系人信息的字段、属性，以及用于显示联系人信息的方法。

（3）显示所有联系人（PrintItem 类）：用于显示通讯录中的所有联系人信息。

（4）添加联系人（AddItem 类）：用于将联系人信息添加到通讯录中。在添加联系人信息时，用户可根据提示输入联系人的姓名、性别和手机号码。添加完成后，系统应询问用户是否继续添加。需要注意的是，系统应确保用户输入的性别只能是 0（表示男生）或 1（表示女生），手机号码只能是 11 位数字。

（5）搜索联系人（SearchItem 类）：用于根据姓名或手机号码搜索通讯录中的联系人信息。在搜索联系人时，用户可选择按姓名搜索或按手机号码搜索，如果选择按手机号码搜索，允许用户输入部分手机号码以进行模糊搜索。

（6）编辑联系人（ModifyItem 类）：用于修改通讯录中联系人的手机号码。在修改过程中，用户需要输入要修改联系人的姓名，如果出现多个同名的联系人，则继续输入要修改联系人的序号。修改完成后，系统应询问用户是否继续修改。

（7）删除联系人（DeleteItem 类）：用于删除通讯录中的联系人。在删除过程中，用户需要输入要删除联系人的姓名，如果出现多个同名的联系人，则继续输入要删除联系人的序号。删除完成后，系统应询问用户是否继续删除。

三、功能实现

首先创建一个名为“ContactsBook”的项目，然后添加图 11-1 中各功能模块对应的类，接着添加一个名为“MainClass”的类，该类中包含程序的 Main()方法，是程序运行的入口。ContactsBook 项目的目录结构如图 11-2 所示。

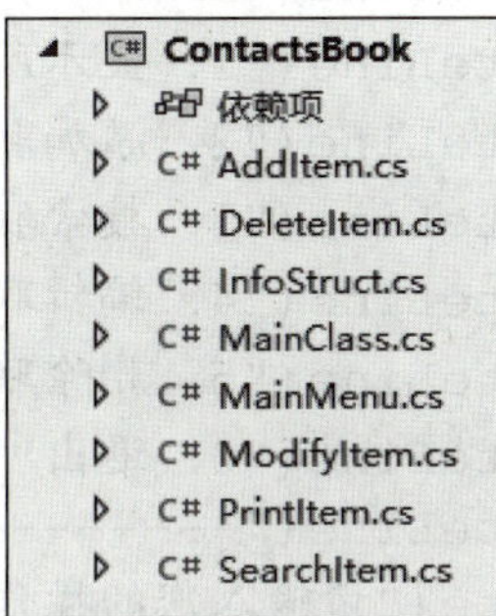

图 11-2　ContactsBook 项目的目录结构

1. 主菜单

MainMenu.cs 文件用于实现主菜单功能模块，其中包含 Start()、ShowMenu()和 ProcessMenu() 3 个方法。在 Start()方法中调用 ShowMenu()方法显示主菜单界面，调用 ProcessMenu()方法处理用户输入的操作选项。具体实现代码如下。

```
namespace ContactsBook
{
    class MainMenu
    {
        public void Start()
        {
            try
            {
                ShowMenu();
                int pChoice = int.Parse(Console.ReadLine());
                if (pChoice >= 0 && pChoice <= 5)
                {
                    ProcessMenu(pChoice);
                }
                else
                {
                    Console.WriteLine("输入错误的操作选项！");
                }
            }
            catch
            {
                Console.WriteLine("输入无效的操作选项！");
```

```
        }
    }
    void ShowMenu()               //显示主菜单界面
    {
        Console.WriteLine("欢迎使用个人通讯录管理系统");
        Console.WriteLine("----------------------------");
        Console.WriteLine("主菜单");
        Console.WriteLine("1. 显示所有联系人");
        Console.WriteLine("2. 添加联系人");
        Console.WriteLine("3. 搜索联系人");
        Console.WriteLine("4. 编辑联系人");
        Console.WriteLine("5. 删除联系人");
        Console.WriteLine("0. 退出");
        Console.WriteLine("----------------------------");
        Console.Write("请输入您的操作选项: ");
    }
    //根据用户输入的操作选项创建相应对象并调用相应的方法
    public void ProcessMenu(int choice)
    {
        switch (choice)
        {
            case 0:                   //退出
                break;
            case 1:                   //显示所有联系人
                PrintItem printItem = new PrintItem();
                printItem.ShowAllInfo();
                break;
            case 2:                   //添加联系人
                AddItem addItem = new AddItem();
                addItem.Add();
                break;
            case 3:                   //搜索联系人
                SearchItem searchItem = new SearchItem();
                searchItem.Search();
                break;
            case 4:                   //编辑联系人
                ModifyItem modifyItem = new ModifyItem();
                modifyItem.Modify();
                break;
            case 5:                   //删除联系人
                DeleteItem deleteItem = new DeleteItem();
                deleteItem.Delete();
```

```
                    break;
                }
            }
        }
    }
```

2. 联系人信息结构

InfoStruct.cs 文件用于实现联系人信息结构功能模块，其中包含联系人信息的字段、属性，以及用于显示联系人信息的 Show()方法。此外，属性中包含一个用于保存联系人信息的文件路径属性 FilePath。具体实现代码如下。

```
namespace ContactsBook
{
    enum pGender                     //定义枚举类型 pGender，表示性别
    {
        男，女
    }
    class InfoStruct
    {
        public int index;                        //声明序号字段
        private string name;                     //声明姓名字段
        private pGender gender;                  //声明性别字段
        private string phoneNum;                 //声明手机号码字段
        public string Name                       //定义姓名属性
        {
            get { return name; }
            set { name = value; }
        }
        public pGender Gender                    //定义性别属性
        {
            get { return gender; }
            set { gender = value; }
        }
        public string PhoneNum                   //定义手机号码属性
        {
            get { return phoneNum; }
            set { phoneNum = value; }
        }
        public static string FilePath            //定义文件路径属性
        {
            get { return "./通讯录.txt"; }
        }
        public void Show()                       //显示联系人信息
```

```
            {
                Console.Write(index + "\t");
                Console.Write(Name + "\t");
                Console.Write(Gender + "\t");
                Console.Write(PhoneNum + "\n");
            }
        }
    }
```

3. 显示所有联系人

PrintItem.cs 文件用于实现显示所有联系人功能模块，其中包含 ShowAllInfo()、ReadAll()、ShowAll()和 ReadPerson() 4 个方法。在 ShowAllInfo()方法中调用 ReadAll()和 ShowAll()方法读取文件并显示所有联系人信息；在 ReadAll()方法中调用 ReadPerson()方法将从文件中读取的联系人数据转换为联系人对象并保存在 ArrayList 中，以便于在 ShowAll()方法中显示联系人信息。具体实现代码如下。

```
namespace ContactsBook
{
    class PrintItem
    {
        public void ShowAllInfo()          //显示所有联系人信息
        {
            //声明并初始化集合 allItems
            ArrayList allItems = ReadAll();
            ShowAll(allItems);
            Console.WriteLine("---------------------------------------");
            Console.WriteLine("通讯录读取完毕，共有{0}个联系人。",
allItems.Count);
        }
        //读取所有联系人信息，并返回所有联系人信息的集合
        public ArrayList ReadAll()
        {
            //创建 ArrayList 类对象 allItems
            ArrayList allItems = new ArrayList();
            //读取“通讯录.txt”文件中的联系人数据
            using     (StreamReader     sReader     =     new
StreamReader(InfoStruct.FilePath))
            {
                string str;
                while ((str = sReader.ReadLine()) != null)
                {
                    //将联系人数据转换为联系人对象
                    InfoStruct person = ReadPerson(str);
                    //将联系人对象添加到 allItems 中
```

```
                allItems.Add(person);
            }
        }
        return allItems;
    }
    public void ShowAll(ArrayList list)      //显示联系人信息
    {
        Console.WriteLine("序号    姓名    性别        手机号");
        Console.WriteLine("-----------------------------------");
        foreach (InfoStruct item in list)
        {
            Console.Write(item.index + "\t");
            Console.Write(item.Name + "\t");
            Console.Write(item.Gender + "\t");
            Console.Write(item.PhoneNum + "\n");
        }
    }
    //将读取的联系人数据转换为联系人对象并返回
    InfoStruct ReadPerson(string str)
    {
        //将字符串 str 分割成字符串数组 character
        string[] character = str.Split(',');
        //创建 InfoStruct 类对象 person
        InfoStruct person = new InfoStruct();
        //将 character 中的元素赋给 person 对象的相应字段或属性
        person.index = int.Parse(character[0]);
        person.Name = character[1];
        /*将 character 中索引为 2 的元素转换成 pGender 枚举类型，并
将其赋给 person 对象的 Gender 属性*/
        person.Gender = Enum.Parse<pGender>(character[2]);
        person.PhoneNum = character[3];
        return person;
    }
  }
}
```

4. 添加联系人

AddItem.cs 文件用于实现添加联系人功能模块，其中包含用于添加联系人的 Add()方法和用于创建联系人对象的 CreateNewPerson()方法。在 Add()方法中调用 CreateNewPerson()方法创建联系人对象，然后使用 ArrayList 存储联系人对象，最后将 ArrayList 中的联系人写入指定文件中。具体实现代码如下。

```
namespace ContactsBook
{
    class AddItem
```

```
    {
        public void Add()
        {
            //创建 ArrayList 类对象 allItems
            ArrayList allItems = new ArrayList();
            bool isContinue;              //是否继续添加联系人
            //将CreateNewPerson()方法创建的联系人对象添加到 allItems 中
            do
            {
                allItems.Add(CreateNewPerson());
                Console.Write("是否继续添加 (Y/N): ");
                string judge = Console.ReadLine();
                if (judge.Equals("Y") || judge.Equals("y"))
                {
                    isContinue = true;
                }
                else
                {
                    isContinue = false;
                }
            } while (isContinue);
            //将联系人信息添加到“通讯录.txt”文件中
            using     (StreamWriter        sWriter     =
File.AppendText(InfoStruct.FilePath))
            {
                foreach (InfoStruct item in allItems)
                {
                    sWriter.WriteLine(Convert.ToString
(allItems.IndexOf(item)) + "," + item.Name + "," + item.Gender +
"," + item.PhoneNum);
                }
            }
            /*将读取的联系人信息保存在 allItems 中，并将 allItems 中的
联系人重新写入“通讯录.txt”文件中*/
            PrintItem printItem = new PrintItem();
            allItems = printItem.ReadAll();
            string content = "";
            foreach (InfoStruct item in allItems)
            {
                content += Convert.ToString(allItems.IndexOf(item))
+ "," + item.Name + "," + item.Gender + "," + item.PhoneNum + "\n";
            }
            File.WriteAllText(InfoStruct.FilePath, content);
        }
```

```
        //提示用户输入要添加的联系人信息，创建联系人对象
        InfoStruct CreateNewPerson()
        {
            InfoStruct newPerson = new InfoStruct();
            Console.Write("请输入要添加的联系人姓名：");
            newPerson.Name = Console.ReadLine();
            int iGender;
            do
            {
                Console.Write("请输入{0}的性别（0 表示男性，1 表示女
性）：", newPerson.Name);
                iGender = int.Parse(Console.ReadLine());
            } while (iGender != 0 && iGender != 1);
            //将 IGender 转换为 pGender 枚举类型，并赋给 Gender 属性
            newPerson.Gender = (pGender)iGender;
            string phoneNum;
            do
            {
                Console.Write("请输入{0}的手机号码(必须为 11 位数字)：
", newPerson.Name);
                phoneNum = Console.ReadLine();
            } while (phoneNum.Length != 11);
            newPerson.PhoneNum = phoneNum;
            return newPerson;
        }
    }
}
```

5. 搜索联系人

SearchItem.cs 文件用于实现搜索联系人功能模块，其中包含 Search()、Process()、SearchPerson()和 SearchPhone() 4 个方法。在 Search()方法中读取所有联系人信息，然后显示所有搜索选项并调用 Process()方法，在 Process()方法中根据用户输入的选项调用按姓名搜索的 SearchPerson()方法或按手机号码搜索的 SearchPhone()方法搜索联系人。具体实现代码如下。

```
namespace ContactsBook
{
    class SearchItem
    {
        //创建 ArrayList 类对象 allItems
        ArrayList allItems = new ArrayList();
        public void Search()
        {
            PrintItem printItem = new PrintItem();
```

```
        allItems = printItem.ReadAll();  //读取所有联系人信息
        Console.WriteLine("-------------------------");
        Console.WriteLine("1. 按姓名搜索");
        Console.WriteLine("2. 按手机号码搜索");
        Console.WriteLine("0. 退出");
        Console.WriteLine("-------------------------");
        Console.Write("请输入您的选项: ");
        int pChoice = int.Parse(Console.ReadLine());
        Process(pChoice);
    }
    //根据用户输入的搜索选项创建相应对象并调用相应的方法
    void Process(int choice)
    {
        switch (choice)
        {
            case 1:                           //按姓名搜索
                Console.Write("请输入联系人姓名: ");
                string name = Console.ReadLine().Trim();
                SearchName(name);
                break;
            case 2:                           //按手机号码搜索
                Console.Write("请输入手机号码: ");
                string phone = Console.ReadLine().Trim();
                SearchPhone(phone);
                break;
            case 0:                           //退出
                break;
            default:
                Console.WriteLine("您的输入有误，请重新输入!");
                int inChoice = int.Parse(Console.ReadLine());
                Process(inChoice);
                break;
        }
    }
    void SearchName(string name)              //按姓名搜索
    {
        ArrayList persons = new ArrayList();
        //将匹配的联系人添加到 persons 中
        foreach (InfoStruct item in allItems)
        {
            if (item.Name == name)
            {
                persons.Add(item);
```

```
                }
            }
            if (persons.Count == 0)
            {
                Console.WriteLine("对不起，没有您要查找的联系人！");
            }
            else
            {
                Console.WriteLine("查找到{0}个姓名为{1}的联系人：",
persons.Count, name);
                //显示查找到的联系人信息
                foreach (InfoStruct item in persons)
                {
                    item.Show();
                }
            }
            //返回上一级菜单
            SearchItem searchItem = new SearchItem();
            searchItem.Search();
        }
        void SearchPhone(string phone)          //按手机号码搜索
        {
            ArrayList persons = new ArrayList();
            //将匹配的联系人添加到persons中
            foreach (InfoStruct item in allItems)
            {
                //判断联系人的手机号码是否包含指定号码phone
                if (item.PhoneNum.Contains(phone))
                {
                    persons.Add(item);
                }
            }
            if (persons.Count == 0)
            {
                Console.WriteLine("对不起，没有您要查找的联系人！");
            }
            else
            {
                Console.WriteLine("查找到{0}个手机号码为{1}的联系
人：", persons.Count, phone);
                //显示查找到的联系人信息
                foreach (InfoStruct item in persons)
                {
                    item.Show();
```

```
                }
            }
            //返回上一级菜单
            SearchItem searchItem = new SearchItem();
            searchItem.Search();
        }
    }
}
```

6. 编辑联系人

ModifyItem.cs文件用于实现编辑联系人功能模块，其中包含Modify()和ModifyPerson()两个方法。在Modify()方法中读取所有联系人信息、提示用户输入要修改的联系人姓名并调用ModifyPerson()方法；在ModifyPerson()方法中查找并显示联系人信息，如果查找到一个联系人，则对该联系人的手机号码进行修改，如果查找到多个联系人，则需要输入联系人的序号进行修改，最后将修改后的联系人信息写入文件。具体实现代码如下。

```
namespace ContactsBook
{
    class ModifyItem
    {
        ArrayList allItems = new ArrayList();
        public void Modify()              //编辑通讯录成员
        {
            PrintItem printItem = new PrintItem();
            //读取所有联系人信息
            allItems = printItem.ReadAll();
            bool isContinue;              //是否继续修改
            do
            {
                Console.Write("请输入要修改的联系人的姓名：");
                //使用Trim()方法去除输入字符串的首尾空格
                string personName = Console.ReadLine().Trim();
                ModifyPerson(personName);
                Console.Write("是否继续修改（Y/N）：");
                string judge = Console.ReadLine();
                if (judge.Equals("Y") || judge.Equals("y"))
                {
                    isContinue = true;
                }
                else
                {
                    isContinue = false;
                }
            } while (isContinue);
```

```
        }
        void ModifyPerson(string name)
        {
            InfoStruct findPerson;
            ArrayList persons = new ArrayList();
            //将allItems中匹配的联系人添加到persons中
            foreach (InfoStruct item in allItems)
            {
                if (item.Name == name)
                {
                    persons.Add(item);
                }
            }
            if (persons.Count == 0)
            {
                Console.WriteLine("未找到要修改的联系人！");
            }
            else
            {
                Console.WriteLine("查找到{0}个姓名为{1}的联系人：",
persons.Count, name);
                //显示查找到的联系人信息
                foreach (InfoStruct person in persons)
                {
                    person.Show();
                }
                string phoneNum;
                //如果查找到一个联系人，则修改该联系人的手机号码
                if (persons.Count == 1)
                {
                    foreach (InfoStruct item in persons)
                    {
                        findPerson = item;
                        do
                        {
                            Console.Write("请输入该联系人的新手机号
码：");
                            phoneNum = Console.ReadLine();
                        } while (phoneNum.Length != 11);
                        findPerson.PhoneNum = phoneNum;
                        break;
                    }
                }
                else //如果查找到多个联系人，则根据联系人的序号进行修改
```

```
                {
                    bool isFound = false;
                    do
                    {
                        Console.Write("请输入要修改的联系人的序号：");
                        int pIndex = int.Parse(Console.ReadLine());
                        foreach (InfoStruct item in persons)
                        {
                            if (item.index == pIndex)
                            {
                                findPerson = item;
                                do
                                {
                                    Console.Write("请输入该联系人的
新手机号码：");
                                    phoneNum = Console.ReadLine();
                                } while (phoneNum.Length != 11);
                                findPerson.PhoneNum = phoneNum;
                                isFound = true;
                                break;
                            }
                        }
                    } while (isFound == false);
                }
                //将allItems中的联系人写入"通讯录.txt"文件中
                string content = "";
                foreach (InfoStruct item in allItems)
                {
                    content += Convert.ToString(allItems.IndexOf(item))
+ "," + item.Name + "," + item.Gender + "," + item.PhoneNum + "\n";
                }
                File.WriteAllText(InfoStruct.FilePath,
content);
                Console.WriteLine("修改成功！");
            }
        }
    }
}
```

7. 删除联系人

DeleteItem.cs 文件用于实现删除联系人功能模块，其中包含 Delete()和 DeletePerson()两个方法。与 ModifyItem.cs 文件中的 Modify()和 ModifyPerson()方法类似，在 Delete()方法中读取所有联系人信息、提示用户输入要删除的联系人姓名并调用 DeletePerson()方法；在 DeletePerson()方法中查找并显示联系人信息，如果查找到一个联系人，则删除该联系人，

如果查找到多个联系人，则需要输入联系人的序号进行删除。具体实现代码如下。

```
namespace ContactsBook
{
    class DeleteItem
    {
        ArrayList allItems = new ArrayList();
        public void Delete()          //删除联系人
        {
            PrintItem printItem = new PrintItem();
            //读取所有联系人信息
            allItems = printItem.ReadAll();
            bool isContinue;           //是否继续删除联系人
            do
            {
                Console.Write("请输入要删除的联系人的姓名: ");
                //使用 Trim()方法去除输入字符串的首尾空格
                string name = Console.ReadLine().Trim();
                DeletePerson(name);
                Console.Write("是否继续删除 (Y/N): ");
                string judge = Console.ReadLine();
                if (judge.Equals("Y") || judge.Equals("y"))
                {
                    isContinue = true;
                }
                else
                {
                    isContinue = false;
                }
            } while (isContinue);
        }
        void DeletePerson(string name)
        {
            ArrayList persons = new ArrayList();
            //将 allItems 中匹配的联系人添加到 persons 中
            foreach (InfoStruct item in allItems)
            {
                if (item.Name == name)
                {
                    persons.Add(item);
                }
            }
            if (persons.Count == 0)
            {
```

```
            Console.WriteLine("对不起，没有您要查找的联系人！");
        }
        else
        {
            Console.WriteLine("查找到{0}个姓名为{1}的联系人:",
persons.Count, name);
            //显示查找到的联系人信息
            foreach (InfoStruct item in persons)
            {
                item.Show();
            }
            Console.Write("是否全部删除 (Y/N): ");
            string judge = Console.ReadLine();
            if (judge.Equals("Y") || judge.Equals("y"))
            {
                //将persons中的联系人从allItems中移除
                foreach (InfoStruct item in persons)
                {
                    allItems.Remove(item);
                }
                Console.WriteLine("全部删除成功！");
            }
            else
            {
                bool isFound = false;
                do
                {
                    Console.Write("请输入要删除联系人的序号: ");
                    int pIndex = int.Parse(Console.ReadLine());
                    //删除指定联系人
                    foreach (InfoStruct item in persons)
                    {
                        if (item.index == pIndex)
                        {
                            allItems.Remove(item);
                            Console.WriteLine("删除成功！");
                            isFound = true;
                            break;
                        }
                    }
                } while (isFound == false);
            }
            //将allItems中的联系人写入"通讯录.txt"文件中
```

```
                string content = "";
                foreach (InfoStruct item in allItems)
                {
                    content += Convert.ToString(allItems.IndexOf(item))
+ "," + item.Name + "," + item.Gender + "," + item.PhoneNum + "\n";
                }
                File.WriteAllText(InfoStruct.FilePath,
content);
            }
        }
    }
}
```

四、程序测试

MainClass.cs文件用于测试程序功能，在其中创建MainMenu类对象并调用Start()方法。具体实现代码如下。

```
namespace ContactsBook
{
    class MainClass
    {
        static void Main(string[] args)
        {
            MainMenu mainMenu = new MainMenu();
            mainMenu.Start();
        }
    }
}
```

运行程序，系统的主菜单界面如图 11-3 所示。

（1）输入操作选项“2”，执行添加联系人操作，图 11-4 给出了一个添加联系人的示例。

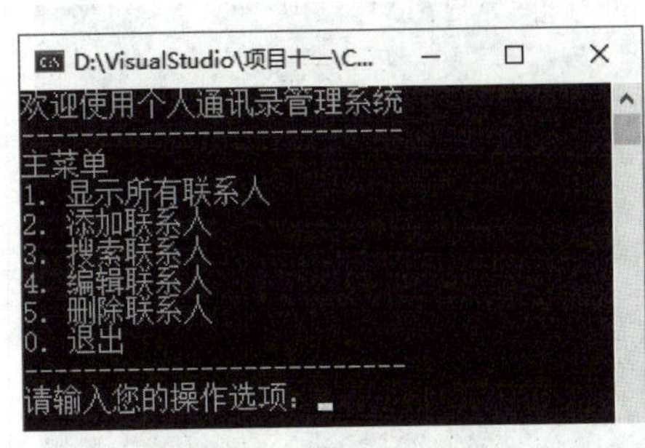

图 11-3　主菜单界面

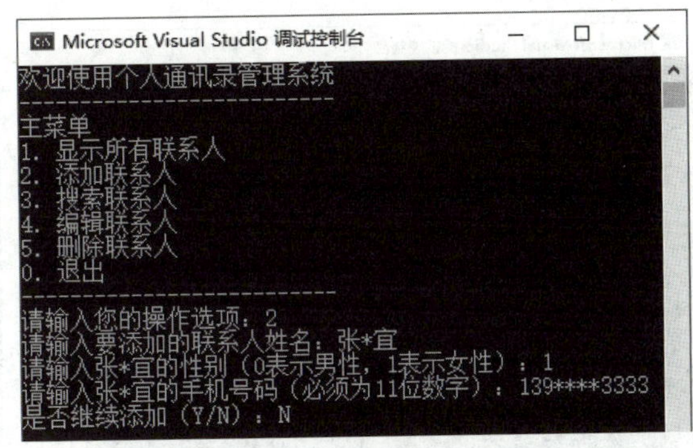

图 11-4　添加联系人

（2）输入操作选项“1”，执行显示所有联系人操作，如图 11-5 所示。

（3）输入操作选项“3”，执行搜索联系人操作。例如，在通讯录中搜索姓名为“张*宜”的联系人，以及搜索手机号码中包含“2432”的联系人，如图 11-6 所示。

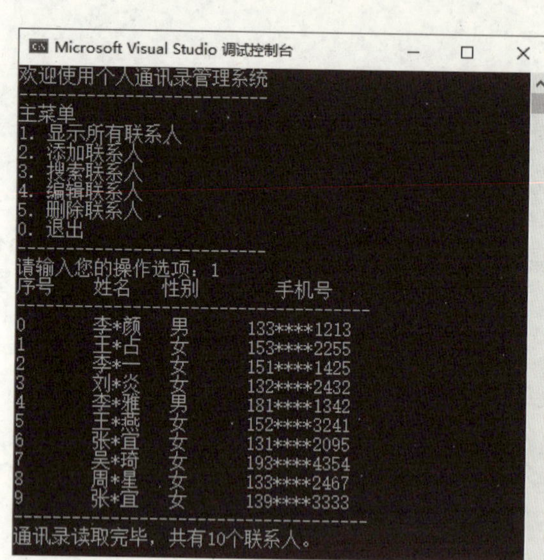

图 11-5　显示所有联系人

```
Microsoft Visual Studio 调试控制台
欢迎使用个人通讯录管理系统
-----------------------------
主菜单
1. 显示所有联系人
2. 添加联系人
3. 搜索联系人
4. 编辑联系人
5. 删除联系人
0. 退出
-----------------------------
请输入您的操作选项：3
-----------------------------
1. 按姓名搜索
2. 按手机号码搜索
0. 退出
-----------------------------
请输入您的选项：1
请输入联系人姓名：张*宜
查找到2个姓名为张*宜的联系人：
6        张*宜    女      131****2095
9        张*宜    女      139****3333
-----------------------------
1. 按姓名搜索
2. 按手机号码搜索
0. 退出
-----------------------------
请输入您的选项：2
请输入手机号码：2432
查找到1个手机号码为2432的联系人：
3        刘*炎    女      132****2432
-----------------------------
1. 按姓名搜索
2. 按手机号码搜索
0. 退出
-----------------------------
请输入您的选项：0
```

图 11-6　搜索联系人

（4）输入操作选项“4”，执行编辑联系人操作。例如，将通讯录中姓名为“张*宜”、序号为“9”的联系人的手机号码修改为“152****3241”，如图 11-7 所示。

（5）输入操作选项“5”，执行删除联系人操作。例如，删除通讯录中姓名为“张*宜”、序号为“6”的联系人，如图 11-8 所示。

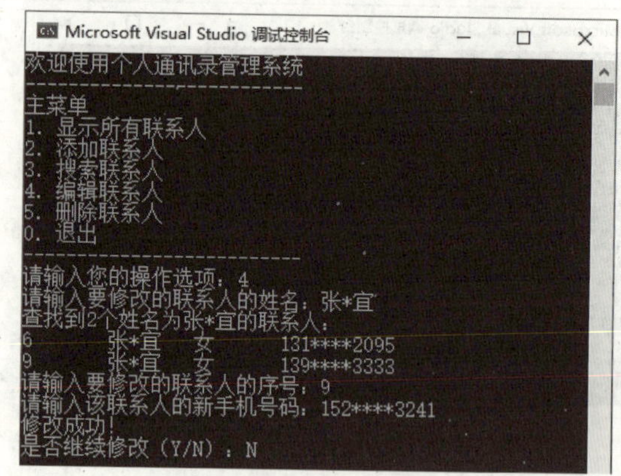

图 11-7　编辑联系人

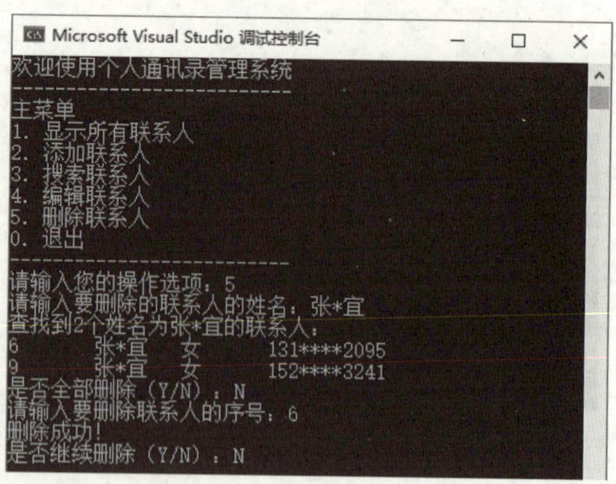

图 11-8　删除联系人

（6）输入操作选项“0”，退出程序，如图 11-9 所示。

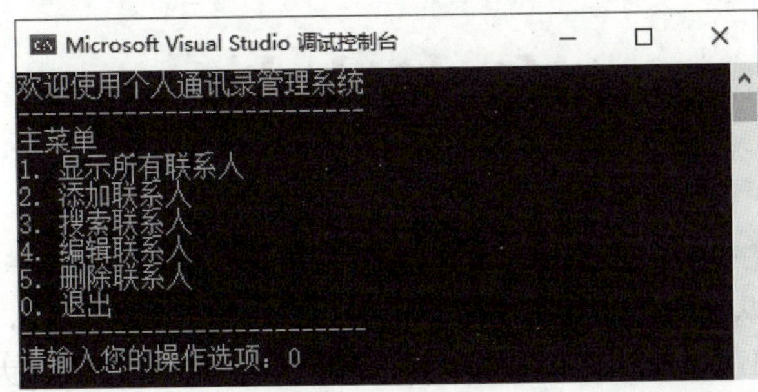

图 11-9 退出程序

项目评价

完成所有学习任务之后，请同学们按照以下要求完成学习成果评价。

全班同学每 4 人一组，各组成员结合课前、课中和课后的学习情况，以及项目实训和项目考核情况，按照表 11-1 的评价标准对本项目的学习成果进行自评和互评（组内成员互相打分），然后配合指导教师完成师评及总评。

表 11-1 学习成果评价表

评价项目	评价内容	分值	评价得分		
			自评	互评	师评
知识（30%）	C#项目的开发过程	10 分			
	C#项目需求分析的方法	10 分			
	C#项目功能模块设计的方法	10 分			
能力（50%）	分析项目需求	10 分			
	设计功能模块并完成 C#项目的开发	40 分			
素养（20%）	学会化繁为简，模块化处理问题	10 分			
	增强运用理论知识解决实际问题的意识和能力	10 分			
合计		100 分			
总评	自评（20%）+互评（20%）+师评（60%）=	综合等级：	教师（签名）：		

注：综合等级可以“优”（总评得分≥90 分）、“良”（80 分≤总评得分<90 分）、“中”（60 分≤总评得分<80 分）、“差”（总评得分<60 分）为标准进行评价。

参考文献

[1] 向燕飞．C#程序设计案例教程（第 2 版）（微课版）[M]．北京：清华大学出版社，2023．

[2] 明日科技．C#从入门到精通（第 7 版）[M]．北京：清华大学出版社，2023．

[3] 文杰书院．C#程序设计基础入门与实战（微课版）[M]．北京：清华大学出版社，2020．

[4] 黑马程序员．C#程序设计基础入门教程（第 2 版）[M]．北京：人民邮电出版社，2020．

[5] 周庞荣，易斌．C#程序设计案例教程（第 2 版）[M]．北京：中国铁道出版社有限公司，2019．